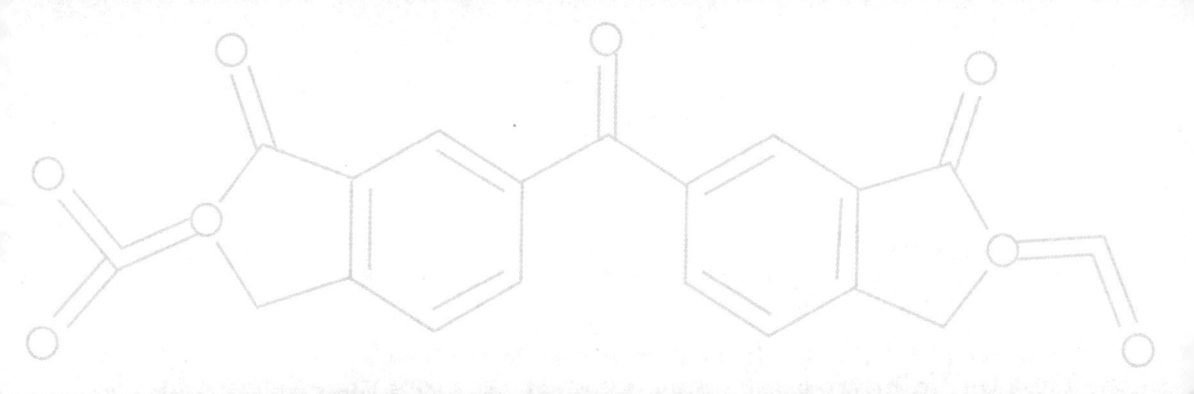

环境样品分析新技术

肖新峰 ◎编著

内 容 提 要

本书结合环境科学与环境工程专业的学科特点，在环境化学、环境分析化学、仪器分析、环境监测等课程的基础上，归纳总结了当前环境样品分析中的新技术和新方法。尽量体现理论与实践的结合，方法与技能的统一；对目前环境样品分析的主要技术和方法进行了系统的总结。全书共九章，包括绪论、环境样品采集与制备技术、环境样品预处理技术、气相色谱分析及其联用新技术、离子色谱分析方法、液相色谱及其联用技术、环境样品中重金属的分析方法、元素形态分析技术和现场应急监测技术等。在相关内容的介绍过程中，结合了大量的文献资料和应用实例，读者亦可自行查阅相关研究资料进行对照学习。

本书可作为环境科学、环境工程等专业本科生和研究生的参考教材，也可作为环境监测及相关专业技术人员的参考书。

图书在版编目（CIP）数据

环境样品分析新技术 / 肖新峰编著. —北京：北京理工大学出版社，2019. 8

ISBN 978-7-5682-7426-5

Ⅰ. ①环…　Ⅱ. ①肖…　Ⅲ. ①污染物分析　Ⅳ. ①X132

中国版本图书馆CIP数据核字（2019）第178255号

出版发行 / 北京理工大学出版社有限责任公司
社　　址 / 北京市海淀区中关村南大街 5 号
邮　　编 / 100081
电　　话 / (010) 68914775（总编室）
　　　　　(010) 82562903（教材售后服务热线）
　　　　　(010) 68948351（其他图书服务热线）
网　　址 / http://www.bitpress.com.cn
经　　销 / 全国各地新华书店
印　　刷 / 河北鸿祥信彩印刷有限公司
开　　本 / 710 毫米 ×1000 毫米　1/16
印　　张 / 14
字　　数 / 266 千字
版　　次 / 2019 年 8 月第 1 版　2019 年 8 月第 1 次印刷
定　　价 / 68.00 元

责任编辑 / 江　立
文案编辑 / 江　立
责任校对 / 周瑞红
责任印制 / 边心超

前　言 Preface

工业革命以来，环境问题逐步演化为一个严重的社会问题。工业的发展一方面极大地推动了社会生产力的提高和技术的进步，人类利用和改造自然的能力大大加强；另一方面也使得资源消耗和污染物的排放显著增加，自然环境的组成和结构受到了极大的影响，人与自然的关系遭到了严重破坏。环境问题日益受到人们的广泛关注。

改革开放以来，我国工农业生产得到了极大的发展，随之而来的环境问题也十分突出。大气污染、水环境污染、土地荒漠化和沙灾、水土流失、生物多样性破坏、持久性有机物污染等环境问题亟待解决。我国政府非常重视生态环境保护，倡导“绿水青山就是金山银山”，环保事业因此已经取得了巨大的成就。

要想更好地认识环境问题，了解环境质量的现状，弄清环境污染的实质，就必须对环境介质进行分析检测，以确定环境污染物的性质、来源、含量和分布状态，以及环境背景值。环境分析研究的对象广，污染物含量低，环境样品千变万化，因此，进行环境样品的分析检测难度很大。环境样品分析检测方法要求灵敏、准确、精密，并且具有简便、快速和连续自动等特点。本书旨在对环境样品的分析检测新技术进行系统全面的介绍，以满足环境分析化学学科的需要和环境样品分析工作者、高等学校环境专业师生的技术需求。

本书共九章。第1章主要介绍环境样品分析的特点和环境样品分析方法。第2章主要介绍水、大气、土壤和生物质样品的采集与制备方法，还重点介绍被动采样的新技术。第3章主要介绍常规的样品处理方法和新兴的环境样品处理技术。第4章主要介绍气相色谱的原理，气相色谱与其他仪器分析方法尤其是先进的检测技术的联用。第5章主要介绍离子色谱的基本原理，环境样品分析中采用离子色谱分析方法进行分析的主要物质。第6章主要介绍液相色谱的基本原理、检测器，液相色谱与其他分析方法的联用及定性、定量分析的特点。第7章主要介绍重金属在环境介质中的危害，以及主要重金属的分析方法。第8章主要介绍形态分析的重要性，元素形态分析的新技术和新方法。第9章主要介绍常用的现场应急监测方法和技术。

本书由肖新峰编著；史可、邓玉莹、焦潇帅、曹译允、邹星云、孙珮铭、王月、张雪、张玉琰、倪维铭参与了文献资料的收集、整理工作；史可、邓玉莹、倪维铭参与了文字的校改工作；最后由肖新峰审校定稿。

本书在编著和出版过程中得到了山东科技大学化学与环境工程学院领导和老师的关心与支持，获得山东省研究生教育创新基金的资助，在此一并表示衷心的感谢。

限于笔者学识和文字水平，错误在所难免，恳请读者批评指正。

肖新峰

目 录 Contents

第1章　绪　　论

1.1　环境问题和环境污染物

环境问题多种多样，归纳起来有两大类：一类是自然演变和自然灾害引起的原生环境问题，也叫第一环境问题，如地震、洪涝、干旱、台风、崩塌、滑坡、泥石流等。另一类是人类活动引起的次生环境问题，也叫第二环境问题。次生环境问题一般又分为环境污染和生态破坏两大类。环境污染是由于人为因素使环境的构成或状态发生了变化，与原来的情况相比，环境质量恶化，扰乱和破坏了生态系统以及人们正常的生产与生活。生态破坏是人类活动直接作用于自然环境引起的，例如乱砍滥伐引起的森林植被的破坏；过度放牧引起的草原退化；大面积开垦草原引起的土地荒漠化；滥采滥捕引起的珍稀物种灭绝；植被破坏引起的水土流失等。

到目前为止，已经威胁人类生存并已被人类认识到的环境问题主要有全球变暖，臭氧层破坏，酸雨，淡水资源危机，资源、能源短缺，森林锐减，土地荒漠化，物种加速灭绝，垃圾成灾，有毒化学品污染等。

1. 全球变暖

全球变暖是一种和自然有关的现象，是由于温室效应不断积累，导致地气系统吸收与发射的能量不平衡，能量不断在地气系统中累积，从而导致温度上升，造成全球气候变暖的现象。近100多年来，全球平均气温经历了冷-暖-冷-暖两次波动，总体上看呈上升趋势。20世纪80年代以后，全球气温明显上升。1981—1990年全球平均气温比100年前上升了0.48 ℃。导致全球变暖的主要原因是人类在近一个世纪以来大量使用矿物燃料(如煤、石油等)，排放出大量的CO_2等多种温室气体。由于这些温室气体对来自太阳辐射的短波具有高度的透过性，而对地球反射的长波具有高度的吸收性，从而导致全球气候变暖。全球变暖会造成全球降水量重新分配、冰川和冻土消融、海平面上升等问题，既危害自然生态系统的平衡，又威胁人类的食物供应和居住环境。

2. 臭氧层破坏

在地球大气层近地面20～30千米的平流层里存在着一个臭氧层，其中臭氧含量占这一高度气体总量的十万分之一。臭氧含量虽然极微，却具有强烈的吸收紫外线的功能，因此它能抵挡太阳紫外线对地球生物的辐射伤害，保护地球上的一切生命。然而人类生产和生活排放的一些污染物会破坏臭氧层，如冰箱、空调等设备制冷剂中的氟氯烃类化合物，它们受到紫外线照射后可被激化，形成活性很强的原子与臭氧层中的臭氧(O_3)作用，使其变成氧分子(O_2)，这种作用会连锁式地发生，导致臭氧迅速减少，使臭氧层遭到破坏。南极的臭氧层空洞，就是臭氧层破坏的一个最显著的标志。截止到1994年，南极上空的臭氧层破坏面积已达2 400万平方千米。同时，北半球上空的臭氧层也比以往任何时候都薄，欧洲和北美上空的臭氧层面积减少了10%～15%，西伯利亚上空甚至减少了35%。地球上空的臭氧层破坏程度远比想象的要严重得多。

3. 酸雨

酸雨是由于空气中的二氧化硫(SO_2)和氮氧化物(NO_x)等酸性污染物引起的pH值小于5.6的酸性降水。受酸雨危害的地区，会出现土壤和湖泊酸化，植被和生态系统遭到破坏，建筑材料、金属结构和文物被腐蚀等一系列严重的环境问题。酸雨在20世纪五六十年代最早出现于北欧及中欧，当时北欧的酸雨是由欧洲中部工业酸性废气迁移所致。从20世纪70年代以来，许多工业化国家采取了各种措施防治城市大气污染，其中一个重要的措施是增加烟囱的高度，这一措施虽然有效地改变了排放地区的大气环境质量，但大气污染物远距离迁移的问题更加严重，污染物越过国界进入邻国，甚至飘浮很远的距离，形成了危害更严重的跨国酸雨。此外，全世界使用矿物燃料的量有增无减，也使得受酸雨危害的地区进一步扩大。全球受酸雨危害严重的有欧洲、北美及东亚地区。我国在20世纪80年代，酸雨主要发生在西南地区，而到90年代中期，已发展到长江以南、青藏高原以东及四川盆地的广大地区。

4. 淡水资源危机

地球表面虽然有2/3被水覆盖，但是97%为无法饮用的海水，只有不到3%是淡水，其中又有2%封存于极地冰川之中。在仅有的1%的淡水中，25%为工业用水，70%为农业用水，只有很少的一部分可供饮用和用于其他生活方面。然而，在这样一个缺水的世界里，水却被大量滥用、浪费和污染。加之区域分布不均匀，致使世界上缺水现象十分普遍，全球淡水危机日趋严重。世界上有100多个国家和地区缺水，其中有28个国家和地区严重缺水。专家预测，再过20～30年，严重缺水的国家和地区将达46～52个，缺水人口将达28亿～33亿。我国北方地区和沿海地区水资源严重不足，据统计，我国北方缺水区总面积达58万平方千米。全国500多座城市中，有300多座城市缺水，每年缺水量达58亿立方米，这些缺水城市主要为华北地区城市、沿海和省会城市、工业型城市。世界上任何一种生物都离不开水，人们贴切地把水比喻为“生命的源泉”。随着地球上人口的激增，生产的迅速发展，水已经变得比以往任何时候都要珍贵。一些河流和湖泊的枯竭，地下水的耗尽和湿地的消失，给人类的生存带来了严重威胁。许多生物也随着人类生产和生活造成的河流改道、湿地干化和生态环境恶化而灭绝。不少大河如美国的科罗拉多河、我国的黄河都已雄风不再，昔日“奔流到海不复回”的壮丽景象已成为历史。

5. 资源、能源短缺

当前，资源和能源短缺问题已经在大多数国家甚至全球范围内出现。这种现象的出现，主要是人类无计划、不合理地大规模开采所致。20世纪90年代初，全世界消耗能源总数约100亿吨标准煤。从石油、煤、水利和核能发展的情况来看，要满足这种需求量是十分困难的。因此，在新能源(如太阳能、快中子反应堆电站、核聚变电站等)开发利用尚未取得较大突破之前，世界能源供应将日趋紧张。此外，其他不可再生性矿产资源的储量也在日益减少，这些资源终究会被消耗殆尽。

6. 森林锐减

森林是人类赖以生存的生态系统中的一个重要的组成部分。地球上曾经有76亿公顷①的森林，到1976年已经减少到28亿公顷。由于世界人口的增长，对耕地、牧场、木材的需求量日益增加，导致对森林的过度采伐和开垦，使森林受到前所未有的破坏。据统计，全世界每年约有1 200万公顷的森林消失，其中占绝大多数的是对全球生态平衡至关重要的热带雨林。对热带雨林的破坏主要发生在热带地区的发展中国家，尤以巴西的亚马孙情况最为严重。亚马孙热带雨林居世界热带雨林之首，但是到20世纪90年代初期这一热带雨林的覆盖率比原来减少了11%，相当于70万平方千米，平均每5秒就有差不多一个足球场大小的森林消失。此外，亚太地区、非洲的热带雨林也遭到了严重的破坏。

7. 土地荒漠化

简单地说，土地荒漠化就是指土地退化。1992年联合国环境与发展大会对荒漠化的概念作了这样的定义：“荒漠化是由于气候变化和人类不合理的经济活动等因素，使干旱、半干旱和具有干旱灾害的半湿润地区的土地发生了退化。”1996年

---

① 1公顷=10 000平方米。

6月17日第二个世界防治荒漠化和干旱日，联合国防治荒漠化公约秘书处发表公报指出：当前世界荒漠化现象仍在加剧。全球现有12亿多人受到荒漠化的直接威胁，其中1.35亿人在短期内有失去土地的危险。荒漠化已经不再是一个单纯的生态环境问题，而且演变为经济问题和社会问题，它给人类带来贫困和社会不稳定。到1996年为止，全球荒漠化的土地已达到3 600万平方千米，占到整个地球陆地面积的1/4，相当于俄罗斯、加拿大、中国和美国国土面积的总和。全世界受荒漠化影响的国家有100多个，尽管各国人民都在进行着同荒漠化的抗争，但荒漠化以每年5万～7万平方千米的速度扩大，相当于爱尔兰的国土面积。在人类当今诸多的环境问题中，荒漠化是最为严重的一个。对于受荒漠化威胁的人们来说，意味着他们将失去生存的基础，即有生产能力的土地的消失。

8. 物种加速灭绝

物种就是生物种类。现今地球上生存着500万～1 000万种生物。一般来说，物种灭绝速度与物种生成的速度应是平衡的。但是由于人类活动破坏了这种平衡，使物种灭绝速度加快。据《世界自然资源保护大纲》估计，每年有数千种动植物灭绝，根据欧洲、澳大利亚、中南美洲和非洲科学家的研究，由于全球气候变暖，在未来50年中，占地球表面面积20%的全球6个生物物种最丰富地区的动物和植物将遭到灭顶之灾。全球气候变暖已经是既定事实，因此在将要灭绝的物种中，有十分之一的物种的灭绝将是不可逆转的。物种灭绝将对整个地球的食物供给带来威胁，给人类社会发展带来的损失和影响是难以预料和挽回的。

9. 垃圾成灾

全球每年产生垃圾近100亿吨，而且处理垃圾的能力远远赶不上垃圾增加的速度，特别是一些发达国家，已处于垃圾危机之中。美国素有“垃圾大国”之称，其生活垃圾主要靠表土掩埋。过去几十年内，美国已经使用了一半以上可填埋垃圾的土地，剩余的土地也将逐渐被用完。我国的垃圾排放量也很大，在许多城市周围，堆起了一座座垃圾山，除了占用大量土地外，对环境也造成了巨大的威胁。危险垃圾，特别是有毒、有害垃圾，因其产生的危害更为严重、更为深远，处理(包括运送、存放)成了当今世界各国面临的一个十分棘手的环境问题。

10. 有毒化学品污染

市场上有7万～8万种化学品。对人体健康和生态环境有危害的约有3.5万种。其中有致癌、致畸、致突变危害的500余种。随着工农业生产的发展，如今每年又有1 000～2 000种新的化学品投入市场。由于化学品的广泛使用，全球的大气、水体、土壤乃至生物都受到了不同程度的污染、毒害，连南极的企鹅也未能幸免。自20世纪50年代以来，涉及有毒有害化学品的污染事件日益增多，如果不采取有效防治措施，将对人类和动植物造成严重的危害。

陆地污染：垃圾的清理成了各大城市面临的重要问题，每天千万吨的垃圾中，好多是不能焚化或腐化的，如塑料、橡胶、玻璃等。

海洋污染：主要污染物有从油船与油井中漏出来的原油，农田用的杀虫剂和化肥，工厂排出的污水，矿场流出的酸性溶液。它们使大部分的海洋、湖泊受到污染，使海洋生物受到危害，而且这些有毒的海洋生物也会通过食物链进入人体，从而对人体造成威胁。

空气污染：这是最为直接与严重的问题，污染物主要有工厂、汽车、发电厂等排放出的一氧化碳和硫化氢等，每天都有人因接触了这些污染物而染上呼吸器官或视觉器官的疾病。

水污染：是指水体因某种物质的介入，而导致化学、物理、生物或者放射性等方面的特性改变，从而影响水的有效利用，危害人体健康或者破坏生态环境，造成水质恶化的现象。

大气污染：是指空气中污染物的浓度达到或超过了有害程度，导致生态系统破坏和人类的正常生存与发展受到威胁。

噪声污染：是指所产生的环境噪声超过国家规定的环境噪声排放标准，干扰他人正常工作、学习、生活的现象。

放射性污染：是指由于人类活动造成的物料、人体、场所、环境介质表面或者内部出现的超过国家标准的放射性物质或者射线。

环境污染物主要是人类生产和生活活动中产生的各种化学物质，也有自然界释放的物质，如火山爆发喷射出的气体、尘埃等。环境污染物进入环境后使环境的正常组成和性质发生改变，甚至可以产生二次污染物，直接或间接危害人类与其他生物的健康。

1.2　现代环境样品分析的特点

现代环境样品分析研究的对象主要是环境中的化学物质，它们具有以下特点。

1. 种类繁多

主要有两点原因：

(1)污染物质化学物种多样。仅美国环保局规定的水体中优先监测的污染物就有一百多种，其中不仅有铜、铅、锌、镉等重金属，氰化物、氮氧化物等无机污染物，而且有烷烃、多环芳烃等有机污染物。

(2)样品来源广泛。有空气、水(包括地表水、地下水、海水、排放废水)、沉淀物、土壤、固体废渣、生物体及其代谢物等。

2. 含量低

环境分析化学所研究的对象含量低是由于：

(1)大气、水、土壤及生物体中化学物质的本底水平(背景值)含量极微，一般都属于痕量和超痕量分析，而研究化学物质对环境的污染程度必须对其本底水平有所了解。

(2)某些污染元素或化合物产生毒性效应的浓度范围小。如汞、镉产生毒性效应的浓度范围分别在 0.001 mg/L、0.01 mg/L 左右，地面水中砷的最高容许浓度为 0.04 mg/L，挥发性酚类化合物的最高容许浓度为 0.01 mg/L。

(3)化学污染物的形态不同，则其毒理特性和化学性质不同。因此，环境分析化学不仅要测定化学污染物的总量，还要测定其不同的形态。

3. 样品组成复杂

人类生产与社会活动和自然界的生物体代谢过程不断向周围环境排放各种有害化合物，环境样品中往往含有数十至数百种不同化合物。同时，不同水体、不同土壤、不同气体的样品中所含化合物成分也不同。因此，样品成分的复杂性对环境分析技术产生了许多干扰，故对环境样品分析方法提出了更高的要求。

4. 具有流动性和不稳定性

环境是一个多组分和多变的开放体系。形形色色的污染物质进入环境后可能因相互作用或外界影响而经历溶解、吸附、沉淀、氧化、还原、光解、水解、生物降解等变化，因此环境样品变化大、不稳定，所采集的样品是环境中的一部分，是动态平衡的一部分，它随气温、风向、气压、温度的变化而变化。

根据环境样品的上述特点，要求环境样品分析方法除了满足一般分析的准确度高、精密度好的要求以外，还要具备以下三个特点：

(1)灵敏度高、检出限低。能满足痕量和超痕量分析的要求。

(2)选择性好。可用于复杂样品的测量，可在大量共存物存在的前提下测量痕量待测物。

(3)适用范围广。适用于不同来源环境样品和不同种类化学物质的测量。

环境样品分析的研究对象广，污染物含量低，通常处于痕量级(ppm，ppb)甚至更低，并且其基体组成复杂，流动性、变异性大，所以对分析的灵敏度、准确度、分辨率和速度等提出了很高的要求。对环境样品的分析已由元素和组分的定性定量分析，发展到价态、状态和结构分析，系统分析，微区和薄层分析。环境样品分析未来将在分析方法标准化、分析技术自动化、多种方法和仪器的联合使用以及环境样品预处理技术等方面进一步发展。

分析方法标准化是环境分析的基础和中心环节。环境质量评价和环境保护规划的制定及执行，都要以环境分析数据作为依据，因而需要研究制定一套完整的标准分析方法，以保证分析数据的可靠性和准确性。我国国家环境保护总局主编的《水和废水监测分析方法》（第四版）和《空气和废气监测分析方法》（第四版）分别规定了测定水中和空气中多种污染物的标准方法。书中的监测分析方法分为三类：A类方法为国家或行业的标准方法；B类方法为经过国内较深入研究、多个实验室验证，较成熟的统一方法；C类方法为国内仅少数单位研究与应用过，或直接从发达国家引用的，尚未经国内多个实验室验证的方法。A类和B类方法均可在环境监测与执法中使用。

仪器分析方法因为具有简便、快速、灵敏度高、适合低含量组分的分析等特点，已成为环境样品分析的主要技术手段。但每一类分析仪器都有自己的局限性，限制了其在环境样品分析中的进一步应用。而多种方法和仪器的联合使用可以有效地发挥各种技术的特长，解决一些复杂的难题。例如，气相色谱法是一种很好的分离分析技术，但其定性能力较差，而多数污染物组分复杂，需要首先甄别组分的结构性质再对其进行准确的测定。质谱法具有灵敏度高、定性能力强等特点，但其定量分析能力较差；另外，质谱法不能对混合污染物直接进行分析，所分析的物质必须是纯物质的，这一特点也限制了其在环境样品分析中的应用。而若将二者联用，将复杂混合物经色谱仪分离成单个组分后，再利用质谱仪进行定性鉴定，就可以使分离和鉴定同时进行，尤其对于复杂污染物的分析测定是一种理想的仪器。利用气相色谱-质谱联用，能快速测定各种挥发性有机物。这种方法已应用于废水的分析，可检测200种以上的污染物。除气相色谱-质谱联用技术外，目前已经有多种联用技术，在环境污染分析中还常采用高效液相色谱-质谱联用、气相色谱-微波等离子体发射光谱联用、色谱-红外光谱联用技术等。对于试样中微量或痕量组分的测定，由于组分的含量常常低于方法的检出限，因此多数需要经过富集等预处理后才能利用仪器分析法进行测定。一些经典的前处理方法，如沉淀、络合、衍生、萃取、蒸馏等，具有工作强度大、处理周期长、要使用大量有机溶剂等缺点。因此样品预处理是环境分析中较为薄弱的环节，是目前环境分析化学乃至分析化学中一个重要的关键环节和前沿研究课题。因此，今后环境分析化学的主要发展方向之一就是加强对新的灵敏度高、选择性好而又快速的痕量和超痕量预处理方法的研究，以解决更多、更新和更为复杂的环境问题。

1.3 现代环境样品分析方法简介及其发展趋势

现代环境样品分析的方法有很多，按其使用的方法分为化学法、物理法、物理化学法和生物法。

化学法(主要是滴定分析法)是以化学反应为其工作原理的一类分析方法，适用于样品中常量组分的分析，选择性较差，在测定前常需要对样品进行预处理。但是具有方法简便、操作快捷、所需器具简单、分析费用较低等优点。

物理法和物理化学法都是使用仪器进行监测的分析方法，前者用于如温度、电导率、噪声、放射性、气溶胶粒度等项目的测定，需要专用的仪器和装置；后者又通称仪器分析法，适用于定性和定量分析绝大多数化学物质。

物理化学法种类繁多，大体上可分为光学分析法、电化学分析法和色谱分析法三类。

光学分析法是利用光源照射试样，在试样中发生光的吸收、反射、透过、折射、散射、衍射等效应，或在外来能量激发下使试样中被测物发光，最终以仪器检测器接收到的光的强度与试样中待测组分含量间存在对应的定量关系而进行分析。环境分析中常用的有分光光度法、原子吸收分光光度法、化学发光法、非分散红外法等。特别是紫外-可见分光光度法，它是环境分析中最广泛应用的方法。原子吸收分光光度法则是对环境样品中痕量金属分析最常用的方法。

电化学分析法(表 1-1)是仪器分析法中的另一个类别，是通过测定试样溶液电化学性质而对其中被测定组分进行定量分析的方法。这些电化学性质是在原电池或电解池内显示出来，包括电导、电位、电流、电量等。环境分析中常用的电化学分析法有电导分析法、离子选择性电极法、阳极溶出伏安法(该方法的应用范围在近期有缩减的趋势)等。表 1-1 中列举的各种电化学分析法，大多可实施自动化分析，很多方法被国家标准采纳而成为标准法。

表 1-1　电化学分析法分类

分析方法	测定量(关系)	分析方法	测定量(关系)
电位滴定法* pH 值测定法* 离子选择性电极法*	原电池中电动势随被测浓度变化关系	电重量分析法	电解池中析出物量

续表

分析方法	测定量(关系)	分析方法	测定量(关系)
定电流电位滴定法 计时电位分析法 伽伐尼电池法*	原电池中电动势随时间变化关系	电流滴定法	电解池中待测浓度与电流变化关系
极谱法 阳极(阴极)溶出伏安法	电解池中电流随电压变化关系	电导滴定法 电导率测定法*	电导池中电阻值
定电位电量法 电量滴定法	电解池中电量		
* 环境分析中常用或多用的方法			

色谱分析法(表 1-2)可用于分析多组分混合物试样，即利用混合物中各组分在两相中溶解-挥发、吸附-脱附或其他亲和作用性能的差异，当作为固定相和流动相的两相做相对运动时，试样中各待测组分反复受上述作用而得以分离，然后进行分析。在环境分析中常用的有气相色谱法、高效液相色谱法(包括离子色谱法)、色谱-质谱联用法等。色谱分析法承担着对大多数有机污染物的分析任务，也是对环境试样中未知污染物做结构分析或形态分析的最强有力的工具。在表 1-2 中所列示的各种色谱分析法还仅限于柱色谱，没有将属于简易分析法一类的纸层析和薄层层析方法包括在内。

表 1-2　色谱分析法

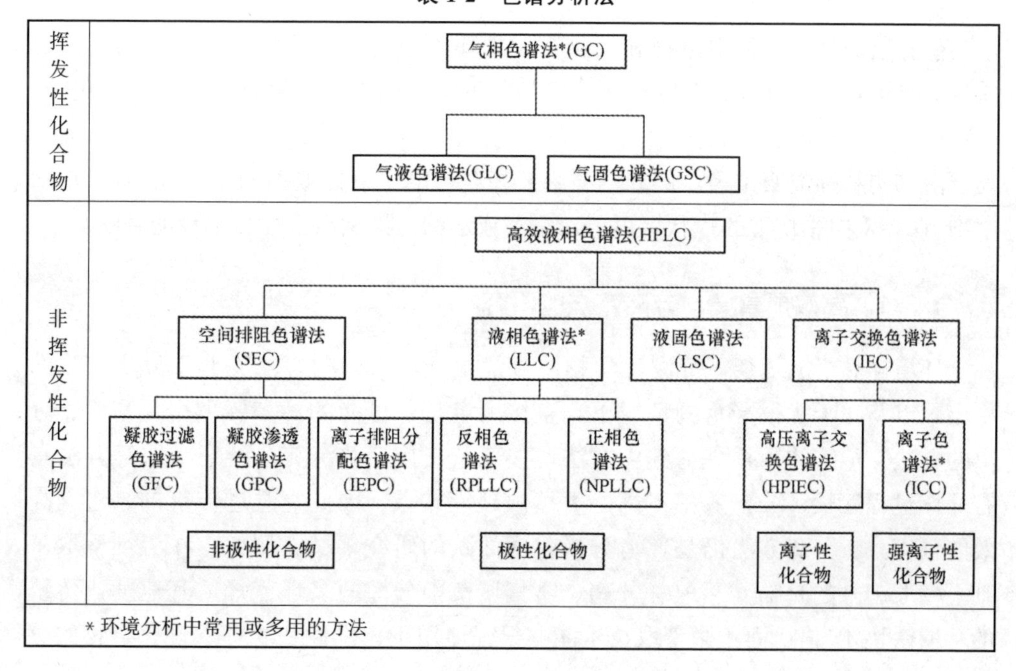

为了更好地解决环境监测中繁杂的分析技术问题，近年来已越来越多地采用仪器联用的方法(表 1-3)。例如，气相色谱仪是目前最强有力的成分分析仪器，质谱仪是目前最强有力的结构分析仪器，将两者合在一起再配上电子计算机组成气相色谱-质谱-计算机联用仪(GC-MS-COM)，可用于解决环境监测中有关污染物特别是有机污染物分析的大量疑难问题。

表 1-3　环境分析中的联用技术

联用技术	应用示例
GC-MS	普遍应用(挥发性化合物，衍生物)
GC-FAAS	石油中的乙基铅化合物，鱼体中汞化合物
GC-FAES	有机锡化合物，甲硅烷化醇类
GC-FAFS	四乙基铅
GC-ETA-AAS	生物中的有机铅、有机砷、有机汞
GC-DCP-AES	石油中的锰化合物
GC-MIP-AES	烷基汞化合物，血液中的铬
GC-ICP-AES	烷基铅，有机硅化合物
HPLC-FAAS	有机铬化合物，铜螯合物，氨基酸络合物
HPLC-FAFC	生物样品中锰的形态，金属的氨基酸络合物
HPLC-ETA-AAS	四烷基铅化合物，有机锡化合物，铜的氨基酸络合物
HPLC-DCP-AES	各种金属螯合物
HPLC-ICP-ASE	微生物 B_{12} 中的钴，蛋白质中的金属，四烷基铅，铁、钼的羰基化合物

生物监测技术是利用植物和动物在污染环境中所产生的各种信息来判断环境质量的方法，是一种最直接的方法，也是一种综合的方法。生物监测的内容包括：生物体内污染物的含量；生物在环境中受伤害症状；生物的生理生化反应；动植物群落结构和种类变化等。例如，利用某些对特定污染物敏感的植物或动物(指示生物)在环境中受伤害的症状，可以对空气或水的污染做出定性和定量的判断。

1.3.1　高效预富集、分离方法的研究

环境样品组成复杂，待测化学物质含量很低，当待测物浓度低于分析方法的检出限以及在干扰很严重的情况下，直接测定是不可能的，需要采用预富集、分离的方法。传统的预富集、分离方法，如离子交换、共沉淀、溶剂萃取等方法具有操作过程冗长、分离效率不高、手续烦琐等缺点。因此，改进传统的、建立高效的预富集、分离方法仍是环境分析化学活跃的研究领域。例如，在溶剂萃取基础上发展起来的超临界萃取法分离、富集城市中分散的多环芳烃，其速度比传统的萃取法快 48 倍；固相微萃取技术能够很好地用于挥发性和半挥发性化合物的分

离、富集。近几年来，相关文献中还提出了用天然高分子材料甲壳素衍生物高效分离、富集痕量汞以及用纳米材料分离、富集 Cr(Ⅲ)、Cr(Ⅵ)的新方法。

1.3.2　环境分析监测技术的连续自动化

由于环境体系的开放性、多变性，化学污染物具有时空分布的特点。如在大气污染分析中，在不同的时间、不同的气象条件下，同一污染源对同一地点造成的污染物的地面浓度相差甚远，在不同地理位置上污染物的浓度分布也不相同。为了满足测定污染物随时空变化的情况，需要自动连续的分析监测系统。

目前，已有许多新仪器、新技术实现了连续自动化。此外，还发展了自动化程度相当高的遥感技术，可以定点、流动连续监测，也可以全球性跟踪测量，让人们更深入、更全面地综合了解污染物的传递、转移过程，为人们进行环境分析提供更多的环境信息，大大提高了分析能力和研究水平。如激光散射和共振荧光主动式遥感技术，遥测距离最高可达 10 km，它不仅可用于遥测普通大气中主要成分的原子和分子，而且可用于遥测被污染大气中痕量污染物的原子(如 Hg、Cd、Pb 等)和分子。

1.3.3　新的计算机软件的开发

计算机在现代环境分析化学中的应用极大地提高了分析速度、分析能力和研究水平，是环境分析化学水平先进的重要标志。如计算机与红外光谱仪联用产生的富里埃变换红外光谱仪与色散型红外光谱仪在分析水平、分析能力上的比较：

(1)富里埃变换红外光谱仪扫描速度比色散型红外光谱仪快数百倍，可在 1 s 内完成全谱扫描，可用于对快速化学反应过程的追踪。

(2)富里埃变换红外光谱仪的分辨率和波数精确度高。在 1 000 cm^{-1}处，光栅光谱仪的分辨率为 0.2 cm^{-1}，而富里埃变换红外光谱仪可达 0.1～0.05 cm^{-1}，波数可精确到 0.01 cm^{-1}，可准确地进行有机污染物的定性及结构分析。

(3)富里埃变换红外光谱仪的灵敏度比色谱型红外光谱仪要高得多，可分析 10^{-9}～10^{-12}数量级的痕量组分。

目前，环境分析仪器几乎都已不同程度地计算机化，但是在软件方面，还需不断开发，以进一步提高分析效率和分析水平。

1.3.4　各种方法和仪器的联用

各种方法和仪器，均有自己的优势和不足之处，将不同的仪器、不同的方法联用，取长补短，有效地发挥各种技术的特长，可解决重大的、复杂的环境分析问题(如复杂体系中超痕量元素分析、形态分析等)。

气相色谱-冷蒸汽原子吸收法(GC-CVAAS)联用，用于分离、检测不同形态的有机汞；高效液相色谱-电感耦合等离子体质谱(HPLC-ICP-MS)联用，用于生物组织、食品中痕量元素的形态分析。

1.3.5 新理论与新方法的提出

随着环境样品的复杂化与多元化，一些新理论与新方法相继被提出。例如，激光腔内共振衰减吸收技术(cavity ring down laser absorption spectroscopy)是近年来发展起来的一种新型光谱技术，具有灵敏度高、信噪比小的特点，已成功地用于多种弱吸收体系光谱研究或用于气体样品的微量分析；便携式色谱仪已开始在现场环境分析中得到应用。

第 2 章　环境样品采集与制备技术

环境样品分析包括样品的采集、制备、预处理、分析以及分析结果的化学计量学处理等过程，其中样品的采集和制备是整个分析过程中极其重要的环节。环境样品分析工作中的误差可能由多种因素引起，样品采集和制备过程对分析结果的准确度影响极大。

环境样品采集的基本要求是所取得的样品应该具有代表性和完整性。由于环境体系的组成十分复杂，为了满足这两个方面，必须取得相关质量保证措施，除了具有一定的原则性外，还需要有极大的灵活性。本章主要针对环境样品采集的标准及规范、技术要点、器具以及环境样品采集过程中的注意事项进行描述。

2.1　水样的采集与保存技术

2.1.1　水样的类型

1. 瞬时水样

瞬时水样是指在某一时间和地点从水体中随机采集的分散水样。当水体水质稳定，或其组分在相当长的时间或相当大的空间范围内变化不大时，瞬时水样具有很好的代表性。需注意的是，当水体组分及含量随时间和空间变化时，应隔时、多点采集瞬时水样，分别进行分析，摸清水质的变化规律。

2. 混合水样

混合水样是指在同一采样点于不同时间所采集的瞬时水样的混合水样，有时称“时间混合水样”，以与其他混合水样相区别。这种水样在观察平均浓度时非常有用，但不适用于被测组分在贮存过程中发生明显变化的水样。

如果水的流量随时间变化，必须采集流量比例混合样，即在不同时间依照流量大小按比例采集的混合样。可使用专用流量比例采样器采集这种水样。

3. 综合水样

把不同采样点同时采集的各个瞬时水样混合后所得到的样品称为综合水样。这种水样在某些情况下更具有实际意义。例如，当为几条排污河、渠建立综合处理厂时，以综合水样取得的水质参数作为设计的依据更为合理。

2.1.2 采样前的准备

地表水、地下水、废水和污水采样前，首先，要根据监测内容和监测项目的具体要求，选择适合的采样器和盛水器，要求采样器具的材质化学性质稳定、容易清洗、瓶口易密封；其次，要确定采样总量(分析用量和备份用量)。

2.1.3 地表水的采集

地表水采样时，通常采集瞬时水样；遇有重要支流的河段，有时需要采集综合水样或平均比例混合水样。地表水表层水的采集，可用适当的容器如水桶等采集。在湖泊、水库等处采集一定深度的水样时，可用直立式或有机玻璃采样器，并借助船只、桥梁、索道或通过涉水等方式进行水样采集。

采样时，应注意避免水面上的漂浮物混入采样器；正式采样前要用水样冲洗采样器 2～3 次，洗涤废水不能直接回倒入水体中，以免搅起水中悬浮物；对具有一定深度的河流等水体采样时，使用深水采样器，慢慢放入水中采样，并严格控制好采样深度。对测定油类指标的水体采样时，要避开水面上的浮油，在水面下 5～10 cm 处采集水样。

2.1.4 地下水的采集

地下水水质监测通常采集瞬时水样。对需要测水位的井水，在采样前应先测地下水位。从井中采集水样，必须在对井水充分抽吸后进行，抽吸水量不得少于井内水体积的 2 倍，采样深度应在地下 0.5 m 以下，以保证水样能代表地下水水质。对封闭的生产井，可在抽水时从泵房出水管放水阀处采样，采样前应将抽水管中存水放净。测定 DO、BOD_5 和挥发性、半挥发性有机污染物项目的水体，采样时必须注满容器，上部不留空隙。测定溶解氧的水样采集后应在现场固定，盖好瓶塞后用水封口。

2.1.5 废水或污水的采样方法

工业废水和生活污水的采样种类和采样方法取决于生产工艺、排污规律和监测目的，采样涉及采样时间、地点和采样频数。由于工业废水是流量和浓度都随时间变化的非稳态流体，可根据能反映其变化并具有代表性的采样要求，采集合适的水样(瞬时水样、等时混合水样、等时综合水样)。

1. 废水和污水的采样方法

(1)浅水采样：当废水以水渠形式排放到公共水域时，应设适当的堰，可用容器或长柄采水勺从堰溢流中直接采样。在排污管道或渠道中采样时，应在具有液体流动的部位采集水样。

(2)深层水采样：适用于废水或污水处理池中的水样采集，可使用专用的深层采样器。

(3)自动采样：利用自动采样器或连续自动定时采样器采集。可在一个生产周期内，按时间程序将一定量的水样分别采集在不同的容器中；自动混合采样时采样器可定时连续地将一定量的水样或按流量比采集的水样汇集于一个容器中。

2. 废水采样注意事项

(1)用容器直接采样时，必须用水样冲洗三次后再进行采样。当水面有浮油时，采样的容器不能冲洗。

(2)采样时要注意去除水面的杂物、垃圾等漂浮物。

(3)用于测定悬浮物、BOD_5、硫化物、油类、余氯的水样，必须单独定容采样，全部用于测定。

(4)在选用特殊的专用采样器采样时，应按照采样器的使用方法进行。

(5)采样时应认真填写“污水采样处理表”，表中应有以下内容：污染源名称、监测目的、监测方案、采样位点、采样时间、样品编号、污水性质、流量等。

2.1.6　水样的保存

水样采集后，应快速进行测定。有些水样要求现场或最好现场立即测定，限于条件一些水样需要带回实验室。水样取出后到分析测定这段时间内，由于环境条件的改变，不可避免地发生化学、物理或生物变化，为将这些变化降到最低程度，除需缩短运输时间、尽快分析外，还需要采取一些必要的保护措施。

1. 冷藏或者冷冻保存方法

冷藏或冷冻的作用是抑制微生物活动，减缓物理挥发和化学反应速率。

2. 加入化学试剂

(1)加入酸或碱：加入酸或碱改变溶液的pH值，能抑制微生物活动，消除微生物对COD、TOC、油脂等的影响，从而使待测组分处于稳定状态。测定重金属时加入硝酸至pH值为1～2，可防止水样中金属离子发生水解、沉淀或被容器壁吸附；测定氰化物的水样需加入NaOH调节pH值为10～11；测酚的水样也需加碱保存。

(2)加入生物抑制剂：如在测定氨氮、硝酸盐氮、化学需氧量的水样中加入$HgCl_2$，可抑制生物的氧化还原作用；对测定酚的水样，用 H_3PO_4 调至 pH 值为 4 时，加入 $CuSO_4$，可抑制苯酚菌的分解活动。

(3)加入氧化剂或还原剂：在水样测定过程中，加入氧化剂或还原剂可增强待测组分的稳定性。如 Hg^{2+} 在水样中易被还原引起汞的挥发损失，加入 HNO_3（至 pH 值<1）和 $K_2Cr_2O_7$（0.05%），使汞保持高价态，汞的稳定性大为改善；在测定硫化物的水样中加入抗坏血酸，可以防止硫化物被氧化；测定溶解氧的水样需加入少量 $MnSO_4$ 和碱性碘化钾固定溶解氧等。

3. 过滤和离心分离

水样浑浊也会影响分析结果。用适当孔径的过滤器可以有效地除去藻类和细菌，过滤后的样品稳定性提高。一般而言，可用澄清、离心、过滤等措施分离水样中的悬浮物。

0.45 μm 微孔滤膜：可分离可滤态与不可滤态。

0.22 μm 微孔滤膜：可过滤去除大部分细菌。

采用滤膜、中速定量滤纸、砂芯漏斗或离心等方式处理水样时，其阻留悬浮性颗粒物的能力大体为滤膜>离心>中速定量滤纸>砂芯漏斗。

2.2 气样的采集与保存技术

由于污染物在大气中的存在状态和浓度不同、物理化学性质不同、分析方法的灵敏度不同，所以要求的采样方法也不同。采集大气样品的方法可以归纳为直接采样法和浓缩（富集）采样法两类。

2.2.1 直接采样法

当大气中污染物浓度较大或分析方法的灵敏度较高时，只要采集少量的大气样品即可满足监测分析的要求。在这种情况下，用直接采样法比较方便。常用的直接采样法有注射器法、塑料袋法、采气管法和真空瓶法。

1. 注射器法

常用 100 mL 玻璃注射器，采样时，先用现场空气抽洗 3～5 次，然后抽取 100 mL，用橡皮帽密封进气口，将注射器进气口朝下，垂直放置，使注射器内压力略大于大气压。该方法对注射器密闭性要求高。样品存放时间不宜过长，一般要当天分析完毕。

2. 塑料袋法

应选择不与被测样品发生化学反应、不吸附也不渗漏的塑料袋作为采样仪器。

常用的有聚乙烯袋、聚四氟乙烯袋或聚酯袋等。为了防止被测组分的吸附，可在袋内壁衬金属银、铝膜。采样时用二连球打入现场被测空气 2～3 次，然后再充满被测样，夹封进气口，送实验室尽快分析。

3. 采气管法

采气管是两端具有旋塞的管式玻璃容器，其体积一般在 100～500 mL 之间。采样时，打开两端旋塞，将二连球或者抽气泵接在管的一端，迅速抽进比采气管容积大 6～10 倍的样品，采气管中原有的气体被全部置换后，关上两端旋塞，采气体积即为采气管的体积。

4. 真空瓶法

真空瓶是一种用耐压玻璃制成的采气瓶，容积为 500～1 000 mL。采样前先用抽真空装置将采气瓶内抽至剩余压力 1 330 Pa 左右；如果瓶内预先装上吸收液，可抽至溶液冒泡为止，关闭旋塞。采样时，打开旋塞，被采空气即被吸入瓶中；关闭旋塞，采样体积则为真空瓶的体积。

2.2.2　浓缩(富集)采样法

空气中的污染物含量一般是很低的(10^{-9}～10^{-6}数量级)，直接采样法往往不能满足分析方法检出限的要求，所以需要采用富集采样法对空气中的污染物进行浓缩。富集采样的时间一般都比较长，测得的结果代表采样时间段的平均浓度，更能反映空气污染的真实情况。这类采样法主要有溶液吸收法、填充柱阻留法、滤料阻留法、低温冷凝法、静电沉降法、固相微萃取法和自然积集法。

1. 溶液吸收法

溶液吸收法是采集大气中气态、蒸汽态以及某些气溶胶态污染物的常用方法。采样时，用抽气装置将待测气体以一定的流量抽入装有吸收液的吸收管。采样结束后，倒出吸收液进行测定，根据测定结果以及采样体积计算大气中的污染物浓度。

影响该法的吸收效率的主要因素有吸收速度和气体与吸收液的接触面积。

吸收液的选择原则是：

(1)与被采集的污染物发生化学反应速度快或者对其溶解度大。

(2)污染物被吸收后要有足够的稳定时间，因此吸收液要满足分析测定污染物所需时间的要求。

(3)污染物被吸收后，应有利于下一步分析测定，最好能直接用于测定。

(4)毒性小、价格低、易于购买，最好能回收利用。

常见的吸收管有气泡吸收管、冲击式吸收管、多孔筛板吸收管、玻璃筛吸收管等(图 2-1)。

(1)气泡吸收管。这种吸收管可装5～10 mL吸收液，采样流量为0.5～2.0 L/min，适用于采集气态和蒸汽态物质。对于气溶胶态物质，因不能像气态分子那样快速扩散到气液界面上，故吸收效率比较低。

(2)冲击式吸收管。这种吸收管有小型(装5～10 mL吸收液，采样流量为3.0 L/min)和大型(装50～100 mL吸收液，采样流量为30 L/min)两种规格，适宜采集气溶胶态物质。因为该吸收管的进气管口小，距瓶底又很近，当被采气样快速从管口冲向管底时，气溶胶颗粒很容易被打碎，从而易被吸收液吸收。冲击式吸收管不适合用于采集气态和蒸汽态物质，因为气体分子的惯性小，在快速抽气情况下，容易随空气一起跑掉。

(3)多孔筛板吸收管。吸收管可装5～10 mL吸收液，采样流量为0.1～1.0 L/min。吸收管有小型(装10～30 mL吸收液，采样流量为0.5～2.0 L/min)和大型(装50～100 mL吸收液，采样流量为30 L/min)两种。气体通过吸收管的筛板后，被分散成很小的气泡，并且阻留时间长，大大增加了气泡与吸收液的接触面积，从而提高了吸收效果。多孔筛板吸收管除了适合采集气态和蒸汽态的物质外，也能用来采集气溶胶态物质。

(4)玻璃筛吸收管。其吸收原理与多孔筛板吸收管相似，通过调整玻璃瓶的大小可以灵活选择吸收液的体积。

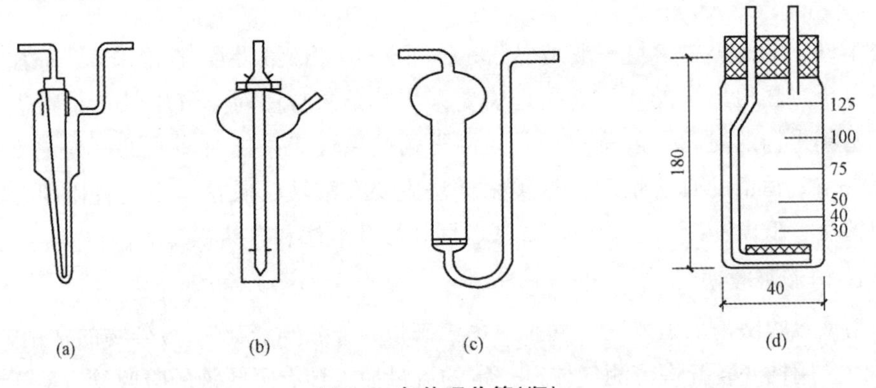

图 2-1　气体吸收管(瓶)

(a)气泡吸收管；(b)冲击式吸收管；(c)多孔筛板吸收管；(d)玻璃筛吸收管

2. 填充柱阻留法

填充柱是用一根长6～10 cm、内径为3～5 mm的玻璃管或聚丙烯塑料管填装各种固体填充剂而制成的。采样时，让气样以一定的流量通过填充柱，被测组分因吸附、溶解或化学反应等作用而被阻留在填充剂中，达到浓缩采样的目的。采样后，通过解吸或溶剂洗脱等使被测组分从填充剂中释放出来，然后进行分析测试。根据填充剂阻留作用的原理，填充柱可分为吸附型、分配型和反应型三种类型。

(1)吸附型阻留。填充剂是颗粒状固体吸附剂，比如活性炭、硅胶、分子筛、高分子多孔微球等。这些多孔性物质比表面积大，对气体和水蒸气有较强的吸附能力。极性吸附剂如硅胶等对极性化合物有较强的吸附能力，非极性吸附剂如活性炭等对非极性化合物有较强的吸附能力。通常吸附能力越强，采样效率越高，但可能解析困难，因此选择吸附剂既要考虑吸附效率，又要考虑易于解析。

(2)分配型阻留。这种填充柱内装有类似于气相色谱的固相式填充剂。常用的惰性多孔颗粒物(担体)为硅藻土，固定液为异三十烷等高沸点的有机溶剂，只是有机溶剂的用量要比色谱固相的大。当被采集的气体通过填充柱时，在有机溶剂中分配系数大的组分保留在填充剂中而被富集。大气中的有机氯(六六六、DDT 等)和多氯联苯(PCB)多以蒸汽态或气溶胶态存在，用溶液吸收法采样效率低，但用涂渍 5%甘油的硅酸铝载体填充柱采样，采集效率可达 90%～100%。

(3)反应型阻留。这种填充柱的填充剂由惰性多孔颗粒(如石英砂、玻璃微球等)或者纤维状物(如滤纸、玻璃棉等)表面涂渍能与被测组分发生化学反应的试剂制成。也可以用能和被测组分发生化学反应的纯金属(如 Au、Ag、Cu 等)丝毛或者细粒作为填充剂。气样通过填充柱时，被测组分在填充剂表面因发生化学反应而被阻留。采集后，将反应产物用适宜的溶剂洗脱或加热吹气解吸下来进行分析。例如，空气中的微量氨可用装有涂渍硫酸的石英砂填充柱富集。采样后，用水洗脱后测定。反应型填充柱采样速度比较快，富集物稳定，对气态、蒸汽态和气溶胶态物质都有较高的富集效率。

3. 滤料阻留法

滤料阻留法是将过滤材料(滤纸、滤膜等)放在采样夹(图 2-2)上，用抽气装置抽气，则空气中的颗粒物被阻留在过滤材料上，称量过滤材料上富集的颗粒物质量，根据采样体积，即可计算出空气中颗粒物的浓度。

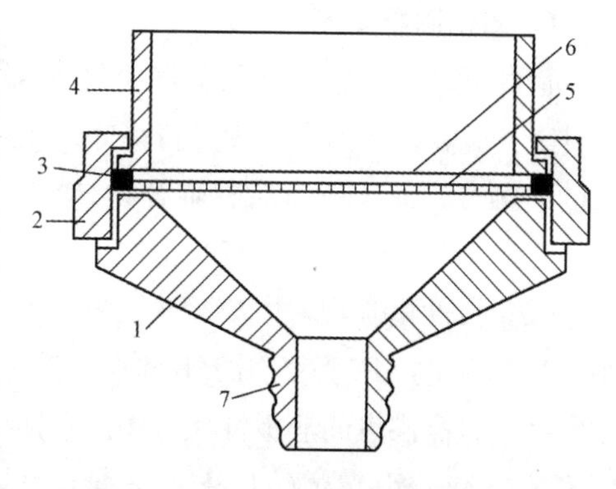

图 2-2　颗粒物采样夹

1—底座；2—紧固圈；3—密封圈；4—接座圈；5—支撑网；6—滤膜；7—抽气接口

运用滤料直接阻截、惯性碰撞、扩散沉降、静电引力和重力沉降等作用原理，可以采集空气中的气溶胶态颗粒物。常用的滤料有纤维状滤料(滤纸、玻璃纤维滤膜、过氯乙烯滤膜等)和筛孔状滤料(微孔滤膜、核孔滤膜、银薄膜等)。

滤料的采集效率除与本身性质有关外，还与采集速度、颗粒物大小有关。就速度而论，低速采样，以扩散沉降作用为主，采集细颗粒效率高；高速采样，以惯性碰撞作用为主，对大颗粒采样效率高。由于空气中的大小颗粒混杂在一起，不论选用高速采样还是低速采样，都有可能发生飞扬现象，致使采样效率偏低。

4. 低温冷凝法

空气中某些沸点较低的气态污染物，如烯烃类、醛类等，在常温下用固体填充剂等富集效果不好，而用低温冷凝法可以提高采样效率。低温冷凝法是将U形或蛇形采样管插入冷阱中，空气流经采样管时，被测组分因低温而凝结在采样管底部，达到分离与富集的目的。如用气相色谱法测定，可将采样管与仪器进气口连接，移去冷阱，在常温或加热情况下汽化，进入仪器测定。

制冷的方法有半导体制冷器法和制冷剂法。常用制冷剂有冰(0 ℃)、冰-盐水(−10 ℃)、干冰-丙酮(−78 ℃)、液氮(−190 ℃)等。

低温冷凝法具有效果好、采样量大、利于组分稳定等优点，但冷凝时空气中的水蒸气、二氧化碳，甚至氧气也会冷凝。在汽化时，这些组分也会汽化，增大了气体总体积，从而降低了浓缩效果，甚至干扰测定。为此，应在采样管的进气端装置选择性过滤器(内装过氯酸镁、碱石棉、氯化钙等)，以除去空气中的水蒸气和二氧化碳等。但所用干燥剂和净化剂不能与被测组分发生作用，以免引起被测组分损失。

5. 静电沉降法

空气样品通过12 000～20 000 V高压电场时，气体分子电离所产生的离子附着在气溶胶态颗粒上，使颗粒带电荷，并在电场作用下沉降到收集极上，然后将收集极表面的沉降物洗下，供分析用。这种采样方法不能用于易燃、易爆的场合。

6. 固相微萃取法

固相微萃取装置由萃取头和手柄两部分组成，采样时利用手柄将萃取头推出，使其直接暴露在室内空气中进行采样，无须动力。本法的关键在于萃取头，其上1 cm处的熔融石英细丝表面涂有聚合物。常见的萃取头以聚二甲基硅氧烷(PDMS)为涂层，它对于非极性化合物有非常好的选择性。以聚丙烯酸酯(PA)为涂层的萃取头适用于采集极性化合物，主要用于分析有机氯、酚类等。涂层的厚度影响化合物的采集，100 μm的PDMS适用于低沸点、易挥发的非极性化合物，7 μm的PDMS适用于中等挥发、高沸点的非极性化合物。采样结束后，旋进萃取头即可。分析时，将该装置直接插入气相色谱仪的进样口，推出萃取头，吸附在萃取头上的有机物就会在进样口进行热解吸，随载气进入毛细管柱进行测定。由于解吸时没有溶剂注入，且分析物很快被解吸送入气相色谱，所用的毛细管柱可以很短、很细，以加快分析速度。

7. 自然积集法

自然积集法是利用物质本身的重力、空气动力和浓差扩散作用等来采集大气中被测物质的一种富集采样方法。如自然降尘量、硫酸盐化速率、氟化物等大气样品的采集。这种方法不需要动力设备，采样时间长，测定结果能较真实地反映空气污染状况。

2.3　固体样品的采集、保存与制备

固体废物的监测包括采样计划的设计、布点方法、采样点数及采样量、分析方法、质量保证等方面。监测项目包括有害废物的特性、城市垃圾特性、浸出毒性等。

为了使采集的样品具有代表性，在采集之前要调查废物类型、排放数量、堆积历史、危害程度和综合利用情况。如采集有害废物则应根据其有害特性采取相应的安全措施。

2.3.1　固体样品的采集

1. 采样工具

固体废物的采样工具主要有尖头钢锹、钢尖镐(腰斧)、采样铲(采样器)、具盖采样桶或内衬塑料的采样袋。

2. 采样方法

(1)简单随机采样法：对一批固体废物了解很少，且采集的份样较分散也不影响分析结果时，可对其不做任何处理，也不进行任何分类和排序，而是按照其原来的状况从中随机采集份样。

①抽签法：先对所有采集份样的部位进行编号，同时将代表采集份样部位的号码写在纸片上，从中随机抽取纸片，抽中号码代表的部位就是采集份样的部位。此法只适宜在采样点不多时使用。

②随机数字表示法：先对所采份样的部位进行编号，有多少部位就编多少号，最大编号是几位数字就适用随机数表的几行，并把这几行合在一起使用，从随机数表的任意一行数字开始数，碰到小于或等于最大编号的数字就记下来，碰到已抽过的数字就舍弃，直至抽够份样数为止，抽到的号码代表的部位就是采集份样的部位。

(2)分层采样法：根据对一批废物已有的认识，将其按照有关的标志分为若干层，然后在每层中随机采集份样。一批废物分次排出或某生产工艺的废物间歇排出时，可分 n 层，根据每层的质量，按比例采集份样。同时应注意粒度比例，使每层所采份样的粒度比例与该层废物粒度分布大致相等。

简单随机采样和分层采样都是一次就直接从一批废物中采集份样，称为单阶段采样。当一批废物由许多桶、箱、袋等盛装时，由于容器所处位置比较分散，所以要分阶段采样。首先从一批废物总容器件数 N_0 中随机抽取 N_1 件容器，然后再从 N_1 件的每件容器中采 n 个份样。

2.3.2 固体样品的制备

1. 制样工具

制样工具包括粉碎机(破碎机)、药碾、钢锤、标准套筛、十字分样板、机械缩分器等。

2. 制样要求

(1)在制样的过程中，应防止样品产生任何化学变化和污染。若制样过程中可能对样品的性质产生显著影响，则应尽量保持原来的状态。

(2)湿样品应在室温下自然干燥，以达到适于破碎、筛分、缩分的程度。

(3)制备的样品应过筛(筛孔为 5 mm)后，装瓶备用。

3. 制样程序

(1)粉碎：用机械或人工方法把全部样品逐级破碎，通过 5 mm 筛孔。粉碎过程中，不可随意丢弃难以破碎的粗粒。

(2)缩分：将样品于清洁、平整、不吸水的板面上堆成圆锥形，每铲自圆锥顶端落下，使物料均匀地沿锥尖散落，不可使圆锥中心错位。反复转锥，至少三周，使其充分混合。然后将圆锥顶端轻轻压平，摊开物料后，用十字分样板自上压下，分成四等份，取两个对角的等份，重复操作数次，直至达到试验分析用量的 10 倍为止。在进行各项有害特性鉴别试验前，可根据要求的样品量进一步缩分。

2.3.3 固体样品的保存

制备好的样品应密封在容器中保存，容器应对样品不产生吸附，不使样品变质，贴上便签备用。标签上应注明编号、样品名称、采样地点、批量、采样人、制样人和时间。特殊样品可以采取冷冻或充惰性气体等方法保存。

制备好的样品，一般有效保存期为三个月，已变质的样品不受此限制。最后填好采样记录表(一式三份)，分存于有关部门。

2.4 生物样品的采集、保存与制备

生物样品监测和环境样品监测大同小异，也要根据监测目的和监测样品的特点，在调查研究的基础上制定监测方案，确定布点和采样方法、采样时间和频率；采集具有代表性的样品，同样要选择适宜的样品制备、处理和分析测定方法。

2.4.1　植物样品的采集和制备

1. 对样品的要求

采集的植物样品要具有代表性、典型性和适时性。代表性是指采集代表一定范围污染情况的植物为样品，这就要求对污染源的分布、污染类型、植物的特征、地形地貌、灌溉出入口等因素进行综合考虑，选择合适的地段作为采样区，再在采样区内划分若干小区，在划分好的采样小区内，常采用梅花形布点法或交叉间隔布点法确定代表性的植株。不要采集田埂、地边及距田埂、地边 2 m 以内的植株。典型性是指所采集的植株部位要能充分反映通过监测所要了解的情况。根据要求分别采集植被的不同部位，如根、茎、叶、果实，不能将各部位样品随意混合。适时性是指在植物不同生长发育阶段，施药、施肥前后，适时采样监测，以掌握不同时期的污染状况和对植物生长的影响。

2. 采样方法

在每个采样小区内的采样点上分别采集 5～10 份植株的根、茎、叶、果实等，将同部位样品混合，组成一个混合样；也可以整株采集后带回实验室再按部位分开处理。采集样品量要能满足需要，一般经制备后，有 20～50 g 干重样品。新鲜样品可按含 80%～90%的水分计算所需样品量。若采集根系部位样品，应尽量保持根部的完整。对一般旱作物，在抖掉附着在根上的泥土时，注意不要损伤根毛；如采集水稻根系，在抖掉附着的泥土后，立即用清水洗净。根系样品带回实验室后，及时用清水洗净(不能浸泡)，再用纱布拭干。如果采集果树样品，要注意树龄、株型、生长势、载果数量和果实着生的部位及方向。如要进行新鲜样品分析，则在采集后用清洁、潮湿的纱布包住或装入塑料袋，以免水分蒸发而萎缩。对水生植物，如浮萍、藻类等，应采集全株。从污染严重的河塘中捞取的样品，需用清水洗净，挑去水草等杂物。

3. 植物样品的保存

将采集好的样品装入布袋或者聚乙烯塑料袋，贴好标签，注明编号、采样地点、植物种类、分析项目，并填好采样登记表。

样品带回实验室后，如测定新鲜样品，应立即处理和分析。当天不能分析完的样品，暂时放在冰箱里保存，保存时间的长短，视污染物的性质以及在生物体内的转化特点和分析测定要求而定。如果测定干样品，则将新鲜样品放在干燥通风处晾干或于鼓风干燥箱中烘干。

4. 植物样品的制备

采回的新鲜样品在进行分析之前，一般先要经过净化、杀青、烘干(或风干)

等一系列处理。果实、块根、块茎、瓜类样品，洗净后切成4块或者8块，根据需要量各取每块的1/8或1/16混合成平均样。粮食、种子等经过充分混匀后，平摊于清洁的玻璃板或木板上，用多点取样或四分法多次选取，得到缩分后的平均样。最后对各个平均样加工处理，制成分析样。

测定容易挥发、转化或降解的污染物质，如酚、氰、亚硝酸盐等；测定营养成分如维生素、氨基酸、糖、植物碱等，以及多汁的瓜、果、蔬菜样品，应使用新鲜样品。

新鲜样品的制备方法如下：

(1)将样品用清水、去离子水洗净，晾干或拭干。

(2)将晾干的新鲜样品切碎，混匀，称取100 g于电动高速组织捣碎机的捣碎杯中，加适量蒸馏水或去离子水，捣1～2 min，制成匀浆。对于西红柿等含水量大的样品，捣碎时可少加或不加水，而对于含水量少的样品，则可多加水。

(3)对于含纤维多或较硬的样品，如禾本科植物的根、茎、叶子等，可用不锈钢刀或剪刀切(剪)成小片或小块，混匀后在研钵中加石英砂研磨。

干样的制备方法为：

(1)将洗净的植物新鲜样品尽快放在干燥通风处风干(茎秆样品可以劈开)。如果遇到阴雨天或潮湿天气，可放在40～60 ℃鼓风干燥箱中烘干，以免发霉腐烂，并减少化学和生物变化。

(2)将风干或烘干的样品去除灰尘、杂物，用剪刀剪碎(或先剪碎再烘干)，再用磨碎机磨碎。谷类作物的种子样品如稻谷等，应先脱壳再粉碎。

(3)将粉碎好的样品过筛。一般要求通过1 mm筛孔即可，有的分析项目要求过0.25 mm筛孔。制备好的样品贮存于磨口玻璃广口瓶或聚乙烯广口瓶中备用。

(4)对于测定某些金属含量的样品，应注意避免受金属器械和筛子等污染。因此，最好用玛瑙研钵磨碎，过尼龙筛，于聚乙烯瓶中保存。

2.4.2 动物样品的采集和制备

动物的尿液、血液、唾液、胃液、乳液、粪便、毛发、指甲、骨骼和组织等均可作为检验样品。

1. 尿液

尿液中的污染物一般早晨浓度较高，可收集一次，也可以收集8 h或24 h的尿样，测定结果为收集时间内尿液中污染物的平均含量。采集尿液的器具首先要用稀硝酸浸泡洗净，再依次用自来水、蒸馏水清洗，烘干备用。

2. 血液

血液用来检验如金属汞、铅以及非金属如氟化物、酚等，对判断动物受危害情况具有重要意义。一般用注射器抽取 10 mL 血样于洗净的玻璃试管中，盖好、冷藏备用。有时需要加上抗凝剂，如二溴酸盐等。

3. 毛发和指甲

蓄积在毛发和指甲中的污染物质残留时间较长，即使已脱离与污染物接触或停止摄入污染食物，血液和尿液中污染物含量已下降，而毛发或指甲中仍容易检出。头发中的汞、砷等含量较高，样品容易采集和保存，故在医学和环境分析中应用较广泛。人发样品一般采集 2～5 g，男性采集枕部发，女性原则上采集短发。采样后，用中性洗涤剂洗涤，去离子水冲洗，最后用乙醚或丙酮洗净，室温下充分晾干后保存备用。

4. 组织和脏器

以肝脏为检验样品时，应剥去被膜，取右叶的前上方表面下几厘米纤维组织丰富的部位作为样品。检验肾脏时，剥去被膜，分别取皮质和髓质部分作为样品，避免在皮质与髓质结合处采样。其他如心、肺等部位组织，根据需要，都可以作为检验样品。检验较大个体的动物受污染情况时，可在躯干的各部位切取肌肉片制成混合样。采集组织和脏器样品后，应放在组织捣碎机中捣碎、混匀，制成浆状新鲜样品备用。

5. 水产食品

水产品如鱼、虾、贝类中含有的污染物可通过食物链进入人体，对人体产生不良影响。采样时一般只取对人体有直接影响的可食用部分。采集鱼类样品时，先按种类和大小分类，取其代表性的尾数(如大鱼 3～5 条，小鱼 10～30 条)，洗净后沥去水分，去除鱼鳞、鳍、内脏、皮、骨等，分别取每条鱼的厚肉制成混合样，切碎、混匀，或用组织捣碎机捣碎成糊状，立即分析或储存于样品瓶中，置于冰箱内备用。

2.5　被动采样技术

被动采样技术是基于检测分子原理所提出的，是检测分子自样本到采样设备中接收相的自由流动，其驱动力是相应分子在不同相之间不同的化学势能。检测分子在一定程度上受到水流的速度、温度以及生物污染的影响，被动采样技术能够在最长时间内保持一个良好的平衡状态。被动采样技术通过对化学势能的有效利用来完成整个采样过程，不需要其他能量进行补充。被动采样技术在实际应用中，需要在一定时间内达到稳定浓度，采样容器应当与样品总容量保持良好的对应状态，最大限度避免萃取过程中污染物发生不同程度的损耗，将设备响应时间控制在最短范围内，切实提高被动采样技术的实际应用效果。

目前已有的被动采样技术主要有半透膜装置(SPMD，semipermeable membrane device)技术、固相微萃取(SPME，solid phase microextraction)技术、扩散平衡膜(DET，diffusive equilbrium in thin films)技术、扩散梯度膜(DGT，diffusive gradient in thin films)技术等。

2.5.1 半透膜装置技术

半透膜装置技术是利用化学膜扩散原理，将一高纯度的类脂物密封于一半透膜袋中组成。当SPMD被置于被监测体系中时，体系中的有机污染物因亲脂性，按简单的动力学模式经扩散富集于SPMD。常用的标准SPMD由美国地质调查局(USGS)制造，长90 cm，宽2.75 cm，膜厚75 mm，表面积495 cm^2，质量(膜中加入1 mL三油酸甘油酯后)4.41 g，体积8.5 cm^3，密度0.519 g/cm^3，有效厚度(体积/表面积)0.017 cm。在采样过程中，通常将SPMD展开并将其圈套于金属百叶箱内的不锈钢支架上，吊挂于离地面1～3 m高的位置。该金属百叶箱称为Stevenson保护罩，该铝质保护箱的一面具有百叶窗结构，内径为30 cm×30 cm×30 cm，可保护SPMD免受光照、雨水冲刷、风及颗粒物沉降作用的影响。而大气仍可在SPMD周围自由流通，从而达到采样的目的。采样前后，SPMD均保存在用溶剂清洗过的锡罐中，在－18 ℃到－20 ℃下密封保存。

SPMD对污染物的富集是一个酯-气分配过程，污染物通过扩散作用与聚乙烯膜内的三油酸甘油酯相结合。SPMD可以用来半定量地检测出大气中的PAH和PCDD/Fs。SPMD可以以合理的精确度来评价多环芳烃的大气浓度，还可以通过延长采样时间来确保浓度相对较低的化合物被检出。

SPMD技术的特点是克服了化学监测点采样不具代表性和高成本的不足；可进行连续动态监测并有生物监测的特点；而且SPMD对亲脂性有机污染物的富集倍数高，样品前处理简单，易于保存及携带，重现性好等。SPMD作为POPs(如PCBs、六氯苯、DDE及六六六等)的被动采样器已经成功地通过了试验，尤其是在气相中。

但是，SPMD技术作为一种新的大气采样技术还不完善，其中最大的问题就是温度变化会对SPMD的污染物富集速率产生影响。SPMD对多氯联苯和多环芳烃的富集速率均为冬季高于夏季，低温更有利于SPMD对有机污染物的富集。此外，风速的季节性变化也可对SPMD的大气采样率产生影响。但是将SPMD放入Stevenson保护罩后，保护罩内的风速可比外面低很多且变化范围小，因此风速的变化对其富集率的影响是可控的。所以温度变化的频率与幅度是制约SPMD采样准确度与可信度的主要条件。

2.5.2　固相微萃取

固相微萃取(SPME)是以固相萃取为基础发展起来的新方法，由加拿大Waterloo大学的Pawliszyn等人于1989年提出。它用一个类似于气相色谱微量进样器的萃取装置，在样品中萃取出待测物后直接在气相色谱(GC)或高效液相色谱(HPLC)中选样，将萃取的组分解吸后进行色谱分析。它克服了以前一些传统样品处理技术的缺点，集萃取、浓缩、进样为一体，具有快速、简便、灵敏，易自动控制等特点，特别适用于现场分析。该技术的发展经历了一个由简单到复杂，由单一化向多元化的过程。这个过程主要体现在萃取纤维涂层的变化，萃取方式的变化及后续分析仪器的变化上。

1. 固相微萃取原理

SPME是利用待测物在基体和萃取相间的非均相平衡，使待测组分扩散吸附到石英纤维表面的固相涂层，待吸附平衡后再与气相色谱或高效液相色谱联用以分离和测定待测组分。对于固体样品还必须结合其他方法提取后才能进行固相微萃取。该方法属于非溶剂萃取方法，操作简单，样品处理步骤少，因此在样品分析中越来越多地得到应用。

固相微萃取包括吸附和解吸两个过程，即样品中待测物在石英纤维上的涂层与样品间扩散、吸附、浓缩的过程和待测物解吸进入分析仪器进行分析的过程。萃取过程的影响因素有涂覆纤维的种类和厚度、萃取时间、萃取温度、脱附时间和脱附温度、基质pH值等。

2. 固相微萃取的操作模式

固相微萃取有三种操作模式(图2-3)。第一种是直接SPME法：将一附着有适当涂层(固相)的弹性石英丝浸入待测水样，待平衡一段时间后，水样中的待测物即被吸附于固相涂层上，吸附量与水样中待测物的原始浓度成正比，然后将石英丝导入气相色谱进样室，待测物受热挥发进入色谱系统，然后对目标物质进行分离分析。第二种是顶空SPME法：纤维不与样品直接接触，而是停留在顶空与气相接触，使待测物质富集于固相后通过适当的方法解吸目标物质进行色谱分析。第三种是隔膜保护SPME。其中，直接SPME法和顶空SPME法是最常用的模式。

3. 固相微萃取法萃取条件的选择

(1)萃取头。萃取头应由萃取组分的分配系数、极性、沸点等参数来确定。在同一个样品中，因萃取头的不同可使其中某一个组分得到最佳萃取，而其他组分则可能受到抑制。常用的萃取头有以下几种：①聚二甲基硅氧烷类：厚膜(100 μm)适于分析水溶液中低沸点、低极性的物质，如苯类、有机合成农药等；薄膜(7 μm)适于分析中等沸点和高沸点的物质，如苯甲酸酯、多环芳烃等。②聚丙烯酸酯类：适

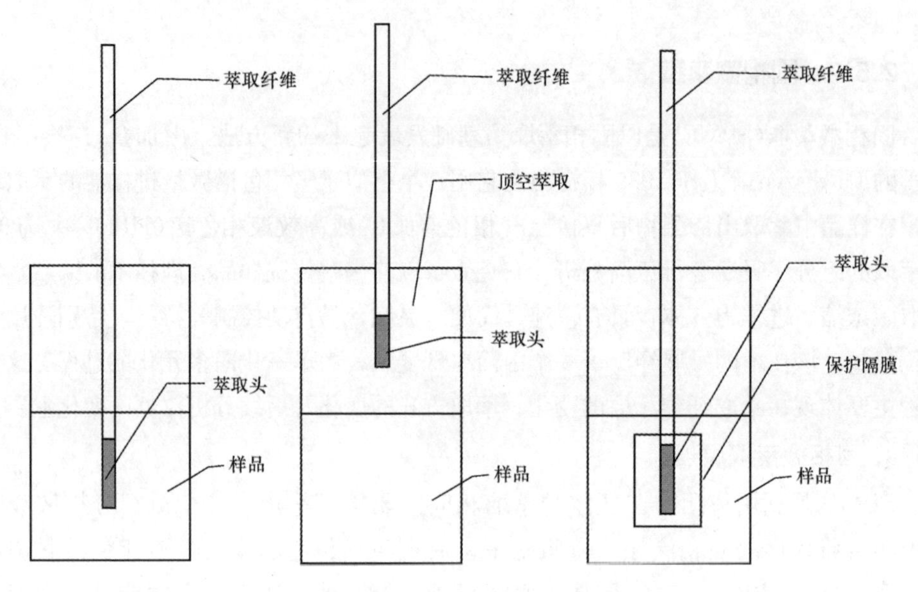

图 2-3　SPME 的三种操作模式

于分离酚等强极性化合物。③活性炭萃取头：适于分析极低沸点的强亲脂性物质。

(2)萃取时间。萃取时间主要指达到平衡所需的时间。平衡时间往往取决于多种因素，如分配系数、物质的扩散速度、样品基体、样品体积、萃取膜厚、样品的温度等。实际上，为缩短萃取时间没有必要等到完全平衡。通常萃取时间为 5～20 min 即可。但萃取时间要保持一定，以提高分析的重现性。

(3)改善萃取效果的方法。除搅拌和超声波振荡、加无机盐、加温等方法外，还可通过调节 pH 值改善萃取效果，如萃取酸性或碱性化合物，通过调节样品的 pH 值，可改善组分的亲脂性，从而大大提高萃取效率。

4. 固相微萃取的应用

SPME 可用于液态样品的预处理(浸渍萃取或顶空萃取)，也可用于固态样品的预处理(顶空萃取)和气态样品的预处理。解吸时没有溶剂的注入，分析速度快。特别适合野外现场取样后带回实验室分析，避免了样品在运输及保存中的变质与干扰。

SPME 在环境样品预处理中的主要对象为样品中的各种有机污染物。苯及取代苯是 SPME 应用最早的典型非极性挥发有机物，经常被用于研究 SPME 的萃取理论和过程动力学。此外，包括固态(如沉积物、土壤等)、液态(地下水、地表水、饮用水、污水)及气态(空气及废气)样品中的有机磷农药、有机氯农药、除草剂、多环芳烃、多氯联苯、酚类化合物、四乙基铅、各种丁基锡、有机汞、二甲基次砷酸和甲基砷酸、芳香酸和芳香碱、脂肪酸、邻苯二甲酸酯、芳香化合物、氯乙醚、硫化物、沥青和杂酚油、甲醛、挥发性氯代烃、苯、甲苯、乙苯和二甲苯等。

2.5.3　扩散平衡膜技术

扩散平衡膜技术与透析法的采集原理相似，都是利用采样介质与水体之间的物质交换以达到扩散平衡来实现采样的目的；它的扩散以水凝胶(扩散相)与外部水体中被监测物质的浓度梯度为动力，随着扩散过程的进行，浓度梯度不断减小，直至为零，即达到扩散平衡，平衡后完成采样过程。它与透析法的区别是采样介质不同，透析法采用去离子水或电解质溶液为采样介质，而 DET 技术采用水凝胶(含水量 95%)为采样介质。DET 技术中，采样位置的被监测物质的可溶性形态的浓度可以通过测量水凝胶介质中被监测物质的浓度来得到。

DET 技术与透析法相比较，具有更高的空间分辨率。采用切割的方法，DET 技术的空间分辨率能够达到 1 mm，如果利用声束技术，空间分辨率可以达到亚毫米级；而透析法的空间分辨率为 16 mm。DET 技术还具有快速的平衡响应时间，试验表明，DET 技术数小时就可达到平衡，而透析法要用 2～3 周。另外，DET 装置具有结构简单、容易使用、易于处理、非选择性和测量多维空间中被监测物质的可溶性形态等特点。

DET 装置分为塑料外壳与扩散层两部分。塑料外壳主要起到支撑、保护和固定的作用。塑料外壳分前开窗口和后支撑结构两大部分，前开窗口主要作为扩散通道，并且限定了扩散面积；后支撑结构主要起到支撑扩散层的作用。

扩散层由纤维素滤膜和水凝胶扩散相两部分构成。0.45 μm 纤维素滤膜通常具有表面孔径均匀、结构稳定等性质，并有一定的抗生物污染的能力，主要作用是保护内部的扩散相不受到污染，同时限定通过微粒的粒径。水凝胶扩散相是 DET 装置的核心部分，其作用是限定可溶性形态的通过速度，使其与时间、本体溶液离子浓度、内部离子浓度成比例。在纤维素滤膜足够薄时，可以将纤维素滤膜看作扩散层的外延。DET 扩散相的选择通常要考虑在试验条件下扩散层在性质和结构上不能改变、与待测离子之间无明显作用和无吸附现象以及孔径适当三个原则。DET 技术中所用的扩散相为聚丙烯酰胺水凝胶薄层，其厚度为 0.4 mm 或 0.8 mm。聚丙烯酰胺是一种亲水性高分子，在水中可以溶胀，吸取大量水后形成含有三维交联聚合物网络结构的水凝胶，这种结构中可以保存大量的水，溶胀后的聚丙烯酰胺水凝胶中可以含有 95% 的水。DET 扩散层的扩散过程如图 2-4 所示。

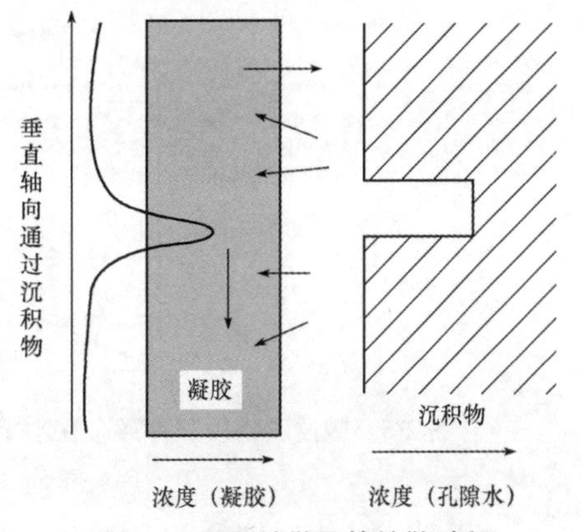

图 2-4　DET 扩散层的扩散过程

2.5.4 扩散梯度膜技术

1. 扩散梯度膜技术原理

扩散梯度膜技术是近十几年发展起来的在土壤、水、沉积物、沉积物/水界面等环境中原位定量累积和测量重金属、营养元素(S、P)有效态或生物可给性的新方法。DGT 技术是通过可渗入离子的水凝胶将离子交换树脂与溶液隔开，通过水凝胶控制离子交换过程来实现对被监测物质有效态的定量累积和测量。

DGT 技术是在 DET 技术的基础上于扩散层水凝胶的后面紧密连接了一个结合相。DGT 技术和 DET 技术相同之处是：两者都是以 Fick's 第一扩散定律为理论基础的，扩散过程也都是以水凝胶与外部水体中被监测物质的浓度差为动力的。两者的不同之处在于：DGT 装置的结合相可以迅速结合水凝胶和结合相界面间的被监测物质，从而在水凝胶和外部水体间形成一个稳定的浓度梯度，而 DET 技术的浓度梯度在扩散过程中则逐渐减小；机理也不一样，DET 技术是平衡采样技术，而 DGT 技术是一种动力学采样技术，它只与被监测物质的动力学性质和扩散相的特性有关；DGT 技术具有形态选择性，只能测量那些能够通过扩散层并且能被结合相累积的可溶性形态，而 DET 技术没有形态选择性，只要被监测物质的可溶性形态能够扩散到水凝胶中，就能够被测量。

通常 DGT 技术所能测量的形态即 DGT 有效态包括游离金属离子、不稳定无机络合形态、不稳定有机络合形态，往往这些形态是产生生物毒性的形态。对于 DGT 技术而言，被监测物质的形态可分为有效态、惰性态和部分有效态三种情况。图 2-5 所示为被监测物质三种形态在水凝胶和结合相中的扩散和累积原理示意图。对于部分有效态的情况，使用一个高效的结合相如 Chelex 100 就能够诱导活性，因为其功能基团亚氨基二乙酸能与金属结合的自然配体进行竞争。

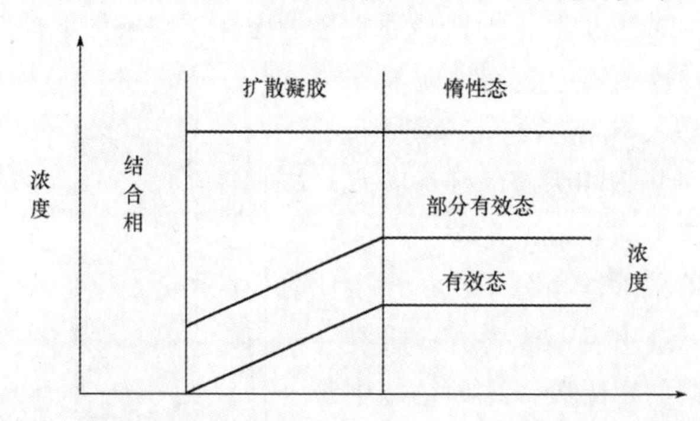

图 2-5　被监测物质三种形态在水凝胶和结合相中的扩散和累积原理示意图

DGT 技术作为一种简单、易行的新方法，可以测量超痕量的被监测物质的有效态在监测期间的平均浓度。其在国际上已经广泛应用于土壤、淡水、海水、污水，河流、海洋中沉积物及多维空间中重金属有效态的检测，以及放射性元素 U、重金属的同位素的测量。

2. 扩散梯度膜技术的扩散相

扩散梯度膜装置的核心由扩散相和结合相两部分组成。最早的 DGT 装置采用的扩散相与 DET 装置的扩散相相同，都是聚丙烯酰胺凝胶。随着 DGT 技术的不断应用，发现聚丙烯酰胺中的酰胺基不可避免地会与金属离子发生络合反应，虽然这种相互作用在大部分情况下可以忽略，但仍会因此引起不必要的测量误差。为此，近年来有人提出用琼脂凝胶、透析膜、色谱纸作为扩散相，并且在实际应用中取得了较好的测定结果。

3. 扩散梯度膜技术的结合相

与扩散层内部紧密相连的是结合相。结合相的主要作用就是与通过扩散层的被监测物质配位，使扩散相与结合相间的被监测物浓度减至最低(接近为 0)。DGT 技术采用的结合相分子结构中含有一些可提供配位电子对的官能团(如羟基、氨基、羧基)，这些官能团可以与重金属离子发生配位反应。最早使用的结合相是离子螯合树脂 Chelex 100，在复杂环境下 Chelex 100 对 Cu、Cd、Mn、Ni 等许多重金属离子都有较好的累积和测量，并且适用于较大的酸度范围。后来发现，作为柱层析固相使用的 cellphos 不仅对 Cu、Cd、Ni、Cr 等重金属具有一定的选择性，而且在强酸条件下洗脱效率高，适用于河水、海水、沼泽等复杂样品中重金属离子的累积，可以代替 Chelex 100 作为新的结合相。另外，cellphos 具有良好的机械强度，便于安装，可回收。随着 DGT 技术的不断发展，许多实验室也尝试性地合成了一些具有一定选择性的高分子络合剂。例如，Li 等利用合成的聚丙烯酰胺-聚丙烯酸共聚物选择性地对水中有效态的 Cu 进行检测和聚丙烯酰乙醇酸-丙烯酰胺共聚物对水中有效态的 Cu 和 Cd 进行检测。另外还有利用商品化的离子交换层析纸为结合相。例如，Li 等利用离子交换层析纸 Whatman P81 测量水中有效态的 Cu 和 Cd、用层析纸 Whatman DE81 测量水中的 U，与其他结合相(Chelex 100 和 Dow 树脂)相比，DE81 可以测量水中 98%的 U，而 Chelex 100 和 Dow 树脂分别只能测量 49%和 45%的 U；Divis 等利用巯基化的 Speron 树脂测量沉积物中的 Hg；Zhang 等将水合氧化铁嵌入水凝胶中作为结合相累积和测量水中可溶性的 P；Chang 等使用离子交换树脂 AG 50W-X8 为结合相，测量水中的 Cs 和 Sr；Teasdale 等将 AgI 嵌入水凝胶中作为结合相测量水体和沉积物中的 S。

4. 扩散梯度膜技术的发展趋势

由于液态结合相出现得较晚，目前报道的液态结合相只有聚对苯乙烯磺酸钠一种，有待于进一步研究。DGT 技术的结合相不同，其累积和测量的被监测物的有效态也有所不同，开发一系列不同结合相的 DGT 装置已成为 DGT 技术研究的热点之一。DGT 技术的选择性较差，开发出具有高度选择性的 DGT 装置也是目前 DGT 技术发展的一个方向。DGT 技术在应用过程中，受到生物污染的严重干扰，降低了 DGT 装置在自然环境中采样的效率和准确性，已经成为 DGT 技术发展的瓶颈之一，如何提高扩散相和结合相的抗污染能力也成为 DGT 技术研究的热点。目前以聚丙烯酰胺凝胶为扩散相，离子螯合树脂 Chelex 100 为结合相的 DGT 装置已经商品化，如何实现新的 DGT 装置的商品化、国产化成为国内学者的研究课题之一。

第 3 章　环境样品预处理技术

3.1　溶剂萃取分离方法

3.1.1　索氏提取

索氏提取又名沙式提取，是从固体物质中萃取化合物的一种方法。其常用于颗粒物、各种吸附剂纯化及吸附剂吸附组分的提取。

实验室多采用脂肪提取器(索氏提取器)来提取。脂肪提取器(图 3-1)利用溶剂回流及虹吸原理，使固体物质连续不断地被纯溶剂萃取，既节约溶剂，又提高萃取效率。萃取前先将固体物质研碎，以增加固液接触的面积。然后将固体物质放在滤纸套内，置于提取器中，提取器的下端与盛有溶剂的圆底烧瓶相连接，上面接回流冷凝管。加热圆底烧瓶，使溶剂沸腾，蒸汽通过提取器的支管上升，被冷凝后滴入提取器中，溶剂和固体接触进行萃取，当溶剂面超过虹吸管的最高处时，含有萃取物的溶剂虹吸回烧瓶，因而萃取出一部分物质，如此重复，使固体物质不断为纯的溶剂所萃取，萃取出的物质将富集在烧瓶中。

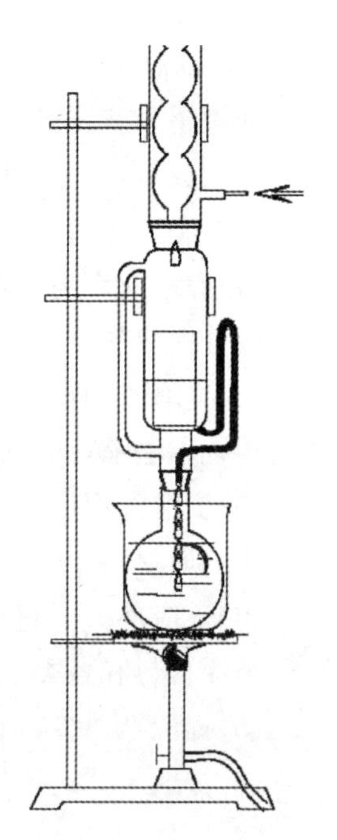
图 3-1　脂肪提取器

通常情况下该技术与其他方法联用，比如与气相色谱进行联用测定邻苯二甲酸酯类增塑剂、酚类化合物等，与固相萃取、高效液相色谱联用测定土壤中的异丙隆等。

3.1.2　超声波提取

超声波提取是利用超声波具有的机械效应、空化效应和热效应，通过增大介质分子的运动速度、增大介质的穿透力以提取生物有效成分。超声波在介质中的传播可以使介质质点在其传播空间内产生振动，从而强化介质的扩散、传播，这就是超声波的机械效应。超声波在传播过程中产生一种辐射压强，沿声波方向传播，对物料有很强的破坏作用，可使细胞组织变形、植物蛋白质变性。同时，它还可以给予介质和悬浮体不同的加速度，使介质分子的运动速度远大于悬浮体分子的运动速度，从而使两者之间产生摩擦，这种摩擦力可使生物分子解聚，使细胞壁上的有效成分更快地溶解于溶剂之中。通常情况下，介质内部或多或少地溶解了一些微气泡，这些气泡在超声波的作用下产生振动，当声压达到一定值时，气泡由于定向扩散而增大，形成共振腔，然后突然闭合，这就是超声波的空化效应。这种气泡在闭合时其周围会产生几千个大气压的压力，形成微激波，它可造成植物细胞壁及整个生物体破裂，而且整个破裂过程在瞬间完成，有利于有效成分的溶出。和其他物理波一样，超声波在介质中的传播过程也是一个能量的传播和扩散过程，即超声波在介质的传播过程中，其声能不断被介质的质点吸收，介质将所吸收的能量全部或大部分转变成热能，从而导致介质本身和原材料组织温度的升高，增大了有效成分的溶解速度。由于这种吸收声能引起的组织内部温度的升高是瞬间的，因此可以使被提取成分的生物活性保持不变。

利用超声波技术来强化提取分离过程，可有效提高提取分离率，缩短提取时间，节约成本，甚至可以提高产品的质量和产量。

超声波提取的优点：

(1)提取效率高：超声波独具的物理特性能促使植物细胞组织破壁或变形，使有效成分提取更充分，提取率比传统工艺显著提高达50%～500%。

(2)提取时间短：超声波提取通常在24～40 min即可获得最佳提取率，提取时间较传统方法缩短2/3以上，原材料处理量大。

(3)提取温度低：超声波提取的最佳温度在40～60 ℃，对遇热不稳定、易水解或氧化的原材料中的有效成分具有保护作用，同时大大节约能耗。

(4)适应性广：超声波提取不受成分极性、分子量大小的限制，适用于绝大多数种类原材料和各类成分的提取。

(5)提取杂质少，有效成分易于分离、纯化。

(6)提取工艺运行成本低，综合经济效益显著。

(7)操作简单易行，设备维护、保养方便。

超声波提取技术通常会与其他方法联用，比如与气相色谱-质谱联用测定多溴联苯及多溴联苯醚、酚类化合物等。

3.1.3 液液萃取

液液萃取是利用系统中组分在溶剂中有不同的溶解度来分离混合物的单元操作，即利用物质在两种互不相溶(或微溶)的溶剂中溶解度或分配系数的不同，使溶质物质从一种溶剂内转移到另外一种溶剂内的方法。其广泛应用于化学、冶金、食品等工业，通常用于石油炼制工业。

该技术经过反复多次萃取，可将绝大部分的化合物提取出来。分配定律是该理论的主要依据，物质对不同的溶剂有着不同的溶解度。同时，在两种互不相溶的溶剂中加入某种可溶性的物质时，它能分别溶解于两种溶剂中，试验证明，在一定温度下，该化合物与此两种溶剂不发生分解、电解、缔合和溶剂化等作用时，此化合物在两液层中之比是一个定值。不论所加物质的量是多少，都是如此，属于物理变化。用公式 $C_A/C_B=K$ 表示，其中 C_A、C_B 分别表示一种物质在两种互不相溶的溶剂中的量浓度；K 是一个常数，称为分配系数。

该技术可与气相色谱法联用测定乙醇胺类化合物，与气相色谱-质谱联用测定饮用水中的酞酸酯、百菌清和联苯胺。

3.2　超临界流体技术

超临界流体技术是近二十年来迅速发展起来的一门新技术。自 1978 年在西德的埃森召开了世界首届超临界流体萃取专题讨论会后，超临界流体技术逐步得到重视。1988 年在法国尼斯召开了第一届国际超临界流体技术会议。我国也相继在 1996 年和 1998 年分别在石家庄和广州召开了第一届和第二届超临界流体技术会议。超临界流体技术超临界流体萃取分离是利用超临界流体的溶解能力与其密度的关系，即利用压力和温度对超临界流体溶解能力的影响而进行的。在超临界状态下，将超临界流体与待分离的物质接触，使其有选择性地依次把极性大小、沸点高低和相对分子质量大小不同的成分萃取出来。

超临界流体技术中的 SCF 是指温度和压力均高于临界点的流体，如二氧化碳、氨、乙烯、丙烷、丙烯、水等。高于临界温度和临界压力而接近临界点的状态称为超临界状态。处于超临界状态时，气、液两相性质非常相近，以至于无法分别，所以称之为 SCF。

目前常用的超临界流体是 CO_2 流体，CO_2 超临界流体是环境友好型溶剂，无毒、无味、无残留、化学性质稳定。其临界值较低(临界压力 7.37 MPa，临界温度 31.06 ℃)；密度接近于液体，具有很强的溶解能力；黏度接近于气体，扩散能力远比液体大；溶解能力和选择性可以很方便地通过改变压力和温度进行调节。

影响萃取效率的因素主要有溶质在流体中的溶解度、流体扩散至样品母体内的速度、溶质-母体间相互作用力，同时压力、温度、时间、萃取溶剂流速等参数及溶剂极性等也影响萃取效率。

3.3 固相萃取

固相萃取(solid-phase extraction，SPE)是近年来发展起来的一种样品预处理技术，由液固萃取和柱液相色谱技术相结合发展而来。其主要用于样品的分离、纯化和浓缩，与传统的液液萃取法相比，可以提高分析物的回收率，能更有效地将分析物与干扰组分分离，减少样品预处理过程，操作简单，省时、省力。其广泛地应用在医药、食品、环境、商检、化工等领域。

SPE技术基于液-固相色谱理论，采用选择性吸附、选择性洗脱的方式对样品进行富集、分离、净化，是一种包括液相和固相的物理萃取过程。也可以将其近似地看作一种简单的色谱过程。较常用的方法是使液体样品溶液通过吸附剂，保留其中的被测物质，再选用适当强度的溶剂冲去杂质，然后用少量溶剂迅速洗脱被测物质，从而达到快速分离、净化与浓缩的目的。也可选择性吸附干扰杂质，从而让被测物质流出；或同时吸附杂质和被测物质，再使用合适的溶剂选择性洗脱被测物质。

具体的操作步骤包括柱预处理、加样、洗去干扰物和回收分析物四个步骤。在加样和洗去干扰物步骤中，部分分析物有可能穿透了固相萃取柱造成损失，而在回收分析物步骤中，仍有部分残留在柱上。

1. 柱预处理

在固相吸附分析物之前，需要对吸附剂做适当的预处理，从而除去吸附剂中可能存在的杂质，同时可以使吸附剂溶剂化，达到减小污染和提高萃取效率的目的。

不同的固相萃取柱有不同的预处理方法。常见的反相C18固相萃取柱的预处理方法一般是：先取适量的正己烷通过萃取柱以达到活化的目的，未经处理的萃取剂C18的长链处于卷曲状态，而经过处理的处于伸展状态，这有利于与分析物的紧密接触，然后将适量甲醇通过萃取柱置换正己烷，最后用水或者缓冲溶液顶替滞留在柱中的甲醇。

对于有机高聚物型的固相萃取剂的预处理，一般用少量甲醇将其憎水性表面润湿即可。表面经亲水性基团修饰的有机高聚物萃取剂，不经预处理就可用于样品水溶液的固相萃取。

2. 加样

预处理后，试剂溶液通过固相萃取柱。其中，分析物被保留在吸附剂上。为了防止分析物的流失，试剂强度不宜过高。当以反向机理萃取时，以水或缓冲剂作为溶剂，其中有机溶剂量不超过10%，同时可以通过采用弱酸剂稀释试样、减小试样体积、增加柱中的填料等手段来减少分析物的流失。

对于加样量，与萃取柱的尺寸、类型、在试样溶剂中试样组分的保留性质等因素有关。

3. 洗去干扰物

用中等强度的溶剂，将干扰组分洗脱下来，同时保持分析物仍然留在柱上。对于反向萃取柱，可以使用适当浓度的水或缓冲溶液作为清洗溶剂。通过调节清洗溶剂的强度和体积，尽可能多地除去能被洗脱的杂质。

4. 回收分析物

将分析物完全洗脱并收集在最小体积的级分中，同时使杂质尽可能多地仍然留在固相萃取柱上。较强的溶剂能够使分析物洗脱并收集在一个小体积的级分中，但同时也会有强保留杂质被洗脱下来。而用较弱的溶剂洗脱，分析物级分的体积较大，但含杂质较少。

3.4　固相微萃取

固相微萃取(SPME)既是一种被动采样技术，也是一种样品前处理技术，其以显著的技术优势正受到环境、食品、医药行业分析人员的普遍关注，并大力推广应用。

SPME 在萃取过程中只需用到极少量的溶剂，甚至完全摒弃了溶剂的使用，是一种遵循绿色化学原理的采样前处理方法，同时能将采样、分离和富集完美地整合为一步，从而有效地简化了采样前处理工作，并减少了在此过程中分析物的损失，分析快速，灵敏度高，不仅能够分析挥发性分析物或小分子有机化合物，还能胜任对半挥发甚至难挥发的各种大分子物质的检测，因而被广泛用于环境和生物分析领域。

SPME 适合于挥发性和半挥发性有机物的样品处理和分析。SPME 有 8 大优点：操作简单，功能多样，设备低廉，萃取快捷，无须溶剂，可在线、活体取样，可自动化，可在分析系统中直接脱附。所以 SPME 是一种神通广大的样品制备技术。SPME 可以对环境中的污染物进行检测，如农药残留、酚类、多氯联苯、多环芳烃、脂肪酸、胺类、醛类、苯系物、非离子表面活性剂以及有机金属化合物、无机金属离子等，也可以用于有类似特点的领域，如食品、医药、临床、法庭分析等方面。固相微萃取仪如图 3-2 所示。

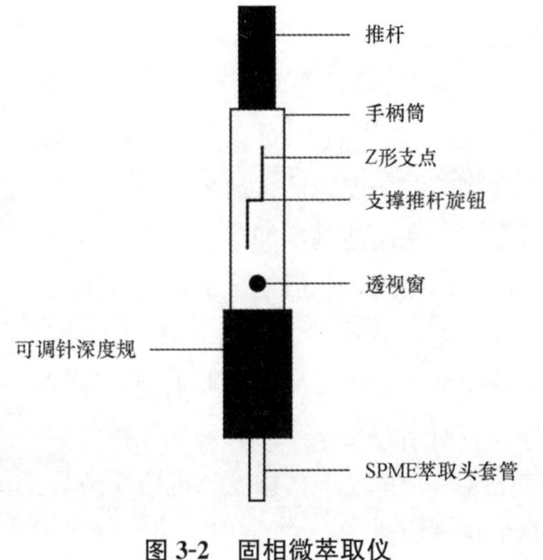

图 3-2　固相微萃取仪

1. 固相微萃取的步骤

固相微萃取的具体步骤分为萃取和解析两个过程，具体如下：

(1)萃取过程：将萃取器针头插入样品瓶内，压下活塞，使具有吸附涂层的萃取纤维暴露在样品中进行萃取，经过一段时间后，拉起活塞，使萃取纤维缩回到起保护作用的不锈钢针头中，然后拔出针头完成萃取过程。

(2)解析过程：在气相色谱分析中采用热解析法来解析萃取物质，将已完成萃取过程的萃取器针头插入气相色谱进样装置的气化室内，压下活塞，使萃取纤维暴露在高温载气中，并使萃取物不断地被解析下来，进入后续的气相色谱分析。

完成从萃取到分析的整个过程只需十几分钟，甚至更快。整个过程实现了无溶剂化，不但减轻了环境污染，而且有助于提高气相色谱的柱效，缩短分析时间。

2. 固相微萃取的方法

固相微萃取主要有三种方法，即直接法、顶空法和膜保护法，详见 2.5.2。

3. 固相微萃取的影响因素

固相微萃取受很多条件的影响，比如萃取头、萃取时间、萃取温度、搅拌强度、盐效应、溶液 pH 值等，详见 2.5.2。

除了 2.5.2 中提到的影响因素外，还有以下几种：

(1)萃取温度。萃取温度对吸附采样的影响具有双面性：一方面，温度升高可提高待测物扩散速率，导致液体蒸汽压的增大，缩短平衡时间，利于吸附；另一方面，温度升高也会降低分配系数 K，影响萃取的灵敏度，使得吸附量下降。因此对于萃取温度的选择，需要根据样品的性质决定，一般萃取温度为 40～90 ℃。

(2)搅拌强度。搅拌可以增加传质速率，提高萃取速度，从而缩短平衡时间。一般的搅拌形式有磁力搅拌、高速匀浆、超声波等。采用搅拌时，一定要注意搅拌的均匀性，不均匀的搅拌比没有搅拌的测定精确度更差。

(3)盐效应。在萃取前往样品中添加无机盐(氯化钠等)可以降低极性有机化合物的溶解度，产生盐析，提高分配系数 K，从而达到增加萃取头固相对分析组分的吸附，一般情况下可有效提高萃取效率，但并不一定适合任何组分。试验中加入无机盐的量需要根据具体试样和分析组分来定。一般添加无机盐用于 HS-SPME，对于 Di-SPME，盐分容易损坏萃取头(图 3-3)。

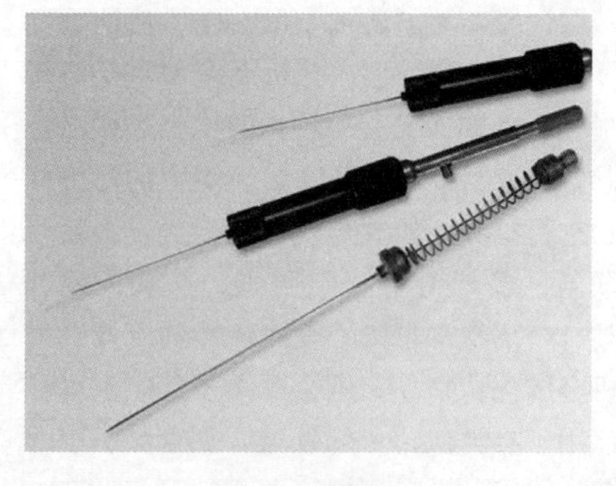

图 3-3 萃取头

(4)溶液pH值。改变溶液pH值能改变组分与试样介质、固相之间的分配系数，同时还可以改变组分的亲脂性，会改善对分析成分的吸附。调节液体试样的pH值可防止分析组分离子化，提高被固相吸附的能力。但是不能过高或者过低，否则会影响固相涂层。

3.5　微波萃取

微波萃取(microwave aided extraction，MAE)是指在微波能的作用下，用有机溶剂将样品中的待测组分溶出的过程。通过调节微波加热的参数，可有效加热目标成分，以有利于目标成分的萃取与分离。

1. 微波萃取的机理

微波是指波长在1 mm～1 m之间、频率在300～30 000 MHz之间的电磁波，它介于红外线和无线电波之间。微波萃取的机理可由两方面考虑：一方面，微波辐射过程是高频电磁波穿透萃取介质，到达植物物料的内部维管束和腺细胞内，由于物料内的水分大部分是在维管束和腺细胞内，水分吸收微波能后使细胞内部温度迅速升高，而溶剂对微波是透明或半透明的，受微波的影响小，温度较低。连续的高温使其内部压力超过细胞壁膨胀的能力，从而导致细胞破裂，细胞内的物质自由流出，萃取介质就能在较低的温度条件下捕获并溶解，通过进一步过滤和分离，便获得萃取物料。另一方面，微波所产生的电磁场，加速被萃取部分向萃取溶剂界面的扩散速率，用水作为溶剂时，在微波场下，水分子高速转动成为激发态，是一种高能量不稳定状态，或者水分子汽化加强萃取组分的驱动力；或者水分子本身释放能量回到基态，释放的能量传递给其他物质分子，加速其热运动，缩短萃取组分的分子由物料内部扩散到萃取溶剂界面的时间，从而使萃取速率提高数倍，同时降低萃取温度，最大限度地保证萃取的质量。

2. 微波萃取的特点

微波萃取的优势在于：

(1)选择性好。微波萃取过程中由于可以对萃取物质中不同组分进行选择性的加热，因而能使目标物质直接从基体中分离。

(2)加热效率高，有利于萃取热不稳定物质，可以避免长时间高温引起样品分解。

(3)萃取结果不受物质水分含量影响，回收率高。

(4)试剂用量少，节能，污染小。

(5)仪器设备简单、低廉，适用面广。

(6)处理批量大，萃取效率高，省时。

基于以上优点，微波萃取被誉为“绿色分析化学”。

MAE是一种最新发展起来的利用微波能提高萃取效率的前处理技术。近年来，随着MAE的发展和成熟，出现了多种微波辅助萃取方法，如微波辅助微团萃取、无溶剂微波萃取、真空微波辅助萃取等。MAE与其他样品前处理方法的联用也得到了迅速发展。这些新方法克服了常规萃取方法费时、费试剂、效率低、重复性差等缺点，与传统的萃取技术相比，具有选择性强、能耗少、环境污染小、提取率高等优点。MAE与其他方法联用可建立集萃取、分离、纯化富集为一体的快速、高效、简便的前处理方法，为MAE与分析监测仪器的在线联用及自动化提供了新的条件。

3. 微波萃取设备及萃取步骤

微波萃取主要适合于固体或半固体样品，样品制备整个过程包括粉碎、与溶剂混合、微波辐射、分离萃取液等步骤。其所需的主要设备是：①带有控温附件的微波制样设备；②微波萃取用制样杯，一般为聚四氟乙烯材料制成的样品杯。

萃取步骤：准确称取一定量已粉碎的待测样品置于微波炉中，根据萃取物情况加一定量的适宜萃取溶剂(不超过 50 mL)。将装有样品的制样杯放到密封罐中，然后把密封罐放到微波制样炉里。设置目标温度和萃取时间，加热萃取直至结束。把密封罐冷却至室温，取出制样杯，过滤或离心分离，制成供下一步测定的溶液。

4. 影响微波萃取的因素

对于微波萃取有很多影响因素，比如萃取溶剂、萃取温度、萃取时间等。

(1)萃取溶剂。微波加热的吸收体需要微波吸能物质，极性溶剂是微波吸能物质，如乙醇、甲醇、丙酮或水等。因非极性溶剂不吸收微波能，所以不能用100%的非极性溶剂作为微波萃取溶剂。一般可以在非极性溶剂中加入一定比例的极性溶剂来使用，如丙酮-环己烷(1∶1或3∶2)。有时样品中可含有一定的水分，或将干燥的样品用水润湿后再加入溶剂进行微波辐射。一般情况下，萃取溶剂的电导率和介电常数大时，能显著提高萃取率。

(2)萃取温度。由于制样杯置于密封罐中，内部压力可达1 MPa以上，因此溶剂沸点比常压下提高许多。如在密闭容器中丙酮的沸点可提高到164 ℃，丙酮-环己烷(1∶1)的共沸点可提高到158 ℃，这样用微波萃取可以达到常压下使用同样溶剂所达不到的萃取温度，既可提高萃取效率，又不致分解待测物。对于有机氯农药微波萃取，萃取温度在120 ℃时可获得最好的回收率。

(3)萃取时间。微波萃取时间与被测样品量、溶剂体积和加热功率有关。一般情况下，萃取时间在10～15 min内，有控温附件的微波制样设备可自动调节加热功率大小，以保证所需的萃取温度，在萃取过程中，一般加热1～2 min即可达到要求的萃取温度。

3.6　加速溶剂萃取

加速溶剂萃取(accelerated solvent extraction，ASE)或加压液体萃取(pressurized liquid extraction，PLE)是一种在提高温度和压力的条件下，用有机溶剂萃取的自动化方法，同时也是一种全新的处理固体和半固体样品的方法，萃取的目标化合物主要有有机氯、有机磷、拟除虫菊酯类农药等。

1. 加速溶剂萃取的机理

加速溶剂萃取是在提高温度(50～200 ℃)和压力(1 000～3 000 psi 或 10.3～20.6 MPa)条件下用溶剂萃取固体或半固体样品的一种新颖的样品前处理方法。

(1)在提高温度的条件下萃取。提高温度使溶剂溶解待测物的容量增加。Pitzerk 等报道，当温度从 50 ℃升高至 150 ℃后，蒽的溶解度增加了约 15 倍；烃类的溶解度，如正二十烷，可以增加数百倍。Sekine 等报道，水在有机溶剂中的溶解度随着温度的增加而增加。在低温低压下，溶剂易从水封微孔中被排斥出来，然而当温度升高时，由于水的溶解度增加，则有利于提高这些微孔的可利用性。在提高的温度下能极大地减弱由范德华力、氢键、溶质分子和样品基体活性位置的偶极吸引力所引起的溶质与基体之间的强的相互作用力。其加速了溶质分子的解吸动力学过程，减小了解吸过程所需的活化能，降低了溶剂的黏度，因而减小了溶剂进入样品基体的阻滞，增加了溶剂进入样品基体的扩散。据报道，温度从 25 ℃增至 150 ℃，其扩散系数增加 2～10 倍，能降低溶剂和样品基体之间的表面张力，使溶剂更好地浸润样品基体，有利于被萃取物与溶剂的接触。

(2)在加压下萃取。液体的沸点一般随压力的升高而提高。例如，丙酮在常压下的沸点为 56.3 ℃，而在 5 个大气压下，其沸点高于 100 ℃。液体对溶质的溶解能力远大于气体对溶质的溶解能力。因此，欲在升高的温度下仍保持溶剂为液态，则需增加压力。另外，在加压下，可将溶剂迅速加到萃取池和收集瓶。

(3)热降解。由于加速溶剂萃取是在高温下进行的，因此热降解是一个令人关注的问题。加速溶剂萃取是在高压下进行加热，高温的时间一般少于 10 min，因此热降解不甚明显。Richter 等曾以 DDT 和艾氏剂为例研究了加速溶剂萃取过程中对易降解组分的降解程度。DDT 在过热状态下将裂解为 DDD 和 DDE；艾氏剂裂解为异狄氏剂醛和异狄氏剂酮。试验结果表明，在 150 ℃下，对加入萃取池内的 DDT 和艾氏剂标准进行萃取(这些组分的正常萃取温度为 100 ℃)，萃取物用气相色谱分析，DDT 的三次平均回收率为 103%，相对标准偏差为 3.9%；艾氏剂三次平均回收率为 101%，相对标准偏差为 2.4%。在测定 DDT 时未发现有 DDE 或

DDD存在。测定艾氏剂时亦未发现有endrin aldehyde或endrin ketone存在。试验了温度为60 ℃、压力为16.5 MPa、氯甲烷作为溶剂时，预加入法对极易挥发的BTEX化合物(苯、甲苯、乙苯、二甲苯)的回收，结果表明，四次萃取的平均回收率在99.5%～100%，相对标准偏差为1.2%～3.7%。在同样的试验条件下，戊烷的回收率为90.1%，相对标准偏差为1.8%。从以上试验结果可以看出，加速溶剂萃取可用于对样品中易挥发组分的萃取。

2. 加速溶剂萃取仪器

加速溶剂萃取仪器由溶剂瓶、泵、气路、加温炉、不锈钢萃取池和收集瓶等构成。其工作程序如下：手工将样品装入萃取池，放到圆盘式传送装置上，以下步骤将完全自动先后进行：圆盘传送装置将萃取池送入加热炉腔并与相对编号的收集瓶连接，泵将溶剂输送到萃取池，萃取池在加热炉被加温和加压(5～8 min)，在设定的温度和压力下静态萃取5 min，多步小量向萃取池加入清洗溶剂(20～60 S)，萃取液自动经过滤膜进入收集瓶，用氮气吹洗萃取池和管道(60～100 S)，萃取液全部进入收集瓶待分析。全过程仅需13～17 min。溶剂瓶由4个组成，每个瓶可装入不同的溶剂，可选用不同溶剂先后萃取相同的样品，也可用同一溶剂萃取不同的样品。可同时装入24个萃取池和26个收集瓶。如ASE 200型萃取仪，其萃取池的体积可从11 mL到33 mL；ASE 300型萃取仪，萃取池的体积可选用33 mL、66 mL和100 mL。

3. 加速溶剂萃取的特点

与索氏提取、超声波提取、超临界流体技术、微波辅助萃取等公认的成熟方法相比，加速溶剂萃取的突出优点如下：有机溶剂用量少，10 g样品一般仅需15 mL溶剂；快速，完成一次萃取全过程的时间一般仅需15 min；基体影响小，对不同基体可用相同的萃取条件；萃取效率高，选择性好，已加入美国EPA标准方法，标准方法编号3545；现在已经成熟的用溶剂萃取的方法都可用加速溶剂萃取技术，且使用方便，安全性好，自动化程度高。

加速溶剂萃取这一方法在环境中应用广泛，比如对土壤中的POPs进行采样研究。

3.7 衍生化技术

衍生化是一种利用化学变换把化合物转化成类似化学结构的物质。一般来说，一个特定功能的化合物参与衍生反应，溶解度、沸点、熔点、聚集态或化学成分会产生偏离。由此产生的新的化学性质可用于量化或分离。样品的衍生化作用主要是把难以分析的物质转化为与其化学结构相似但易于分析的物质，便于量化和分离。当检测物质不容易被检测时，如无紫外吸收等，可以将其进行处理，如加上生色团等，生成可被检测的物质。其在仪器分析中被广泛应用。气相色谱中应用化学衍生反应是为了增加样品的挥发度或提高检测灵敏度，而高效液相色谱的化学衍生法是指在一定条件下利用某种试剂（通称化学衍生试剂或标记试剂）与样品组分进行化学反应，反应的产物有利于色谱检测或分离。一般化学衍生法应用主要有以下几个目的：提高样品检测的灵敏度；改善样品混合物的分离度；适合于进一步做结构鉴定，如质谱、红外或核磁共振等。进行化学衍生反应应该满足如下要求：对反应条件要求不苛刻，且能迅速、定量地进行；对样品中的某个组分只生成一种衍生物，反应副产物及过量的衍生试剂不干扰被测样品的分离和检测；化学衍生试剂方便易得，通用性好。

1. 衍生化的机理

衍生化反应从是否形成共价键来说，可分为两种：标记反应和非标记反应。标记反应是在反应过程中，被分析物与标记试剂之间生成共价键；所有其他类型的反应，如形成离子对、光解、氧化还原、电化学反应等都是非标记反应。另一种区分衍生化反应的方法是从衍生化反应的场所来分，有柱前衍生化（pre-column derivatization）、柱上衍生化（on-column derivatization）和柱后衍生化（post-column derivatization）三种。从是否与仪器联机的角度来分有在线（on-line）、离线（off-line）和旁线（at-line）（自动化）三种。目前在 HPLC 中以离线的柱前衍生化法（简称柱前衍生化法）与在线的柱后衍生化法（简称柱后衍生化法）使用居多，旁线衍生化法是发展方向。

柱前衍生化法和柱后衍生化法各有其优缺点。柱前衍生化法的优点是：相对自由地选择反应条件；不存在反应动力学的限制；衍生化的副产物可进行预处理以降低或消除其干扰；允许多步反应的进行；有较多的衍生化试剂可选择；不需要复杂的仪器设备。其缺点是：形成的副产物可能对色谱分离造成较大困难；在衍生化过程中，容易引入杂质或干扰峰，或使样品损失。柱后衍生化法的优点是：形成的副产物不重要，反应不需要完全，产物也不需要高的稳定性，只需要有好的重复性即可；被分析物可以在其原有的形式下进行分离，容易选用已有的分析方法。其缺点是：对于一定的溶剂和有限的反应时间来说，目前只有有限的反应可供选择；需要额外的设备，反应器可造成峰展宽，降低分辨率。

2. 衍生化试剂的选择

衍生化试剂很多，简单来说：将不能分析的样品通过衍生化试剂反应转化为可分析的化合物。衍生化试剂有烷基化试剂、硅烷化试剂、酰化试剂类、荧光衍生化试剂、紫外衍生化试剂、苯甲酰氯衍生化试剂、羟基衍生化试剂、手性衍生化试剂、氨基衍生化试剂等。例如，高效液相色谱法由甲醛与 2，4-二硝基苯肼（DNPH）反应生成腙，衍生化产物醛腙用有机溶剂萃取富集后，在一定温度下蒸发、浓缩，再以甲醇或乙腈溶解或稀释，最后进行色谱测定。

虽然已有许多的衍生化试剂被使用，但是目前开发新的衍生化试剂仍然非常有必要，其主要目的是不断提高灵敏度和选择性以及扩大应用范围。

衍生化试剂的要求：

(1)衍生化试剂必须过量且稳定。不过量反应不完全，检测不充分；不稳定则重现性差。

(2)衍生物、衍生产物和衍生副产物至少是好分离的。当然如果只能检测到衍生产物最好。

(3)衍生化反应快速、完全。因为流速固定，衍生池管路长度一定，留给衍生化的时间是一定的。柱前衍生化可以在系统外等衍生完毕后进样，但也是影响效率的。

对于常见的衍生化方法分为硅烷化、酰化、烷基化等，对于不同的衍生化方法有不同的衍生化试剂。硅烷基指三甲基硅烷 $Si(CH_3)_3$ 或称 TMS。硅烷化作用是指将硅烷基引入分子中，一般是取代活性氢。活性氢被硅烷基取代后降低了化合物的极性，减少了氢键束缚，因此所形成的硅烷化衍生物更容易挥发。同时，由于含活性氢的反应位点数目减少，化合物的稳定性也得以加强。硅烷化化合物极性减弱，被检测能力增强，热稳定性提高。

硅烷化在 GC 分析中用途最大。许多被认为是不挥发的或是在 200～300 ℃热不稳定的羟基化合物经过硅烷化后成功地进行了色谱分析。

硅烷化试剂作用同时受到溶剂系统和添加的催化剂的影响。催化剂的使用(如三甲基氯硅烷、吡啶)可加快硅烷化试剂的反应。确定硅烷化反应的时间和温度至关重要。必须知道衍生化的转化速率，以实现对未知样品的定量分析。硅烷化试剂一般都对潮气敏感，应密封保存以防止其吸潮失效。硅烷化试剂适用范围较广，但如果使用过量，则可能给火焰离子化检测器造成一些麻烦。

三甲基硅烷是 GC 分析中最常用的通用硅烷化基团。引入此基团可改善色谱分离，并使得特殊检测技术的应用成为可能。

酰化作用作为硅烷化的代替方法，可通过羧酸或其衍生物的作用将含有活泼氢合物(如-OH、-SH、-NH)转化为酯、硫酯或酰胺。含有卤离子的羰基基团可增强电子捕获检测器酰化作用，具有很多优点：保护不稳定基团，从而增加了化合物的稳定性；可提高如糖类、氨基酸等物质的挥发性，这些物质常带有大量的极性官能团，加热时易分解；有助于混合物的分离；使用 ECD 检测，分析物检测下限可降低很多。

常用的酰基化试剂有乙酸酐(AA)、三氟乙酸酐(TFAA)、五氟丙酸酐(PFPA)、七氟丁酸酐(HFBA)、N-甲基双(三氟乙酸酐)咪唑(MBTFA)、1-(三氟乙酰)咪唑(TFAI)等。

烷基化作用是将烷基官能团(脂肪族或脂肪、芳香族)添加到活性官能团(H)

上。以烷基基团代替氢的重要性在于生成的衍生物与原来的化合物相比极性大为下降。该试剂常用于修饰改良含有酸性氢的化合物如羧酸和苯酚。

其生成的产物有醚、酯、硫醚、硫酯、正烷基胺和正烷基酰胺。弱酸性官能团(如醇)的烷基化要求有强碱催化剂(氢氧化钠、氢氧化钾)。酸性稍强的OH基团如苯酚和羧酸，弱碱催化剂(氯化氢、三氟化硼)即可。

常用的烷基化试剂有重氮甲烷、2，2-二甲基丙烷(DMP)、18-冠醚-6、硼酸正丁酯(NBB)、O-盐酸甲氧基胺、五氟苄基溴(PFBBr)、N-甲基-N-亚硝基对甲苯磺酰胺(Diazald)、N，N-二甲基甲酰胺二缩叔乙醛(DMF-DBA)、N，N-二甲基甲酰胺二缩乙醛(DMF-DEA)、N，N-二甲基甲酰胺二缩甲醛(DMF-DMA)、N，N-二甲基甲酰胺二缩丙醛(DMF-DPA)、1-甲基-3-硝基-1-亚硝基胍(MNNG，97%)、三甲基苯胺(TMAH)等。

3. 衍生化的作用

在GC-MS方法分析样品时，对羟基、氨基、羧基等官能团进行衍生化有十分重要的作用，主要表现在：改善样品的气相色谱性质，如羟基、羧基等气相色谱特性不好；改善样品的热稳定性；改善样品的分子质量，分子质量增大，有利于样品与基质的分离；改善样品的质谱行为；引入卤素或吸电子基团，使样品可用Cl检测，提高灵敏度；分离手性化合物。

3.8　顶空技术

3.8.1　静态顶空分析技术

静态顶空分析技术是顶空分析法发展中所出现的最早形态，得到了广泛的推广和应用。静态顶空分析技术(简称顶空进样技术)主要用于测量那些在200 ℃下可挥发的被分析物，以及比较难以进行前处理的样品。

1. 静态顶空分析技术的分类

静态顶空分析技术在仪器模式上可分为三类：

(1)顶空气体直接进样模式。由气密进样针取样，一般在气体取样针的外部套有温度控制装置。这种静态顶空分析技术模式具有适用性广和易于清洗的特点，适合于香精、香料和烟草等挥发性物质含量较大的样品。加热条件下顶空气体的压力太大时，会在注射器拔出顶空瓶的瞬间造成挥发性成分的损失，因此在定量分析上存在一定的不足。为了减少挥发性物质在注射器中的冷凝，应该将注射器加热到合适的温度，并且在每次进样前用气体清洗进样器，以便尽可能地消除系统的记忆效应。

(2)平衡加压采样模式。由压力控制阀和气体进样针组成，待样品中的挥发性物质达到分配平衡时对顶空瓶内施加一定的气压将顶空气体直接压入载气流中。这种采样模式靠时间程序来控制分析过程，所以很难计算出具体的进样量。但平衡加压采样模式的系统死体积小，具有很好的重现性。同样为了减少挥发性物质在管壁和注射器中的冷凝，应该对管壁和注射器加热到适当的温度，而且在每次进样前用气体清洗进样针。

(3)加压定容采样进样模式。由气体定量环、压力控制阀和气体传输管路组成。该系统靠对顶空瓶内施加一定的气压将顶空气体压入六通阀的定量环中，然后用载气将六通阀的定量环中的顶空气体成分送入色谱柱中。这种方法的优点是重现性很好，很适合进行顶空的定量分析。但由于系统管路较长，挥发性物质易在管壁上吸附，因此一般将管路和注射器加热到较高的温度。

2. 静态顶空进样-气相色谱分析技术的应用

静态顶空分析技术普遍应用于环境样品土壤、泥浆和水等机体中易挥发物的分析。例如，水中三氯甲烷、四氯化碳、三氯乙烯、四氯乙烯、三溴甲烷等挥发性有机物，由于其成分的吸入对人和动物的肝脏会造成严重危害，因此相关管理部门制定出了关于饮用水、水源水、排放污水等的严格的控制指标，水质监测部门广泛应用顶空进样技术进行监测分析工作。

静态顶空分析技术还普遍应用于制药行业中溶剂残留的分析。在《美国药典》中，最早检测的5种溶剂为二氯甲烷、氯仿、三氯乙烯、1，4-二氧六环和苯。随着药品生产过程中溶剂种类的增加，为保证药品的安全性，中国药品监督管理部门还要求检测其他的溶剂残留量。通过测量血液中的酒精含量，静态顶空分析技术还被法院用来加强对酒后驾驶的法律监督。法律监督部门也用顶空进样技术分析纵火现场的挥发性毒物或助燃剂的种类。

静态顶空分析技术还可用于聚合物中的单体、溶剂和添加剂的分析，变压器油的气体分析等。例如，塑料制品当作食品外包装或容器时，产品质量监测部门将严格测量其中的有毒有害残余物的含量。

3.8.2 动态顶空色谱技术

动态顶空色谱技术是用流动气体将样品中的挥发性成分“吹扫”出来，再用一个捕集器将吹扫出来的有机物吸附，随后经热解吸将样品送入气相色谱仪进行分析。通常称动态顶空色谱技术为吹扫捕集进样技术。待吹扫的样品可以是固体，也可以是液体，吹扫气多采用高纯氦气。捕集器内装有吸附剂，可根据待分析组分的性质选择合适的吸附剂。

吹扫捕集进样技术适用于从液体或固体样品中萃取沸点低于200 ℃、溶解度小于2%的挥发性或半挥发性有机物、有机金属化合物。吹扫捕集进样技术对样品的前处理无须使用有机溶剂，对环境不造成二次污染，而且具有取样量少、富集效率高、受基体干扰小及容易实现在线检测等优点。但是吹扫捕集进样技术易形成泡沫，使仪器超载。此外，伴随水蒸气的吹出，不利于下一步的吸附，给非极性气相色谱分离柱的分离带来困难，并且水对火焰类检测器也具有淬灭作用。

1. 吹扫捕集进样技术的原理

吹扫捕集进样技术属于气相萃取范畴，是用氮气、氦气或其他惰性气体将被测物从样品中抽提出来，使气体连续通过样品，将其中的挥发性组分萃取后在吸附剂或冷阱中捕集，再进行分析测定，因而是一种非平衡态的连续萃取。因此，吹扫捕集进样技术又称为动态顶空浓缩技术。

吹扫捕集进样技术是用氮气、氦气或其他惰性气体以一定的流量通过液体或固体进行吹扫，吹出所要分析的痕量挥发性组分后，被冷阱中的吸附剂吸附，然后加热脱附进入气相色谱系统进行分析。由于气体的吹扫破坏了密闭容器中气、液两相的平衡，使挥发性组分不断地从液相进入气相而被吹扫出来，也就是说在液相顶部的任何组分的分压为零，从而使更多的挥发性组分逸出到气相，所以吹扫捕集进样技术比静态顶空分析技术能测量更低的痕量组分。简而言之，吹扫捕集进样的原理就是：动态顶空萃取-吸附捕集-热解吸-气相色谱分析。

2. 吹扫捕集进样技术的操作步骤

吹扫捕集进样技术操作步骤如下：

(1)取一定量的样品加入吹扫瓶中；

(2)将经过硅胶、分子筛和活性炭干燥净化的吹扫气以一定流量通入吹扫瓶，以吹脱出挥发性组分，使吹脱出的组分被保留在吸附剂或冷阱中；

(3)打开六通阀(图3-4)，把吸附管置于气相色谱的分析流路；

(4)加热吸附管进行脱附，挥发性组分被吹出并进入分析柱；

(5)进行色谱分析。

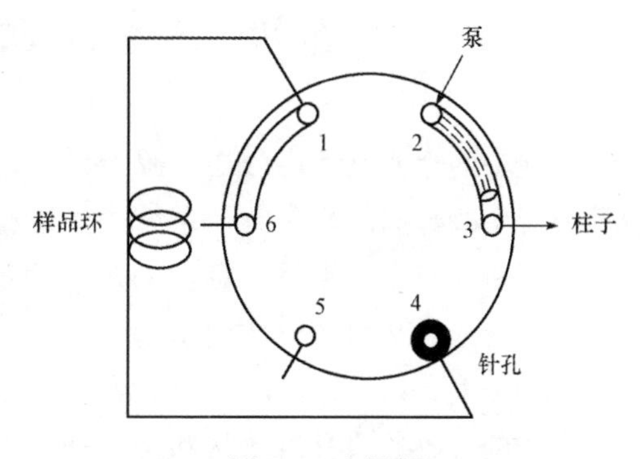

图3-4　六通阀

3. 影响吹扫效率的因素

(1)吹扫温度。提高吹扫温度，相当于提高蒸汽压，因此吹扫效率也会提高。

蒸汽压是吹扫时施加到固体或液体上的压力，它依赖于吹扫温度和蒸汽相与液相之比。在吹扫含有高水溶性的组分时，吹扫温度对吹扫效率影响更大。但是温度过高带出的水蒸气量增加，不利于下一步的吸附，给非极性的气相色谱分离柱的分离带来困难；水对火焰类检测器也具有淬灭作用，所以一般选取 50 ℃为常用温度。对于高沸点、强极性组分，可以采用更高的吹扫温度。

(2)样品溶解度。溶解度越高的组分，其吹扫效率越低。对于高水溶性组分，只有提高吹扫温度才能提高吹扫效率。盐效应能够改变样品的溶解度，通常盐的含量可加到 15%～30%，不同的盐对吹扫效率的影响也不同。

(3)吹扫气的流速及吹扫时间。吹扫气的体积等于吹扫气的流速与吹扫时间的乘积。通常用控制气体体积的方法来选择合适的吹出效率。气体总体积越大，吹出效率越高。但是总体积太大，对后面的捕集不利，会将捕集在吸附剂或冷阱中的被分析物吹落。因此，一般控制在 400～500 mL。

(4)捕集效率。吹出物在吸附剂或冷阱中被捕集，捕集效率对吹扫效率影响也较大，捕集效率越高，吹扫效率越高。捕集温度直接影响捕集效率，选择合适的捕集温度可以得到最大的捕集效率。

(5)解吸温度及时间。一个快速升温和重复性好的解吸温度是吹扫捕集进样技术分析的关键，它影响整个分析方法的准确度和重复性。较高的解吸温度能够更好地将挥发物送入气相色谱柱，得到窄的色谱峰。因此，一般都选择较高的解吸温度，对于水中的有机物(主要是芳烃和卤化物)，解吸温度通常采用 200 ℃。在解吸温度确定后，解吸时间越短越好，从而得到好的对称的色谱峰。

3.9 金属元素前处理技术

环境中的金属及其化合物来源于天然污染源或作为人类活动的结果，是人们生存环境中最普遍的污染物，它们大多数是不能被生物降解的物质。除少数几种金属甚至在高浓度时也是非毒性的外，大量金属的活性都很高，即使在很低的浓度下也会在人类和动植物体内引起变化。因此，测定环境和生物样品中的金属及其化合物浓度，以及存在形态是非常重要的。

常用的分解方法有溶解法和熔融法。溶解法通常采用水、硝酸、浓酸或混合酸等，酸不溶解组分常采用熔融法。对于难分解的样品，采用高压焖罐消解。有机成分含量较高或样品中含有高分子物质的样品主要采用灰化处理。对于易挥发的待测组分可采用蒸馏法进行分离。

1. 溶解法

溶解法是指采用适当的溶剂将试样溶解制成溶液。这种方法比较简单、快速。它可分为酸溶法和碱溶法。酸溶法是利用酸的酸性、氧化还原性和形成配合物的作用，使试样溶解，常用的试剂有盐酸、硝酸、硫酸、磷酸等。碱溶法的溶剂主要为氢氧化钠和氢氧化钾。碱溶法常用来溶解两性金属、锌及其合金以及它们的氧化物等。

2. 熔融法

熔融法是将试样和固体溶剂混合，在高温下使待测组分转变为可溶于水或酸的形式。分解能力强是熔融法最大的优点，但由于熔融分解的温度较高，分解时除了会引入熔剂外，往往还会引入大量的容器材料。根据熔剂的性质其可分为碱熔法和酸熔法。常用的碱性熔剂有碳酸钠、碳酸钾、氢氧化钠、氢氧化钾、过氧化钠以及它们的混合物等。酸性氧化物(如硅酸盐岩石、黏土等)、酸不溶残渣等，都可以用碱熔法分解。为了降低熔融温度和提高熔剂的氧化能力，常使用混合熔剂，如在碳酸钠中加入硝酸钾、过氧化钠等。硫酸氢钾和焦硫酸钾是重要的酸性熔剂。在加热时熔剂分解析出的硫酸酐有很强的分解能力，可以与碱性或两性化合物作用生成可溶性的硫酸盐。例如分解金红石(TiO_2)，铌、钽的氧化物，钛铁矿，中性耐火材料(如高铝砖)及碱性耐火材料(如镁砖)等。

3. 其他分解技术

(1)增压(封闭)溶解技术。较难溶的物质往往能在高于溶剂常压沸点的温度下溶解。采用封闭的容器，用酸或混合酸加热分解试样，由于蒸汽压增高，酸的沸点也提高，因而使酸溶法的分解效率提高。在常压下难溶的物质，在加压的情况下溶解，同时可以避免挥发性反应造成产物损失。例如，可以用 $HF\text{-}HClO_4$ 在加压下分解刚玉(Al_2O_3)、钛铁矿($FeTiO_3$)、铬铁矿($FeCr_2O_4$)、铌钽铁矿等难溶的样品。加压装置类似一种微型高压锅，是双层附有旋盖的罐状容器，内层用铂或聚四氟乙烯制成，外层用不锈钢制成，溶样时将盖子旋紧加热。聚四氟乙烯内衬材料适宜于 250 ℃使用，更高温度必须用铂内衬。

(2)超声波振荡溶解技术。利用超声波振荡溶解是加速试样溶解的一种物理方法。其一般适用于室温溶解样品，把盛有样品和溶剂的烧杯置于超声换能器内，把超声波变幅杆插入烧杯中，根据需要调节功率和频率，使之产生振荡，可使样品粉碎变小，还可使被溶解的组分离开样品颗粒的表面而扩散到溶液中，降低浓度梯度，从而加速试样溶解。利用超声波振荡溶解是加速试样溶解的一种物理方法。对于难溶盐块的溶解，使用超声波振荡溶解更为有效。为了减少或消除超声波的噪声，可将其置于玻璃罩内。

(3)电解溶解技术。通过外加电源使阳极氧化的方法溶解金属。把用作电解池阳极的一块金属在适宜的电解液中，通过外加电流，使其溶解。用铂或石墨作为阴极，如果电解过程的电流为100%，可用库仑法测定金属的溶解量。同时还可以将阳极溶解与组分在阴极析出统一起来，用作分离提取和富集。

(4)微波加热分解技术。微波加热分解技术具有以下优点：

①微波加热避免热传导，并且里外一起加热，能瞬时达到高温，热损耗少，能量利用率高，快速、节能。

②加热从介质本身开始，设备基本上不辐射能量，避免了环境高温，改善了劳动条件。

③微波穿透力强，加热均匀，对某些难溶的样品更有效。

④采用封闭容器微波溶解，因所用试剂量小，空白值显著降低，且避免了痕量元素的挥发损失和样品的污染，提高了分析的准确度。

⑤易于与其他设备联用实现自动化。

3.9.1 分离和富集

固体样品经分解后，为提高灵敏度，减少基体干扰，需要对干扰组分进行分离和富集。分离富集包括分离和富集两个互相关联的化学或物理过程。分离是指将待测元素与同它共存的基体或对测定有干扰的元素分开，以利于准确测定。富集是指将分散的待测微量元素集中起来以利于测定。常用的分离富集方法包括萃取、离子交换、沉淀、蒸馏、气相色谱、液相色谱等技术，在实际操作中选用哪种技术要由待测元素的含量、性质和测定方法而定。分离富集要求将基体元素或干扰元素尽可能彻底分离，待测元素尽可能完全回收。如通过沉淀法分离富集、用重量法测定时，需要避免因分离不彻底而带进被测物中的少量其他成分和沉淀不完全而引起的被测物质丢失，确保测定结果的准确性。

1. 沉淀分离法

沉淀分离法是根据溶度积原理、利用沉淀反应进行分离的方法。在待分离试液中，加入适当的沉淀剂，在一定条件下，使预测组分沉淀，或者将干扰组分析出沉淀，以达到除去干扰的目的。沉淀分离法包括沉淀、共沉淀两种方法。

(1)沉淀在常量组分的分离中，可采用两种方式：

①将待测组分与试样中的其他组分分离，再将沉淀过滤、洗涤、烘干，最后称重，计算其含量，即重量分析法。

②将干扰组分以微溶化合物的形式沉淀出来与待测组分分离。

但对于痕量组分，采用前一种方式是不可能的。首先，要达到沉淀的溶度积，需加入大量的沉淀剂，可能引起副反应(如盐效应等)，反而使沉淀的溶解度增大；其次，含量太小，以致无法处理(过滤、称重等)。因此，在痕量分析中沉淀法仅可用于常量-痕量组分的分离，即除去对测定痕量组分有干扰的样品主要成分。沉淀条件选择的原则是：使相当量的主要干扰组分沉淀完全，而后继测定的痕量组分不会因为共沉淀而损失或共沉淀的损失可忽略不计。

(2)共沉淀是指溶液中一种难溶化合物在形成沉淀过程中，将共存的某些痕量组分一起载带沉淀出来的现象。共沉淀现象是一种分离富集微量组分的手段。例如，测定水中含量为1 μg/L的Pb时，由于浓度低，直接测定有困难。当将1 000 mL水样调至微酸性，加入Hg^{2+}，通入H_2S气体，使Hg^{2+}与S^{2-}生成HgS沉淀，同时将Pb共沉淀下来，然后用2 mL酸将沉淀物溶解后测定。此时，Pb的浓度提高了500倍，测定就容易实现了。其中HgS称为载体，也叫捕集剂。

共沉淀依据原理可以分为表面吸附、形成混晶、异电核胶态物质相互作用等。

①利用吸附作用的共沉淀分离。该方法常用的无机载体有$Fe(OH)_3$、$Al(OH)_3$及H_2S等。由于它们是表面积大、吸附力强的非晶形胶体沉淀，因此吸附和富集效率高。例如，用分光光度法测定水样中的Cr^{6+}时，当水样有色度、浑浊，Fe^{3+}浓度低于200 mg/L时，可在pH值为8～9的条件下，用$Zn(OH)_2$作共沉淀剂吸附分离干扰物质。

②利用生成混晶的共沉淀分离。当待分离微量组分及沉淀剂组分生成沉淀时，如具有相似的晶格，就可能生成混晶而共同析出。例如，硫酸铅和硫酸锶的晶形相同，当分离水样中的痕量Pb^{2+}时，可加入适量Sr^{2+}和过量可溶性硫酸盐，则生成$PbSO_4-SrSO_4$的混晶，将Pb^{2+}共沉淀出来。

③利用有机沉淀剂进行共沉淀分离。有机沉淀剂的选择性较无机沉淀剂高，得到的沉淀物也比较纯净，通过灼烧可除去有机沉淀剂，留下待测元素。例如，痕量Ni与丁二酮肟生成螯合物，分散在溶液中，若加入丁二酮肟二烷酯(难溶于水)的乙醇溶液，则析出固体的丁二酮肟二酯，便将丁二酮肟镍螯合物共沉淀出来。丁二酮肟二烷酯只起载体作用，称为惰性共沉淀剂。

2. 溶剂萃取分离法

溶液萃取分离法是利用化合物在两种互不相溶(或微溶)的溶剂中溶解度或分配系数的不同，使化合物从一种溶剂内转移到另外一种溶剂中。经过反复多次萃取，可将绝大部分的化合物提取出来。萃取分离法包括液相-液相、固相-液相和气相-液相等几种方法，但应用最广泛的为液相-液相萃取分离法(亦称溶剂萃取分离法)。该法常用一种与水不相溶的有机溶剂与试液一起混合振荡，然后搁置分层，这时便有一种或几种组分转入有机相中，而另一些组分仍留在试液中，从而达到分离的目的。溶剂萃取分离法既可用于常量元素的分离与富集，又适用于痕量元素的分离与富集，而且方法简单、快速。如果萃取的组分是有色化合物，便可直接进行比色测定，称为萃取比色法。这种方法具有较高的灵敏度和选择性。

在分析中应用较广泛的萃取方法为间歇法(亦称单效萃取法)。这种方法是取一定体积的被萃取溶液，加入适当的萃取剂，调节至应控制的酸度。然后移入分液漏斗中，加入一定体积的溶剂，充分振荡至达到平衡为止。静置待两相分层后，轻轻转动分液漏斗的活塞，使水溶液层或有机溶剂层流入另一容器中，使两相彼此分离。如果被萃取物质的分配比足够大，则一次萃取即可达到定量分离的要求。如果被萃取物质的分配比不够大，经第一次分离之后，再加入新鲜溶剂，重复操作，进行二次或三次萃取。但若萃取次数太多，不仅操作费时，而且容易带入杂质或损失萃取的组分。静置分层时，有时在两相交界处会出现一层乳浊液，其原因很多。在萃取过程中，如果在被萃取离子进入有机相的同时还有少量干扰离子亦转入有机相，可以采用洗涤的方法以除去杂质离子。洗涤液的组成与试液基本相同，但不含试样。洗涤的方法与萃取操作相同。通常洗涤1～2次即可达到除去杂质的目的。分离以后，如果需要被萃取的物质再转到水相中进行测定，可改变条件进行反萃取。例如，Fe^{3+}在盐酸介质中形成$FeCl_4^-$与甲基异丁酮结合成锌盐而被萃取到有机溶剂再用水反萃取到水溶液中(由于酸度降低)即可进行测定。

3. 离子交换分离法

离子交换分离法是利用交换剂与溶液中的离子发生交换进行分离的方法，是一种固液分离方法。天然的离子交换剂有黏土、沸石、淀粉、纤维素、蛋白质等，但实际应用中最主要的类别是离子交换树脂、离子交换膜等。离子交换树脂又分为酸性离子交换树脂、碱性离子交换树脂、中性离子交换树脂等。

离子交换的过程就是交换剂中的离子与溶液中的离子实现总量上等电荷互换的过程，从而实现分离溶液中目标离子的效果。离子交换的优点在于分离效率高，既能实现相反电荷离子的分离，又能实现相近电荷离子的分离；应用范围广，可用于分离、富集、纯化；使用方便，处理量大，多数可再生利用。

4. 蒸馏、挥发分离法

许多金属在特定的条件下与特定的试剂反应能生成挥发性的金属化合物，并通过蒸馏或挥发的方法与样品基体分离开来。蒸馏、挥发分离法既可除去干扰组分，也可用于待测组分的定量分离。

3.9.2 不同样品中金属总量测定的前处理技术

1. 气体样品

气体样品主要是指大气、飞灰和烟道废气，气体样品中的金属主要来自煤、石油等燃料的燃烧，工矿企业排出的烟气以及汽车尾气等。气体中的金属按照存在的形态可分为气态、气溶胶态。气态金属是指某些在常温常压下是液态或固态，但由于它们的沸点或熔点低，挥发性大，因而能以蒸汽态挥发到空气中的金属，如汞、砷等；气溶胶态金属是指以小的固体颗粒或液滴的形式分散在大气中的金属及其化合物，如铅。实际上金属及其化合物在大气中的存在状态是复杂多变的，通常情况下是以多种形态存在的。例如，As一般认为是颗粒状态，但大气样品中既有颗粒As也有蒸汽As。根据其存在状态的不同，气体样品的前处理方法也不同。

(1)气态样品。当气态样品中金属的浓度足够大时，样品采集后可直接用原子吸收法(AAS)、ICP-AES、ICP-MS等进行测定。

当样品中被测金属的浓度较低时，多采用溶液吸收法采集并富集样品。溶液吸收法是利用被测金属与吸收液发生化学反应而溶解到溶液中从而完成被测物的采集，通气时间越长吸收液中被测金属的浓度越大，从而达到富集的目的。

(2)大气颗粒物。0.05～5 μm的滤膜、纤维素过滤器等是采集大气颗粒物常用的过滤材料。采用的过滤器不同，样品前处理方法也不同。滤膜可用不同的混酸分解，常用的混酸包括热HNO_3-HCl、HNO_3-HF等，分解后酸被蒸发，残渣可溶于稀HNO_3。若用玻璃纤维滤材采集样品，则可用HNO_3-HClO_4消解，剩余酸被蒸发后残渣可用HCl等溶解。用阶梯式碰撞取样器可收集不同粒径的气体颗粒物。大气悬浮颗粒物还可用冲击式吸收管采集，被采集的气体以很快的速度通过吸收液，其中的胶粒由于惯性作用冲到瓶底后又被洗入吸收液中。

目前，由于测定技术的改进，气体颗粒物经某些采样技术收集后可不经进行处理直接测定，例如，用滤膜或纤维素过滤材料采样后可将过滤材料直接放入石墨炉中进行原子化。

2. 水样

测定水样的总金属需消化破坏有机物，溶解悬浮物，泥沙型水样还需离心或者自然沉降法，取上清液分离或者富集。

若需要测定悬浮物中的金属，则需要玻璃砂芯、滤膜或滤纸将新鲜水样抽滤，将滤渣在105～110 ℃烘干，置于干燥器中冷却，直到恒重为止，然后再用干灰化或酸消解法分解样品。通过0.45 μm的膜过滤，测定的是可溶态金属含量。

(1)天然水。样品基体相对简单，可用比色法测定其中的金属。如果水样中的金属含量很低，无法直接测定，可用溶剂萃取法富集后进行测定，常用的富集金属的萃取螯合剂有DDDC、DDTC、APDC等。

(2)海水。海水中盐分很高，而其中的有毒金属含量很低，对这些金属一般不能直接测定，必须分离富集后才能测定。

(3)排放水。由于含有较多的有机物和悬浮物，样品需加入少量HNO_3酸化并加热处理。对特别污浊的样品则需要进行消化处理。

3. 土壤和底泥样品

重金属在土壤和底泥中不能被微生物分解，但可不断积累，并为生物所富集，通过食物链传递，对人类造成威胁，甚至有些重金属在土壤和底泥中可被微生物转化为毒性更大的化合物。与气体样品和水样不同，土壤和底泥样品的前处理较复杂，常常使用熔融、干灰化、酸或混酸消解以溶解固体物质、破坏有机物，同时将各种形态的金属转化为可测形态。具体的分解方法要根据试样的性状、待测元素及最终测定方法而定。

干灰化法是将一定量的样品置于坩埚中加热，使待测样品脱水、炭化、分解、氧化，再于高温电炉中(500～550 ℃)灼烧灰化，残灰应为白色或浅灰，否则应继续灼烧，得到的残渣即为无机成分，可供测定用。干灰化法更适合于有机质含量较高的底泥样品的分解。土壤和底泥样品也可用酸进行消解，与干灰化法相比，酸消解耗时较长。

无论采取干灰化法还是湿法消解，在溶解土壤和底泥样品时都需要加入氢氟酸，以消除基体中的硅对待测元素的吸附。

4. 生物样品

(1)体液。使用混酸可有效分解体液样品，但空白值较大。尿样可用 HNO_3 加热或用水等稀释后用 AAS 进行测定，例如用 5%的镧溶液稀释后可测定尿中的 Ca，测 Mg 时只需用水稀释。

(2)动物组织样品。由于不含硅，动物组织样品如肌肉、组织器官和鱼肉等可采用简单加热，残渣用硝酸和过氧化氢溶解的干消化法处理，消化后可测定样品中的 Cd、Co、Cr、Cu、Mn、Ni、Pb 和 Zn。湿法消解同样适用于动物组织样品的前处理，特别是当需要测定样品中的挥发性元素时。对于含 As 和 Se 的样品，应采用高压焖罐消解，样品中的有机质在强酸和高温、高压作用下更容易分解而待测物不会发生挥发损失。

5. 植物样品

用干法消解时需将样品加热到 450 ℃，为消除样品中的硅对待测微量元素的吸附，样品中的残留硅可用氢氟酸和硝酸混合液进行处理。经干法灰化后，用原子光谱法可测定样品中大量的 Ca、K、Mg、Na，少量的 Fe、Mn，痕量的 Cd、Cr、Co、Mo、Pb、Sb、Tl、V 和 Zn。当待测物为 As 和 Se 时，对于陆生植物可用大于 450 ℃的干灰化法分解样品，As、Se 不损失。对于水生植物，采用湿法消解。若只测定汞，则样品用浓硫酸消解即可。

第4章　气相色谱及其联用新技术

4.1　概　　述

4.1.1　气相色谱法的历史

按照国际纯粹与应用化学联合会(IUPAC)的定义，色谱法(chromatography)是将待分离组分在固定相和流动相两相间进行分配的物理分离方法。色谱法的原理可以简述为：被分离的各组分是在两相间反复进行分配的，其中一相静止不动，称为固定相，另一相是携带被分离组分流过固定相的流体，称为流动相。色谱法按照流动相的物态分为气相色谱法和液相色谱法，气相色谱法流动相为气体(常称为载气)。

色谱法在20世纪40年代得到了快速的发展，1941年6月在伦敦召开的英国生物化学会第214次会议上，英国化学家马丁(Martin，1910—2002)和辛格(Synge，1914—1994)报告了一种新的液-液分配色谱法，他们以硅胶吸附的水作为固定相，以氯仿作为流动相，成功地分离了羊毛中的氨基酸。该报告及其随后发表在《生物化学杂志》上的论文标志着分配色谱的诞生。马丁和辛格提出了色谱塔板理论并预言气体可代替液体作为流动相。1952年，马丁与詹姆斯(James)发表了一篇在分配色谱领域取得重要突破的论文，即用气体作流动相的气-液色谱，并用于分离挥发性脂肪酸，文中使用硅藻土作为载体，用硅油作为固定相，用气体作为流动相。该研究标志着气-液色谱的诞生。

我国气相色谱法起步于1954年，中国科学院大连化学物理研究所(前身为中国科学院石油研究所)作出我国首张色谱图，并进行了早期的色谱理论和技术研究工作。

4.1.2　气相色谱法原理

气相色谱法的分离原理是，混合物中各组分在两相间进行分配，其中一相是不动的固定相，另一相是携带混合物流过此固定相的流动相气体。当流动相中所含化合物经过固定相时，就会与固定相发生作用。由于各组分在性质和结构上的差别，与固定相发生作用的大小、强弱有差异，因此，在同一推动力作用下，不同组分在固定相中滞留时间有长有短，从而按先后不同的顺序从固定相中流出。

4.1.3 气相色谱仪

气相色谱仪(图 4-1)的基本组件包括气路系统(包括载气源、净化干燥管和气体流速控制)、进样系统(包括进样器及汽化室)、分离系统[色谱柱，分为填充柱、毛细管柱(图 4-2)]、检测系统(各种类型检测器)、温度控制系统(柱箱、汽化室、检测器等温度控制)与数据记录和处理系统(色谱工作站)等。

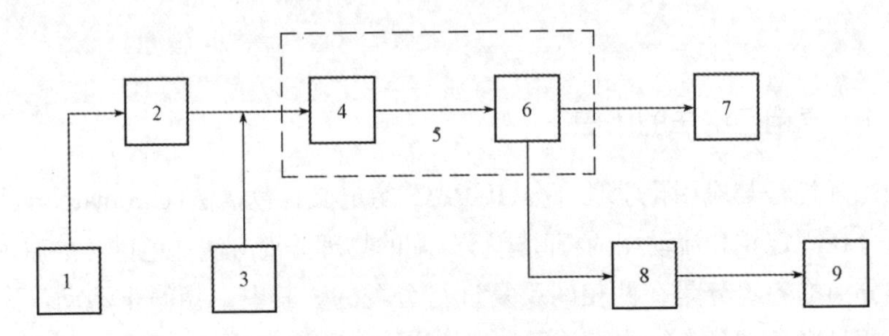

图 4-1 气相色谱仪结构图

1—载气源；2—流量控制器；3—进样装置；4—分离色谱柱；
5—恒温箱；6—检测器；7—气体流量计；8—信号衰减器；9—记录仪

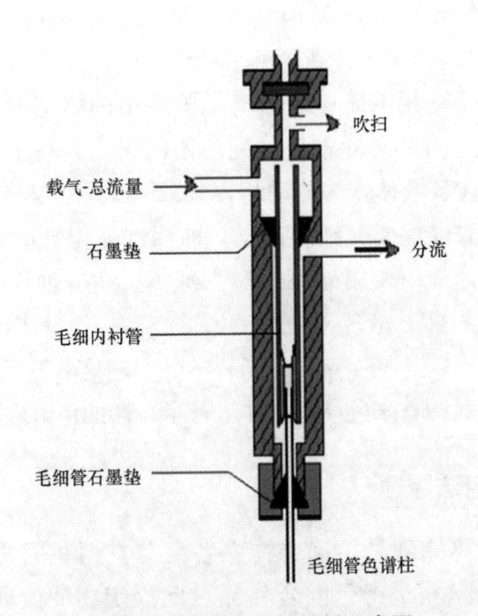

图 4-2 毛细管色谱柱进样示意图

4.2　气相色谱-质谱联用技术及其应用

在色谱联用仪中，气相色谱和质谱联用仪(GC-MS)是开发最早的色谱联用仪器。自 1957 年霍姆斯(Holmes J. C.)和莫雷尔(Morrell F. A.)首次实现气相色谱和质谱联用以后，这一技术得到了长足的发展。质谱常用四极杆质谱仪，近来还有离子阱、飞行时间质谱仪和傅里叶变换质谱仪。凡是能用气相色谱分析的试样，均适合于 GC-MS 分析，如环境污染物的分析，香精、香料的成分分析和质量评价，中草药的挥发性成分鉴定，药物及其他化工产品的分析，毒物、毒品及违禁药物的鉴定和检测等。气质联用法综合了气相色谱和质谱的优点，弥补了各自的缺陷，因而具有灵敏度高、分析速度快和鉴别能力强的特点，可同时完成对待测组分的分离和鉴定，特别适用于多组分混合物未知组分的定性和定量分析，判断化合物的分子结构；准确地测定化合物的分子量和分析元素组成；是目前能够为 pg 级试样提供结构信息的工具。

4.2.1　GC-MS 工作原理

1. 测定过程

气相色谱-质谱联用(GC-MS)测定过程一般是：量取一定体积的液体样品，在气相色谱进样口进样。样品在进样口汽化后由载气带到色谱柱进行分离。被分离的组分按照色谱峰保留时间的顺序依次进入质谱的离子源，通过合适的离子化模式离子化。产生的离子按照质荷比的大小顺序通过质量分析器。在给定的质量范围内，每个质量数的离子流量被检测器测量出来。用离子流量对碎片的质量数作图从而形成质谱图。每一个化合物都有其特征性的质谱图，此为定性分析的基础；化合物质谱图中离子流量与化合物的量成正比，此为定量分析的基础。

2. 基本原理

GC-MS 是通过接口将气相色谱和质谱相连接。由 GC 出来的样品通过接口进入质谱。接口可使 GC 色谱柱出口的高压(约 10^5 Pa)与质谱离子源的低压(真空度在 10^{-3} Pa)相匹配。常见接口分为三类：直接导入型、分流型和浓缩型。最简单的也是目前最常用的一种接口是毛细管色谱柱的末端直接插入质谱离子源，柱后流出的组分进入离子源后被离子化。此接口具有保护插入的毛细管柱和控制温度的作用，优点是结构简单和产率高(100%)，缺点是无浓缩作用，不适合流量大于 1 mL/min 的大口径的毛细管柱。

3. 分析方法

GC-MS最常用的测定方法有总离子流色谱法、质量色谱法和选择离子监测法。

(1)总离子流色谱法。总离子流色谱法(TIC)的扫描模式为全扫描，即在选定的质量范围内，连续改变射频电压，使不同质荷比的离子依次产生峰强信号。

经色谱分离后的组分分子进入离子源后被电离成离子，同时，在离子源内的残余气体和一部分载气分子也被电离成离子，这部分离子构成本底。样品离子和本底离子被离子源的加速电压加速，射向质量分析器。在离子源内设置一个总离子检测极，收集总离子流的一部分，经放大并扣除本底离子流后，可得到该样品的总离子流图谱。TIC图谱可以用于定性和定量分析。

(2)质量色谱法。为了充分利用全扫描质谱图的信息，可选取其中几个特征离子的峰强对保留时间作图，记录具有某质荷比的离子强度随时间变化图谱，即得到质量色谱(MC)，因为它仅提取了部分离子作图，故又称提取离子色谱(EIC)。MC不同于TIC，它具有质谱和色谱两者的信息，改变不同的提取离子，可得到不同的MC。MC通过扣除本底、除去其他无关离子的干扰、降低噪声等来提高选择性、分辨率和灵敏度。MC还可用于检验一个色谱峰是单组分还是混合峰，这是其区别于总离子流色谱法的又一个优点。

(3)选择离子监测法。选择离子监测法(SIM)是对选定的某个或数个特征离子进行单离子或多离子选择性检测，得出所选定的特征离子峰强随时间变化的色谱图。其扫描模式为选择性离子扫描，即在扫描时间内，跳跃改变射频电压，使选定的特征离子产生信号峰。MC是先全扫描后再选择特征离子，通过降低本底提高性能，而SIM是先选定特征离子后再扫描，通过增加特征离子的峰强来提高灵敏度，其检测灵敏度比TIC高2～3个数量级。SIM是GC-MS定量测定常用的方法之一。

4.2.2 应用实例

1. 气相色谱-质谱法测定生活饮用水中23种有机磷农药的含量

有机磷农药(OPPs)是一类用于防治农林病虫害的有机磷酸酯类或硫代磷酸酯类化合物，在保护农作物正常生长、提高产量等方面发挥着不可估量的作用。随着有机氯农药被OPPs逐渐取代，OPPs得到广泛使用甚至滥用，农业废水排放入水体。水中多种OPPs残留物的同时分析，提取方法主要包括液液萃取、固相萃取(SPE)、固相微萃取(SPME)等，但上述方法操作比较烦琐，有机溶剂用量大。搅拌棒吸附萃取(SBSE)技术基于固相微萃取(SPME)的原理，是一种无溶剂的样品提取和富集有机物的方法，操作简便。SBSE作为SPME的发展，增加了萃取涂层总量，在挥发性和半挥发性有机物的痕量分析中展现出越来越广阔的应用前景。

分析测定条件如下：

(1)色谱条件。DB-5MS 色谱柱(30 m×0.32 mm，0.25 μm)；载气为氦气(纯度大于 99.999%)；流量 1.0 mL/min；PTV 进样口，溶剂排空模式。柱升温程序：初始温度 80 ℃，保持 1.0 min；以 10 ℃/min 速率升温至 130 ℃，保持 3 min；以 12 ℃/min 速率升温至 180 ℃；以 7 ℃/min 速率升温至 240 ℃；以 12 ℃/min 速率升温至 320 ℃，保持 10 min。

(2)热解吸条件。初始温度 50 ℃，延迟 1 min，保持 1 min；然后以 200 ℃/min 速率升温至 200 ℃，保持 10 min；传输线温度 325 ℃；不分流模式；载气流量为 20 mL/min。

(3)冷阱条件。初始温度−50 ℃，平衡 0.2 min，初始时间 0.01 min，然后以 12 ℃/s 速率升温至 350 ℃，保持 10 min。

(4)质谱条件。电子轰击离子(EI)源，离子源温度 230 ℃，四极杆温度 150 ℃；电子能量 70 eV；GC-MS 传输温度 280 ℃；溶剂延迟 5 min；选择离子监测(SIM)模式。

试验方法如下：

样品为 50 份末梢水。每 40 mL 样品加入 25 mg 抗坏血酸。样品采集后于 4 ℃下保存，14 h 内分析完毕。

将搅拌棒装入玻璃管后，放入吸附管老化器，通入氮气，速率为 100 mL/min。老化程序为：初始温度 40 ℃；以 20 ℃/min 速率升温至 280 ℃，保持 30 min；再以 10 ℃/min 速率降温至 50 ℃，25 ℃下保持 60 min。老化程序结束后，将搅拌棒置于 20 mL 顶空瓶中，向顶空瓶中加入甲醇 2 mL 和水样 18 mL，盖紧盖子，以转速 800 r/min 于 20 ℃下搅拌 20 min 后，取出搅拌棒，用少许水洗涤搅拌棒表面，用不起毛棉纸吸干水分，放入热脱附玻璃管中(4 mm×178 mm)，按仪器工作条件进行测定。

2. 气相色谱-串联质谱法测定尿样中氰离子的含量

尿样中氰离子的测定是刑事鉴定中的重要项目之一。目前测定氰离子的方法有分光光度法、电化学法和纳米传感器法等，上述方法均针对水中氰离子的测定，而无法测定尿样中的氰离子。气相色谱法和气相色谱-质谱联用法可以测定氰离子，但无机氰离子在酸性条件下蒸馏后再测定，造成氰离子的回收率较低。尿样中直接衍生化，2-萘胺的氨基与亚硝酸盐作用形成重氮盐，氰离子与此盐在硫酸铜的催化作用下发生亲核取代反应，最终形成萘基衍生物，采用气相色谱-串联质谱法(GC-MS-MS)测定尿样中氰离子的含量(图 4-3、图 4-4)。

分析测定条件如下：

(1)色谱条件。DB-5MS 毛细管色谱柱(30 m×0.25 mm，0.25 μm)；进样口温度 250 ℃，传感器温度 280 ℃；载气为氦气(纯度大于 99%)；进样量为 1 μL，流量为 1 mL/min；分流进样，分流比 10∶1。柱升温程序：初始温度 60 ℃，保持 1 min；以 20 ℃/min 速率升温至 170 ℃；以 5 ℃/min 速率升温至 180 ℃；以 20 ℃/min 速率升温至 280 ℃。

(2)质谱条件。电子轰击离子源，离子源能量 70 eV；传输线温度 280 ℃，离子源温度 200 ℃；一级质谱扫描范围 m/z=50～200；二级质谱扫描模式选择反应监测(SRM)模式。萘基衍生物萘甲腈保留时间为 8.53 min，母离子 m/z=153.08，定性离子 m/z=126.11，m/z=153.08，定量离子 m/z=153.08；内标乙酸-α-萘酯保留时间为 9.39 min，母离子 m/z=186，定性离子 m/z=144.11，定量离子 m/z=144.11。

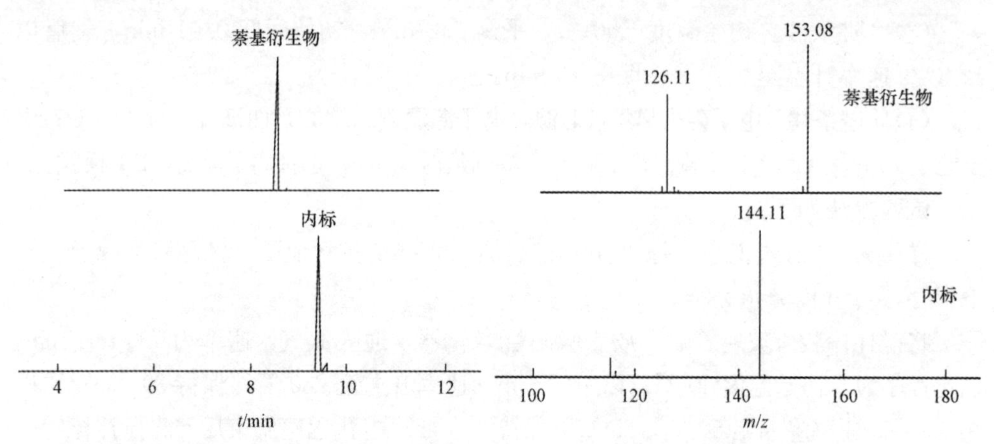

图 4-3　加标尿样的萘基衍生物色谱图

图 4-4　加标尿液质谱图

试验方法如下：取尿样 1.00 mL，加入 1.0 g/L 乙酸-α-萘酯溶液 10 μL，涡旋混合 10 min。加入 0.1 mol/L 硫酸铜溶液 0.1 mL，0.3 mol/L 萘胺溶液 0.5 mL，50.0 g/L 亚硝酸溶液 1 mL 和 1 mol/L 盐酸溶液 0.1 mL，涡旋混合 3 min。放入 4 ℃冰箱冷藏 10 min，再放入 50 ℃水浴加热 10 min。涡旋混合后离心，取有机相按仪器工作条件进行测定(图 4-5)。

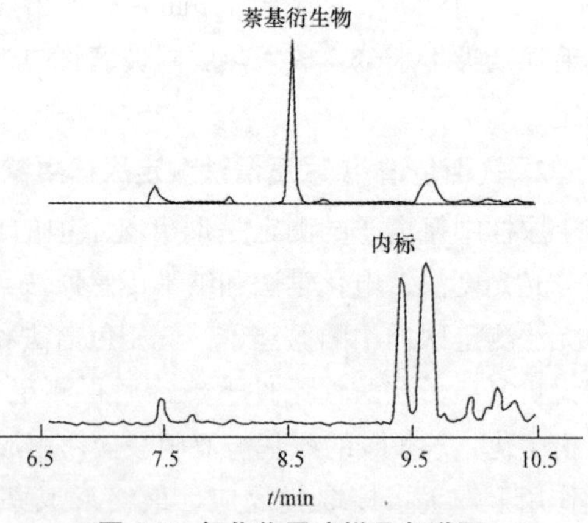

图 4-5　氰化物尿液样品色谱图

3. 气相色谱-串联质谱法测定食品中的三聚氰胺

三聚氰胺简称三胺，是一种用途广泛的氮杂环有机化工原料。因其结构中含有多个氨基氮而被一些不法商贩添加到植物蛋白中以提高样品的表观蛋白质含量。2007 年 3 月发生的美国毒宠物粮事件造成多起猫、狗宠物死亡，经查是由于在宠物食品的原料中添加了三聚氰胺。2008 年 9 月我国发生了因在婴幼儿奶粉中非法添加三聚氰胺而导致食用此类奶粉的一些婴幼儿患病甚至死亡的毒奶粉事件。由此引起了国内外对食品中三聚氰胺的高度关注。

将固体试样(需要时用高速万能粉碎机粉碎)或液体样品充分混匀后，准确称取 5 g，加入 5 mL 乙酸锌溶液，再加入三氯乙酸溶液至 50 mL，涡旋振荡 2 min，超声萃取 20 min。以 5 000 r/min 速率离心 10 min，取上清液 0.2 mL，用有机滤膜过滤，氮气吹干，用 20%甲醇水溶液溶解残留物并定容至 1 mL，待衍生化。

在待衍生化试液中依次加入 0.2 mL 吡啶和 0.2 mL 衍生化试剂混匀后，于 70 ℃烘箱中衍生化 30 min。

色谱柱：TR-5MS 毛细管色谱柱；载气：高纯氦气(纯度>99.999%)，恒流模式，流速 1.5 mL/min；进样口温度：250 ℃；进样量：1 μL；进样方式：不分流进样。柱温升温程序：柱初始温度 75 ℃，保持 1 min，以 30 ℃/min 速率升温至 300 ℃，保持 2 min。

电子轰击离子源(EI)，电离能量 30 eV，正离子化模式；离子源温度：230 ℃；传输线温度：280 ℃；碰撞气：高纯氩气(纯度>99.999%)，碰撞气压力：0.16 Pa (1.2 mTorr)。扫描方式：采用多反应离子监测(MRM)模式，选择母离子 m/z 342，选择二级离子 m/z=327 及 171，定量离子 m/z=327。

使用 GC-MS-MS 检测奶粉和奶制品等食品中的三聚氰胺具有灵敏度高、重现性好和可靠性高等优点。本方法扩大了 GC-MS-MS 的应用范围，检测时间缩短，对基质复杂的食品样品也一样具有较低的定量检出限。本方法中在三聚氰胺质量浓度为 0.1～100 μg/L 时线性关系良好，定量检出限可达 1 μg/L(图 4-6)。

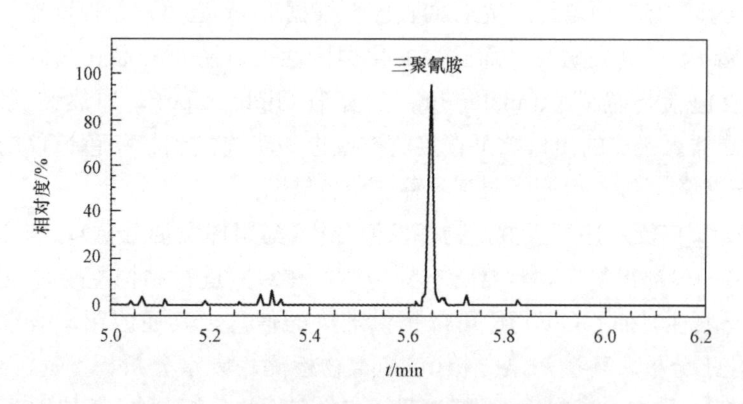

图 4-6　三聚氰胺基质标准溶液的 MRM 色谱图

4.3 气相色谱-红外光谱联用技术及其应用

气相色谱法由于其定性分析的主要依据是保留值，所以难以对复杂未知混合物做定性判断，而红外光谱提供了极其丰富的分子结构信息，具有很强的结构鉴定能力，是一种理想的定性分析工具，但不具备分离能力，它原则上只能用于纯化合物，对于混合物的定性分析往往无能为力。联合这两种方法，色谱仪相当于分离和进样装置，红外光谱仪则相当于色谱的定性检测器，即 GC-FTIR 联用技术。它结合了两者的长处，是复杂混合物分析的有效手段。

4.3.1 工作原理

GC-FTIR 联用系统主要由气相色谱、接口、红外光谱、计算机数据系统四个单元组成，其工作原理是：红外光线被干涉仪调制后汇聚到加热的光管气体池入口，经过光管镀金内表面的多次反射到达探测器；另一方面，样品经过色谱柱的分离，色谱馏分将按照保留时间顺序通过光管，在光管中选择性地吸收红外辐射，计算机系统采集并存储来自探测器的干涉图信息，并做快速傅里叶变换，最后得到样品的气相红外光谱图。在色谱-红外联用系统中，从色谱柱中洗脱出来的组分被自动地输送到样品池，让试验人员摆脱了以往从色谱馏分中收集样品的麻烦，也保证了样品在不受破坏的条件下进行红外光谱分析，这是“脱机”检测无法比拟的。试样经气相色谱分离后各馏分按保留时间顺序进入接口。接口是联用系统的关键部分。目前已有光管接口和冷冻捕集接口两种类型，后者可以使联机系统具有更高的信噪比，但由于其价格昂贵，至今普遍使用的仍是相对廉价的光管接口。目前普遍采用的是 Azarrag 光管，为内表面镀金的硼硅毛细管。红外光线经镀金内壁的多次反射，有效地增加了光管的长度。根据 Beer 定律，光程增加，吸收值相应增加，提高了检测灵敏度，而且金的化学惰性可以防止样品在高温下分解。光管接口一般包括传输线（transfer line）、光管（light pipe）、加热装置及汞镉碲（MCT）检测器。接口的出口端可直接放空或进一步连接到气相色谱仪的氢火焰检测器或热导检测器等，可同时得到各种气相色谱图。

GC-FTIR 广泛应用于天然产物挥发油分析（药用挥发油分析），例如中草药的挥发油成分一般都很复杂，常常含有异构体，在对其进行结构鉴别时，GC-MS 具有一定的局限性，而 GC-FTIR 可以提供准确的信息。其还应用于香精、香料分析，石油化工分析，环境污染分析（包括毒物检测、废水分析、空气污染物分析、农药分析）等。另外，燃料分析（煤与石油馏分产物的分析）也广泛使用了 GC-FTIR 联用技术。

4.3.2　应用实例

1. 在鉴定芳香族聚酯纤维中的应用

运用红外光谱和热裂解气相色谱-质谱联用技术对芳香族聚酯纤维进行鉴别。单纯的红外光谱鉴别有一定的局限性，难以鉴别那些含有相同化学特征基团的合成纤维。例如，芳香族聚酯类中的聚对苯二甲酸乙二醇酯(PET)、聚对苯二甲酸丙二醇酯(PTT)和聚对苯二甲酸丁二醇酯(PBT)。对于这类特征基团相同的物质，热裂解气相色谱-质谱联用技术能够对材料高温裂解后的小分子进行定性和定量分析，再结合各种聚酯纤维的热分解机理以及分解后的特征产物情况，能够快速准确地鉴别这三种纤维。

2. 在石油方面的应用

多年来气相色谱的发展推动了石油和石化的发展，反过来石油和石化的发展又促进了气相色谱的发展，气相色谱在石油和石化领域有着极大的应用场所。所以气相色谱在石油和石化分析中的应用长盛不衰，近年来气相色谱和红外光谱在石油和石化分析中的应用颇受青睐。气相色谱法被广泛用于溢油品特性的分析，该技术鉴别溢油具有分离效能高、选择性好、灵敏度高、快速等特点，但气相色谱法有时掩盖了不同油种之间的细微差别且重油的色谱也难以分辨，对各类机油和沸点在 300 ℃以上的成分难以区分。

3. 在微生物中的应用

杨华等利用色谱-红外光谱联用法鉴定厌氧菌，该方法由色谱部分实现对混合组分的分离，由红外部分实现对单一组分的定性、定量分析。武俊等应用 GC-MS 和 GC-FIIR 对细菌 CDS-1 降解呋喃丹的产物进行了分析，确定在呋喃丹降解后期产生的具有刺激性气味的物质的主要成分为藏茴香酮。

4.4　固相微萃取-气相色谱联用技术(SPME-GC)

自 20 世纪 90 年代 SPME 出现以来，其在纤维涂层、萃取支持物材料、进样方式与分析仪器联用等诸多方面取得了快速的发展。SPME 装置可在气相色谱仪的进样口直接进样，不存在接口问题。因此 SPME-GC 是较早发展、较为完善、广泛应用的联用技术，现在还在不断地改进中，主要有 SPME-GC-ECD、SPME-GC-FID、SPME-GC-NPD、SPME-GC-MS 等技术，在环境检测、农药、食品、生物材料、中药研究等领域得到了广泛的应用，特别是在中药材挥发性成分分析方面，SPME-GC-MS 联用技术的优势显现了出来。但其对不挥发或半挥发性有机物，如药品、农药、蛋白质、多环芳烃、表面活性剂等的分析不具有优势。

4.4.1 工作原理

固相微萃取主要针对有机物进行分析，根据有机物与溶剂之间“相似者相溶”的原则，利用石英纤维表面的色谱固定相对分析组分的吸附作用，将组分从试样基质中萃取出来，并逐渐富集，完成试样前处理过程。在进样过程中，利用气相色谱进样室的高温将吸附的组分从固定相中解吸下来由色谱仪进行分析。

4.4.2 萃取方式

1. 直接萃取

直接萃取是将涂有萃取固定相的石英纤维直接插入样品基质中，目标组分直接从样品基质中转移到萃取固定相中。这一方法适用于气体样品或洁净水样品中有机化合物的测定。

2. 顶空萃取

顶空萃取模式分为两步：一是被分析组分从液相中先扩散穿透到气相中；二是被分析组分从气相中转移到萃取固定相中。此方法可以避免萃取固定相受到某些样品基质中高分子物质和不挥发性物质的污染。这一方法适用于脏水、油脂、血液、污泥、土壤的前处理。

3. 膜保护萃取

膜保护萃取是通过一个选择性的高分子材料膜将试样与萃取头分离从而实现萃取，在分析很脏的样品时可使萃取固定相不受到污染。这一方法对难挥发性物质组分的萃取、富集更为有利。

4. 衍生化萃取

根据SPME特点和衍生化反应发生的位置，衍生化萃取分为在样品基质中直接进行衍生化、在萃取涂层纤维上进行衍生化(即萃取的同时衍生化或先萃取再进行衍生化)、在GC进样室中进行衍生化三种方式。衍生化与SPME的结合为极性、难挥发性有机物的分析提供了可能。

4.4.3 应用实例

1. 固相微萃取-气相色谱法测定水中酞酸酯类化合物

酞酸酯(PAEs)也称邻苯二甲酸酯，是一类能起到软化作用的化合物的总称，被广泛用作塑料容器增塑剂。如今这类化合物已成为一种全球性的环境有机污染物。美国国家环保局(EPA)将6种PAEs列为优先控制的有毒污染物，分别为邻苯二甲酸二(2-乙基己基)酯(DEHP)、邻苯二甲酸丁基苄酯(BBP)、邻苯二甲酸正丁酯(DBP)、邻苯二甲酸二正辛酯(DOP)、邻苯二甲酸二乙酯(DEP)和邻苯二甲酸二甲酯(DMP)。我国也将 DMP、DEP 和 DOP 确定为优先控制环境污染物。

分析测定条件如下：

用洁净的具塞棕色玻璃瓶采集水样，水样应充满样品瓶并加盖密封，如不能及时分析，于冰箱内 4 ℃下避光保存，7 d 内萃取分析。取 500 mL 水样，调节 pH 值为 7.0。C18 固相萃取柱依次用 10 mL 正己烷和丙酮混合溶剂(体积比为 5∶1)、甲醇和纯水活化，水样以 5 mL/min 的流量过经活化后的 C18 固相萃取柱萃取，再用 8 mL 正己烷和丙酮混合溶剂洗脱，洗脱液经氮吹浓缩至 1 mL，用气相色谱仪分析。

试验方法如下：

HP-5(5%-苯基-甲基聚硅氧烷柱，30 m×0.32 mm×0.25 μm)或其他等效色谱柱，进样口温度 250 ℃；恒流模式柱流量 1.0 mL/min，进样体积为 1.0 μL，不分流进样，分流阀打开时间为 0.75 min；柱温：初温 80 ℃保持 1 min，以 8 ℃/min 升温至 270 ℃保持 9 min；FID 检测器温度 300 ℃；氢气流量：30 mL/min，空气流量 300 mL/min，尾吹气流量 25 mL/min(图 4-7)。

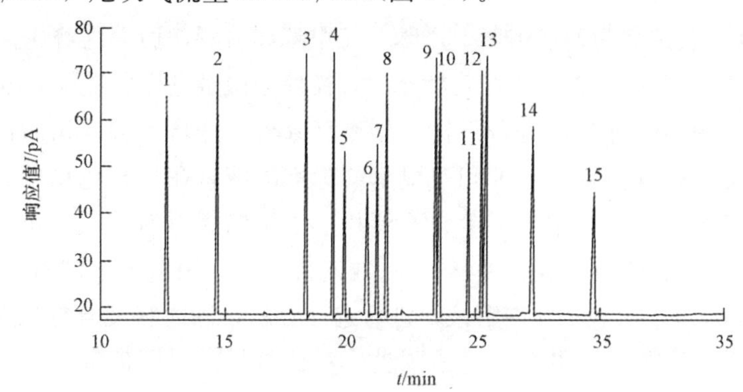

图 4-7　酞酸酯类化合物标准色谱峰

1—DMP；2—DEP；3—DIBP；4—DBP；5—DMEP；6—BMPP；7—DEEP；8—DPP；9—DHP；10—BBP；11—DBEP；12—DCHP；13—DEHP；14—DOP；15—DINP

通过固相萃取联用气相色谱成功测定了水中的 15 种酞酸酯类化合物，方法适用于成分不复杂的实际水样分析，前处理方法简单便捷，方法检出限低，灵敏度高，测定结果令人满意。

2. 固相微萃取-气相色谱法测定水中苯系物

苯系物(包括苯、甲苯、二甲苯异构体等)是常用的化工原料溶剂，由于其毒性较大，故在地表水和饮用水的相关标准中均对苯系物含量有着严格限制。对于水中苯系物的检测，普遍采用气相色谱法，该方法在实际应用中需对样品进行溶剂萃取或顶空处理后，才能进行色谱测定。其中溶剂萃取法是现行标准的首选方法，对设备和试验条件要求较低，但大量使用有机溶剂会造成环境污染，同时也会对人体健康构成威胁；顶空法样品处理步骤相对简便，受基体干扰的程度大为降低，检测灵敏度较高，与溶剂萃取法相比，其应用范围较广，但顶空法在实际应用中，需将样品恒温 30～60 min 以达到气液平衡，且重复测定时需重新进行平衡，因此检测过程耗时较长。而固相微萃取技术作为一种新型的绿色无溶剂样品制备技术，在实际应用中具有萃取速度快、样品消耗量小、可进行现场分析、无须溶剂等特点，可有效满足水中苯系物测定的相关要求。

分析测定条件如下：

PE-680 气相色谱仪带 FID 检测；PEG 毛细管柱 30 m×0.32 mm×0.25 μm；程序升温：初始温度为 50 ℃，保持 2 min，然后以 5 ℃/min 升温至 85 ℃，保持2 min；采用分流进样的方式，且分流比应控制为 1∶10；进样器温度为 200 ℃，检测器温度为 250 ℃；将氮气作为载气，每分钟流量为 2 mL；氢气流量为 45 mL/min；空气每分钟流量为 450 mL；DF-101B 集热式磁力搅拌器；5 μL 微量进样器；手动式商用手柄和商用探头 PDMS。

试验方法如下：

(1)主要试验试剂为苯、甲苯、乙苯、二甲苯和丙酮，均为色谱纯。

(2)确保气相色谱仪器处于稳定状态后，需使用微量进样器提取 1 μL 苯的标准溶液，在气相色谱的进样口进行进样、分离与分析，并将苯的保留时间准确记录下来；同时分别提取甲苯、乙苯和二甲苯的标准溶液，在气相色谱的进样口进行进样、分离与分析，分别记录甲苯、乙苯和二甲苯的保留时间。再进行二次进样处理，以对两次溶液进样保留时间的一致性进行核对。用微量进样器提取 1 μL 浓度为 1 mg/mL 苯系物混合标准溶液，进行进样分析，同时将混合标准溶液的色谱图与苯、甲苯、乙苯、二甲苯的色谱图进行对比分析，以明确混合标准溶液色谱图中每一峰所对应的化合物，并做好相应的记录工作。试验中所采用的 PEG 毛细管色谱柱具有灵敏度强、信号价值高等特点，可有效满足饮用水中苯系物检测的要求。试验中苯的保留时间为 3.216 min、甲苯保留时间为 4.689 min、乙苯为 6.456 min、对二甲苯为 6.607 min、间二甲苯为 6.756 min、邻二甲苯为 7.788 min。

分析方法如下：

(1)顶空固相微萃取法。取苯系物的混合标准溶液 10 mL，并将其放置于 15 mL 玻璃瓶中，同时加入 6 mL 饱和食盐水溶液，并放入磁力搅拌子，密封后将其放置在 45 ℃的集热式磁力搅拌器中；再用带有 SPME 装置的外芯刺破带聚四氟乙烯的瓶盖，使萃取头暴露在溶液上的顶空部位萃取 5 min，并在这一过程中进行色谱分离与分析。需要注意的是，上述五个浓度的苯系物混合标准溶液中每一个浓度均要做 5 次，并取对应峰面积的平均值。

(2)工作曲线绘制。以各组分浓度相对应的峰面积绘制工作曲线，合理确定其线性范围；对每一浓度下的相对标准偏差进行科学计算；以基线噪声的三倍结合每一个待测物的浓度，对苯、甲苯、乙苯、二甲苯的检出限进行计算。

(3)未知苯系物样品的分析。利用未知苯系物样品在 6 mL 饱和食盐水溶液中的浓度，通过定量关系，可以算出原始未知苯系物样品中苯、甲苯、乙苯和二甲苯各组分的含量。

数据计算与处理：

(1)精密度试验。分别取苯系物标准使用溶液(20 g/mL)0.2 mL、1.0 mL、10.0 mL，用纯水稀释至 200 mL，配制的质量浓度分别为 0.02 mg/L、0.1 mg/L、1.0 mg/L，需对上述使用溶液连续测定 5 次。

(2)回收率试验。分别取 200 mL 自来水于分液漏斗中，在工作曲线范围内，选择低、中、高 3 个浓度测定 3 次，做加标回收试验。

(3)计算方法的最低检测质量浓度。以三倍基线噪声计算最低检测质量：苯、甲苯、乙苯、对二甲苯、间二甲苯和邻二甲苯均为 0.20 ng；若取水样 200 mL，利用固相萃取法取 1.0 μL 萃取液进行色谱分析，其计算出的最低检测质量浓度：苯、甲苯、乙苯、对二甲苯、间二甲苯和邻二甲苯的检测质量均为 0.005 mg/L。

3. 固相微萃取-气相色谱法测定水中痕量甲萘威

甲萘威又称西维因，是氨基甲酸酯类农药的一种，被广泛用于农业病虫害的防控，过量使用会造成水环境的污染，并对人体健康产生影响。《地表水环境质量标准》(GB 3838—2002)中规定甲萘威的限值为 0.05 mg/L。

水中甲萘威的浓度一般都较低，分析前需进行分离、富集预处理。液液萃取操作烦琐、耗时长、萃取剂消耗大，而选用 SPME 进行样品前处理，建立 SPME-气相色谱法测定地表水和饮用水中甲萘威的方法，为实现对水中痕量甲萘威的快速、准确分析提供了参考。

分析测定条件如下：

配制质量浓度为 0.01 mg/L、0.10 mg/L、0.20 mg/L、0.50 mg/L 和 1.00 mg/L 的甲萘威标准溶液系列，将峰面积(y)和甲萘威质量浓度(x)进行线性回归，得到标准工作曲线为 $y=759x+8.3$，相关系数为 0.999 5。表明甲萘威在 0.01～1.00 mg/L 质量浓度范围内线性良好，能够保证定量的准确性。取 10.0 mL 质量浓度为 0.20 mg/L 的甲萘威标准溶液 6 份，在相同条件下分析，得峰面积的 RSD 为 1.9%，满足方法精密度的要求。平行测定 1.0 μg/L 甲萘威标准溶液 7 次，计算标准偏差(S)，根据 $\mathrm{MDL}=t_{(n-1,0.99)}\times S$，得方法检出限为 0.3 μg/L，可满足相关水质监测的要求(图 4-8)。

试验方法如下：

(1)SPME 条件。萃取纤维头首次使用前于气相色谱进样口(250 ℃)内活化

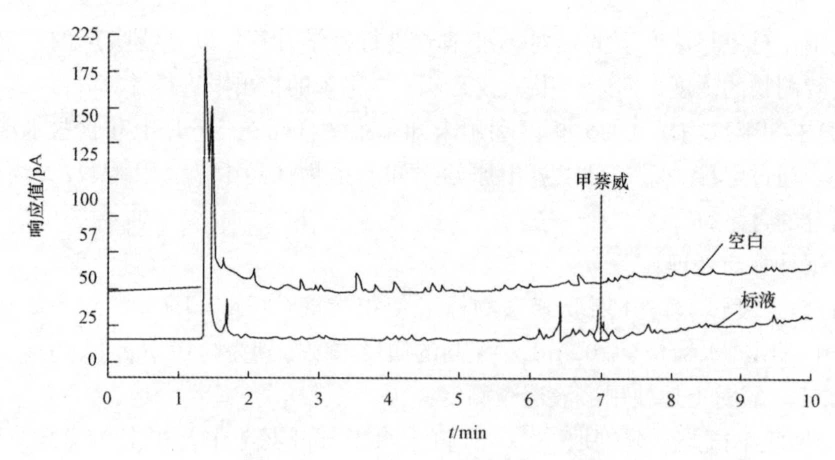

图 4-8　甲萘威和试剂空白的色谱图

30 min。移取 10.00 mL 水样至 20 mL 顶空瓶中，按指定萃取温度和萃取时间萃取；解吸温度为 250 ℃，按指定解吸时间解吸。

(2)气相色谱条件。色谱柱为 HP-5 石英毛细管柱(30 m×0.32 mm×0.25 μm)；载气为高纯氮气(99.999%)；柱流速为 1.5 mL/min；进样口温度为 250 ℃；不分流进样；程序升温：初始温度为 60 ℃，以 20 ℃/min 升温至 260 ℃，保持 1 min；检测器温度为 280 ℃，氢气流量为 35 mL/min，空气流量为 350 mL/min。根据保留时间定性，外标法定量。

4.5　SPME-GC-ICP-MS 联用技术及其应用

SPME 与 GC、HPLC 联用分析步骤如图 4-9 所示。

随着环境科学、生命科学的发展，样品中元素的总量或者总浓度已经不能很好地揭示其生物可给性、毒性及在环境中的化学活性和再迁移性。因此，元素的形态分析已成为分析化学研究领域的热点之一。GC-ICP-MS、HPLC-ICP-MS、CE-ICP-MS 等高效的分离技术与高灵敏度的检测技术的结合是元素形态分析最为有效的手段。SPME 集取样、萃取、富集、进样为一体，简化了样品预处理过程，因此该技术自问世以来得到了迅速的发展，广泛应用于水、土壤、空气等环境样品，以及血、尿等生物样品和食品、药物等的分离和富集。电感耦合等离子体质谱(ICP-MS)由于具有高灵敏度、低检出限，多元素同时检测等特点，是目前公认的最强有力的元素分析技术。Mester 等首次报道了 SPME-ICP-MS 联用测定了样品中的甲基汞，检出限达到 0.2 ng/mL。SPME-ICP-MS 联用体系充分利用了 SPME 的萃取分离能力和 ICP-MS 的高灵敏度优点，且 SPME 的取

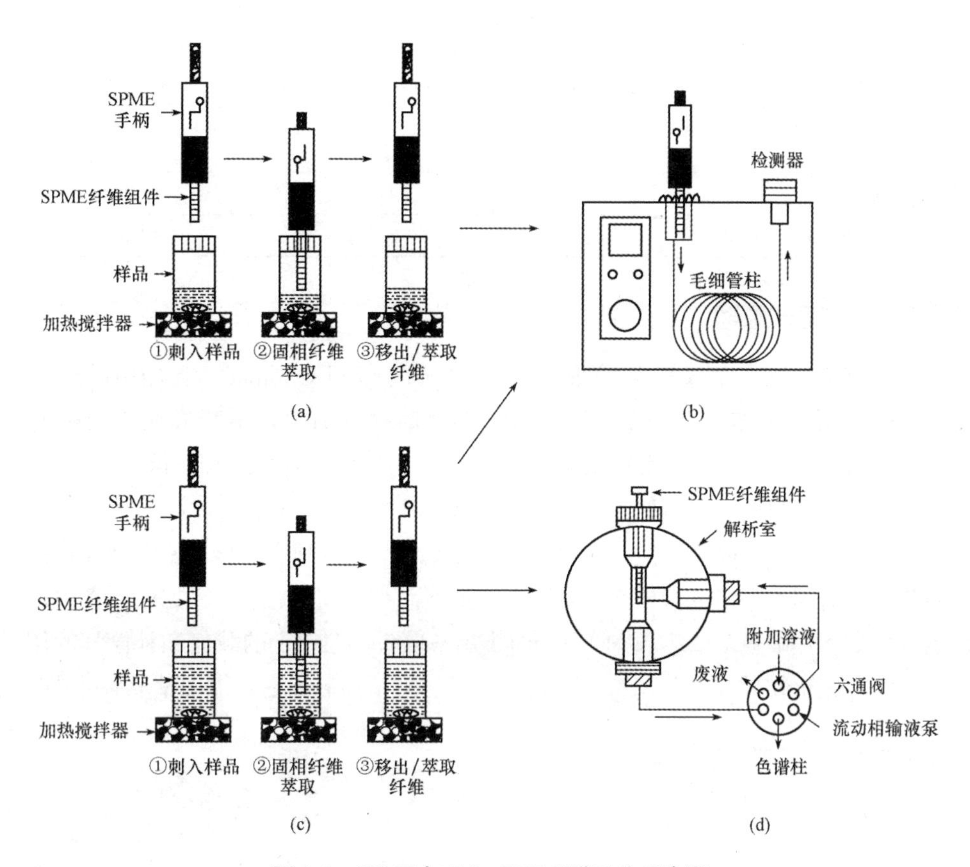

图 4-9　SPME 与 GC、HPLC 联用分析步骤

(a)顶空 SPME 萃取过程；(b)直接 SPME 萃取过程；

(c)挥发性成分气相色谱检测；(d)水溶性成分液相色谱检测(利用 SPME 接口)

样量极少，避免了大量有机溶剂的引入对 ICP-MS 测定造成的影响。

各联用技术检出限见表 4-1。

表 4-1　各联用技术检出限

联用技术	检出限		线性范围
	MeHg	EtHg	
HPLC-CV-AFS	27 pg	26 pg	—
HPLC-ICP-MS	0.2 μg/L	—	1～50 μg/L
CE-ICP-MS	23 pg	—	—
CE-VSG-AFS	25 pg	24 pg	—
CE-AAS	29 pg	—	—
GC-MIP-AES	0.01～0.06 μg/g	—	—

续表

联用技术	检出限		线性范围
	MeHg	EtHg	
GC-AFS	5 pg	5 pg	—
GC-AAS	23 ng	17 ng	0～20 μg
GC-ICP-MS	0.5 pg	1.0 pg	1～1 000 pg

4.5.1 工作原理

试验试剂：四乙基铅标准(美国，Aldrich Chemical Company)：用甲醇配制成1 mg/mL 标准储备液，于−4 ℃下保存，使用时根据需要，稀释成相应的标准工作液；甲醇为分析纯；18 MΩ 的高纯水由 E-pure 超纯水器(美国)制得。

试验方法：移取一定量四乙基铅标准溶液于顶空瓶(12 mL)内，将 SPME 的针管插入顶空瓶并推出萃取头，使萃取头悬于四乙基铅溶液的顶空部分。室温及高速搅拌的条件下，对四乙基铅进行顶空萃取。10 min 后，将萃取头退回 SPME 针管内，拔出后立即插入热解吸室(220 ℃)内，同时推出萃取头，在一定的载气和补偿气的作用下，将目标分析物导入 ICP-MS，进行铅的定量分析。2 min 后，缩回萃取头并拔出。

4.5.2 应用实例

1. SPME-GC-ICP-MS 测定单甲基汞

采用固相微萃取技术，结合气相色谱分离法和电感耦合等离子体质谱检测技术，对单甲基汞的精确测定方法进行描述。以甲氧基氢氧化钠为例，用聚二甲基硅氧烷涂层的聚硅氧烷酸钠进行样品处理，在水溶液中对其进行了衍生物的处理。然后通过将纤维插入加热的注入端口，直接从纤维传输到 GC 柱的头部(图 4-10)。

2. 双气路校正-固相微萃取电感耦合等离子体质谱法测定四乙基铅

铅是重要的重金属污染元素之一，是环境、食品、生物、医药等诸多领域的重点监测对象。铅在自然界中不断迁移、转化，从而形成了不同的形态，具有不同的环境行为和生物效应。对其进行形态分析要求建立便捷、灵敏、准确的检测方法。

近年来，SPME 用于形态分析、进行有机金属及类金属化合物的分离、富集及检测的方法逐步建立，使形态分析速度加快、检出限降低。Yu 通过氘标记 NaBEt4 衍生化的方法，利用 SPME-GC-MS 对水溶液中的三甲基铅、三乙基铅、四乙基铅和铅(Ⅱ)离子进行测定，检出限分别达到 130 ng/mL、83 ng/mL、90 ng/mL、95 ng/mL；利用管内 SPME-HPLC-MS 对水溶液中的四甲基铅和四乙基铅进行测定，其检出限分别为 11.3 ng/mL、12.6 ng/mL；将 SPME 与石英炉-AAS 联用测定水溶液和汽油中的四乙基铅，检出限为 230 ng/L(表 4-2)。

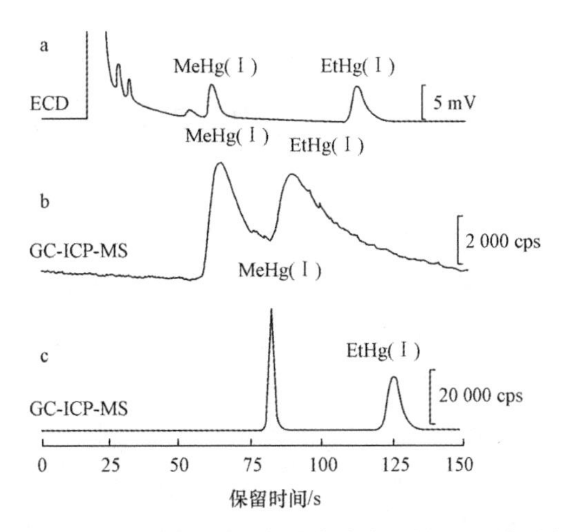

图 4-10　甲基汞、乙基汞混合甲苯溶液进样 ECD 检测色谱图

表 4-2　SPME-ICP-MS 试验条件

ICP-MS		SPME	
RF 功率/W	1 350	萃取纤维涂层	100 μmPDMS
等离子体气流速/(L·min^{-1})	15	萃取时间/min	10
辅助气流速/(L·min^{-1})	1.5	萃取温度/℃	25(室温)
载气流速/(L·min^{-1})	0.4	热解吸温度/℃	240
雾化气流速/(L·min^{-1})	0.6		
数据采集模式	瞬时信号		
同位素	^{208}Pb		

仪器与试剂：POEMSⅢ等离子体质谱仪；SPME 装置，配有 100 μm 聚二甲基硅氧烷(PDMS)涂层的萃取纤维；磁力搅拌器；10 mLTeflon 隔膜顶空瓶，四乙基铅标准物质，以体积分数 50%甲醇溶液稀释制得 1.0 mg/mL 标准储备液，标准工作液通过体积分数 50%甲醇溶液逐级稀释制得，均存放于 60 mL 棕色瓶中，置于冰箱(4 ℃)内保存；1.0 mg/mL 铊标准溶液，以体积分数 2%HNO_3 逐级稀释为 50 ng/mL 作为内标溶液；甲醇为分析纯；高纯 HNO_3：优级纯试剂经亚沸蒸馏而成；高纯水(18 MΩ)：4 Module E-pure 纯水器制得(图 4-11)。

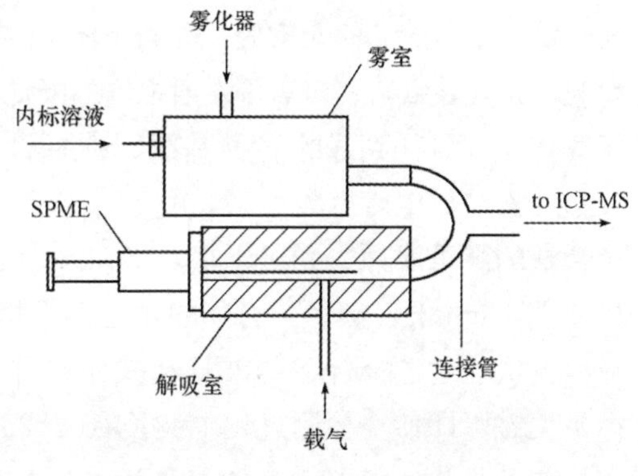

图 4-11　接口单元示意图

4.6 气相色谱-原子光谱联用技术(GC-AED)

气相色谱和原子光谱的联用也是近年来研究较多的课题。气相色谱与原子光谱联用可充分利用色谱的高分离性能和原子光谱的高灵敏度及高选择性的优点，实现优势互补，是解决复杂体系中痕量元素形态分析问题的重要途径。联用技术有气相色谱-火焰原子吸收光谱、气相色谱-等离子体原子发射光谱、气相色谱-石墨炉原子吸收光谱和气相色谱-电热原子吸收光谱。其中 GC-AED 是首选的方法，一般用程序升温，这种联用技术既具备 GC 分离能力强、基体干扰少等优点，也具备 AAS 灵敏度高和选择性好的特点，弥补了 GC 检测器对金属不灵敏和 AAS 对同一元素的不同形态无法区分的缺陷。

4.6.1 工作原理

目前 AED 仪器由色谱仪、光谱仪、色谱仪和光谱仪之间的接口(包括等离子体放电管、微波发生器、谐振腔等)与数据采集及处理系统四部分组成，其原理是利用微波，在惰性气体内产生的电子反应来产生等离子体(包括电子、亚稳态原子和离子氖)，等离子体具有较高的电子温度(6 000 K)。从气相色谱分离的组分进入石英放电管，样品在高能等离子体中吸收能量发生化学键断裂，并使原子由基态跃迁到激发态，当激发态的原子失去能量回到基态时，发出特征波长的谱线，经光栅分光，用光电倍增管或二极管阵列接收信号。

在 AED 中，化学干扰和光谱干扰会降低选择性，导致检测灵敏度降低。化学干扰是由于等离子体中的杂质及被测元素与放电管壁发生反应所致。在等离子体气体中可能引起的干扰包括等离子体气体(Ar、He)中含有的少量空气及水蒸气，试剂气及共流出的其他元素等。等离子体中的各种杂质对各种元素的检测有不同程度的影响，尤其导致硫、卤素等发射强度的降低。但试验发现：加入 200～1 000 ppm 的氧气和氢气可得到好的光谱基线、选择性并使某些非金属元素的峰形得到改善。被测元素与放电管壁发生反应可以使碳沉积于管壁；硫随放电管温度升高，造成对管壁的严重腐蚀。光谱干扰是指在一定的波长下，不同元素之间的峰相互重叠，如在 181 nm 下，碳氢化合物的存在会干扰硫的测定，使硫的选择性和检测灵敏度降低，可通过选择合适的波长和操作条件，降低其他元素的干扰，其中波长的选择是关键，即使在检测过程中波长有0.025 nm 的波动，硫的测定误差将增加 6 倍。在目前商品化的仪器中，通过采用本底校正，实施多点背景检测，提高了被测元素的选择性和定量的准确度。

气相色谱-原子光谱联用技术广泛适用于环境及生物样品中极性差别不大，在一定的加热温度下有挥发性但热稳定、原子化温度较低的有机金属化合物，如烷基汞、硒、锡、锗和铅等的形态分析。若与新兴的样品前处理技术，如微波萃取、固相萃取、固相微萃取等联用，可大大缩短分析时间，使之更满足现代环境分析快速、准确的要求。但对于 Hg^{2+} 和饱和烷基汞、Se^{4+} 和饱和烷基硒这两类极性差别很大，以及砷化物这类不易挥发、热不稳定的化合物的分离测定，其使用还受到一定的限制。

4.6.2　应用实例

1. GC-AED 在石油产品分析中的应用

随着原油的重质化及重油的深度加工，油品中硫、氮、芳烃含量的增加，环境污染加重，尤其是硫除了造成空气污染，形成酸雨外，还将影响石油产品的稳定性，导致石油加工过程中的催化剂中毒等，硫的含量已引起了各国的普遍关注。在我国，由高硫原油生产优质石油产品的加工工艺在以前并无太多的研究，主要靠进口低硫原油或掺炼高硫原油来维持，因而急需研究和开发由高硫原油生产优质汽油和柴油的加工工艺。

研究开发加工工艺过程中，加氢脱硫步骤中，多环芳香含硫化合物，例如苯并噻吩和二苯并噻吩，是一类比较难除掉硫的化合物，此外，带有烷基取代基的苯并噻吩和二苯并噻吩类化合物更难以使硫脱去。Houalla 等曾报道 4-甲基二苯并噻吩和 4，6-二甲基二苯并噻吩的加氢脱硫速度远低于其他二苯并噻吩类化合物。通过研究石油及其加工产品中各种形态的硫化物的分布，可用于确定原油的催化加氢脱硫工艺以及加氢脱硫过程中的化学变化，其他脱硫方法的特点以及造成含硫油品在不同场合腐蚀的原因等。气相色谱是测定油品中各种硫化物含量和分布的最有效方法。AED 除具有高灵敏度、高选择性、对硫的线性响应及响应因子不随硫化物的种类变化而变化的优点外，还可通过多元素的同时检测，实现对复杂基质中各种化合物的定性以及样品中未知化合物的元素含量定量测定等，而引起石油工作者的重视。

由于 GC-AED 能提供被测组分中元素的组成和各种元素的含量，尤其是能提供未知化合物的各元素的含量，且不受基质的干扰，它将与 GC-MS、GC-FTIR 等技术配合，在有机化合物的结构测定和复杂体系中有机化合物的定量测定方面发挥作用。GC-AED 技术已引入阵列毛细管色谱中，在几秒到几十秒的时间内，实现了几种元素的同时测定。由于具有高的灵敏度和选择性，它可能在石油、化工、环境、药物、商检等领域的快速、痕量分析方面得到更加广泛的应用。并且 GC-AED 可以实现复杂基质中各种化合物的定性。通过测定各种元素的组成比，用于鉴定复杂基质中的色谱峰是否重叠，进一步可提供每个化合物的结构信息。AED已在石化领域鉴定各种石油的来源、汽油及其他馏分油中硫化物的分布，研究催化加氢工艺等方面发挥重要作用。

GC-AED用于含氧添加剂中氧的分析。对于氧化物含量低的汽油，选择进样量为1 μL；由于汽油中添加的氧化物量较高，在选用进样量为0.1 μL时，采用10 m×0.1 mm i. d.(苯基二甲基聚硅氧烷)的色谱柱，对目前汽油中常加的14种氧化物进行了分离，除叔丁醇和二异丙醚外，所有化合物均在1.5 min内得到了较好的分离。

2. 气相色谱-质谱与气相色谱-原子光谱联用分析多氯代邻羟基二苯醚类化合物

三氯新(2，4，4′-tricloro-2′-phenoxyphenylether)是多氯代邻羟基二苯醚类化合物中的一种，分子结构类似二噁英、多氯联苯。在光照或加热条件下，这类化合物易于形成二噁英，因此被称作二噁英前体化合物。二苯醚类化合物一直被广泛地用于杀虫剂、除菌剂。由于其在自然界中不易降解，又易在生物体内积累，所以，极易造成环境污染，危害人们健康。当前处理含氯的芳香化合物的主要方法有焚烧、催化氧化分解、生物降解、光降解及催化加氢等，其中多相催化加氢被认为是最有效和最绿色环保的处理有机卤代污染物的方法，HCl容易被分离和吸收，脱氯产物不形成二次污染。为评价催化剂的性能和明确反应机理，需要对反应过程中的产物进行定性和定量分析。三氯新在脱氯反应过程中会产生多种氯原子个数或位置不同邻羟基二苯醚类化合物。试验利用GC-MS与GC-AED联用技术，仅需要一种稳定内标物即可对所有过程产物作定性或定量分析。

本试验采用气相色谱-质谱(GC-MS)得到每一组分准确的分子式，利用GC-AED以正二十烷为内标物检测C元素(496 nm)，根据C的质量分数和分子组成进行定量分析。选择Cl(479 nm)和O(171 nm)通道，以三氯新为内标物对其他组分定量。不同检测通道和内标物所得定量结果基本一致。检测结果还对GC-MS解析其元素组成做补充说明。通过GC-MS和GC-AED联用对每一组分，尤其是对氯代邻羟基二苯醚同分异构体准确地定性和定量分析，建立了对复杂混合体系中难以全部获得标准样品的产物，尤其是含杂原子(Cl、Br、N、S、O、P)组分的分析方法。

试验所用色谱仪器HP 6890 GC-FID的色谱柱A为HP-5石英毛细管柱30 m×0.25 mm i. d.；HP 6890 GC-G 2350 AAED的色谱柱B为HP-5石英毛细管柱60 m×0.25 mm i. d.。

GC-FID条件：色谱柱A，柱温150 ℃(保持5 min)，3 ℃/min升温至250 ℃(保持20 min)，载气为氮气，恒压为0.1 MPa，分流比为40∶1，空气流量为300 mL/min，氮气和尾吹气流量均为30 mL/min，进样量为1 μL。

GC-AED条件：色谱柱B，程序升温条件不变，载气为氦气(纯度99.99%)，恒流为 1.0 mL/min，分流比为 20∶1；H_2 为 64.8 kPa，O_2 为 142.6 kPa，N_2 和甲烷为 297.2 kPa，尾吹气流量为 40 mL/min，溶剂放空 10 min。

用 GC-AED 定量分析三氯新脱氯反应所得的复杂混合产物，通过 C 通道(检测波长 496 nm)、Cl 通道(检测波长 479 nm)、O 通道(检测波长 171 nm)的选择性检测进行。GC-AED 可同时检测几个元素，所以 C(496 nm)和 Cl(479 nm)的选择性检测同时进行(吹扫气为 H_2 和 O_2)。在色谱图上同一物质的保留时间一致，与 O(171 nm)通道单一进行检测(吹扫气为氢气和辅助气)所得色谱的保留时间稍有差异(两次检测的反应气不同，压力会稍有差异)。利用 AED 定量的公式为：$m_i = m_s (A_i P_s / A_s P_i)$。式中，$m$ 代表组分的质量，A 代表峰面积，s 和 i 分别代表内标物和被检测组分，P 代表被检测元素在组分分子中的含量。

由于结构上的差异，每一种氯代邻羟基二苯醚类都有自己的校正因子，没有规律可循，只有得到了每一种标准品才能用 GC-FID 定量。由此可见，GC-AED 对这类含有复杂杂原子的、难以获得纯品的混合物在精确定量方面有很大的优势。从 GC-AED 选择检测通道 C(496 nm)、Cl(479 nm)和 O(171 nm)的色谱图(图 4-12～图 4-14)可知：Ⅰ(邻羟基二苯醚)分子中含有 C 和 O，Ⅲ、Ⅳ、Ⅴ、Ⅵ、Ⅶ、Ⅷ和Ⅸ(多氯代邻羟基二苯醚类)分子中含有 C、O 和 Cl 元素，进一步说明定性结果的准确性。

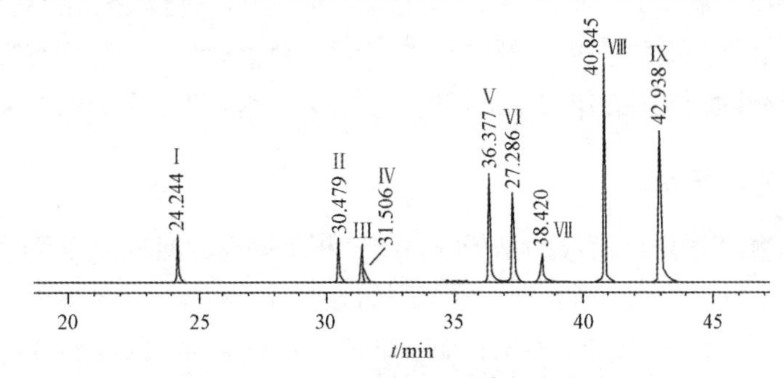

图 4-12　496 nm 检测通道 C 色谱图

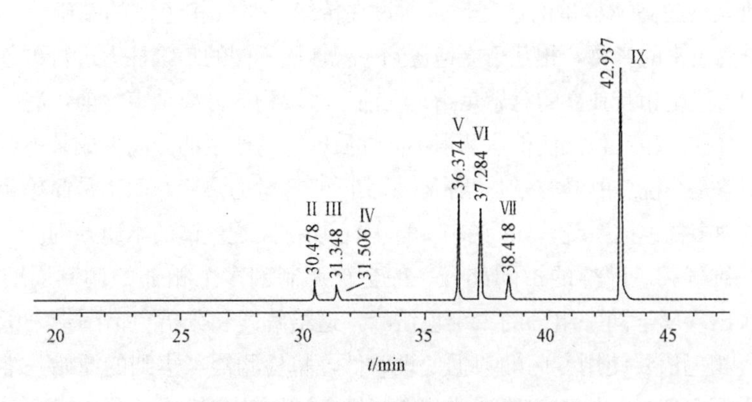

图 4-13　479 nm 检测通道 Cl 色谱图

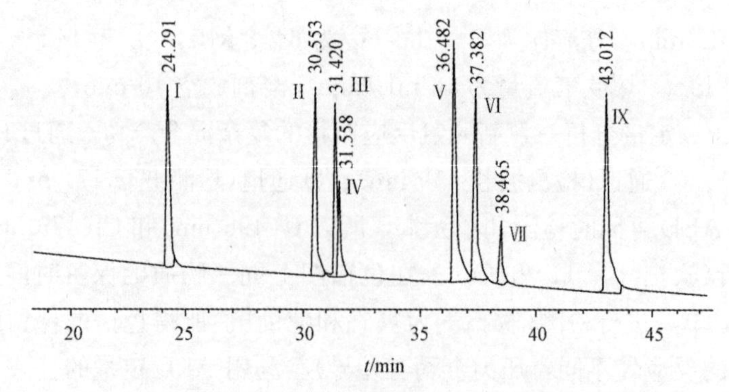

图 4-14　171 nm 检测通道 O 色谱图

4.7　全二维气相色谱

全二维气相色谱（comprehensive two-dimensional gas chromatography，GC-GC）是 20 世纪 90 年代在传统的一维气相色谱基础上发展起来的一种新的色谱分析技术。其主要原理是把分离机理不同而又互相独立的两根色谱柱以串联方式连接，中间装有一个调制器，经第一根柱子分离后的所有馏出物在调制器内进行浓缩聚集后以周期性的脉冲形式释放到第二根柱子里继续分离，最后进入色谱检测器。这样在第一维没有完全分开的组分（共馏出物）在第二维进行进一步分离，达到正交分离的效果。

4.7.1　工作原理

全二维气相色谱主要解决的是传统一维气相色谱在分离复杂样品时峰容量严重不足的问题。最新理论和试验证明，在相同的分析时间和检出限条件下，全二维的峰容量可以达到传统一维色谱的 10 倍；而一维色谱要获得同样的峰容量，理论上需要用到比目前长 100 倍的分离柱、高 10 倍的柱头压和多 1 000 倍的分析时间。

全二维实现超高峰容量的途径，是通过在传统一维气相色谱的基础上，将每一小段一维柱分离出来的产物，相互独立地送到一根性质不同的二维柱上进行再分离，该过程称为调制。这里相互独立的意思是指，在前一小段物质分离结束之前，后一小段物质不能进入二维柱。相互独立使得这两根不同性质的柱子产生的分离形成某种意义上的正交，其结果就是系统总的峰容量是两根柱子实际峰容量的乘积，而不是简单相加。这是全二维和其他多柱色谱系统，如简单串联或中心切割二维色谱的本质差别。

由于一维气相色谱峰的不同部分一般会被调制到多个相邻的调制周期里，检测器端会多次出现属于同一组分的二维色谱峰，这给解读和分析色谱图带来了困难，因此全二维气相色谱要使用专门的数据处理软件，将检测器采集到的原始一维性质的信号转化为方便解读的二维或三维形式。全二维色谱图的一维为总分析时间，其最小单位为一个调制周期；二维分析时间就是一个调制周期，最小单位为检测器每个数据点的采样时间。原始一维信号按调制周期折叠成二维矩阵的形式。由于相邻周期的色谱条件，如柱流量和柱温，一般不会发生急剧的变化，相邻周期属于同一组分的二维信号便在这个矩阵里聚集成一个连续的区域。在二维图里，信号的大小用等高线或不同的颜色来表示，每个组分所对应的区域便表现为一个二维的“斑点”；而如果用第三维来表示信号的大小，每个组分就表现为一个立体的“山峰”。

每个组分在全二维色谱图上要用一维保留时间和二维保留时间两个时间参数来描述，分别对应了该组分与性质不同的两根色谱柱固定相之间的相互作用，即两种独立的化学性质的强弱程度。在复杂样品里，其中一种化学性质相近的多个组分会在所对应的维度上具有相近的保留时间，因此同一类的组分会在全二维色谱图上相互靠近，形成族；而族与族之间的相对分离就构成了复杂样品的全二维指纹谱图。一般，全二维气相色谱比传统的一维气相色谱提供了样品更多维度和更深层次的化学信息。因此，全二维气相色谱在数据分析上也逐渐引入并同时促进了化学信息学的发展。

4.7.2　应用实例——二维气相色谱法测定有机磷农药和有机磷酸酯

目前，由于有机磷农药(OPPs)和有机磷酸酯(OPEs)的毒理学和生态毒理学，以及它们在环境中的广泛分布，引起了人们的广泛关注。通过对水、食物、室内灰尘和空气微粒的 OPPs 和 OPEs 的研究表明，OPPs 和 OPEs 对人类社会的影响是不可忽视的。现在，对它们的环境行为的评价主要采用分析化学的方法。在本例中采用二维气相色谱法对其进行光度分析。

气相色谱(GC)通常用于检测各种基质中 OPPs 和 OPEs 的痕量污染，因为大多数的含磷化合物都具有挥发性。通过氮磷(NPD)和火焰光度(FPD)分析显示出良好的选择性和灵敏度。并且，OPPs 和 OPEs 可能会在 NPD，特别是对 TBOEP 和三苯基磷氧化物进行跟踪，这种效应在全面的二维气相色谱检测法中加剧。相比之下，它们的峰值在 FPD 上更对称，后者对 NPD 具有类似的敏感性。质谱分析(MS)分离模式在 GC-MS 中提供了对样品中 OPPs 和 OPEs 的成分的有效确认。

试验方法：一份 1.0 mL 的煤油被放入一个小瓶中，用丙酮稀释到 10 mL。这 10%浓度的煤油溶液加入了 OPP 的标准混合物和进行了 GC-GC-FDP(P)分析。土壤样本是从农场和森林地区获得的。采用 30 mL/35%的水，经调整后的 pH 值为 3.0。在振动(30 min)和超声(15 min)后，样品以 2 800 r/min 的速率被离心 5 min。让上层清液通过一个玻璃纤维过滤器，并收集余下提取物。上述过程重复两次，将所有提取物混合，蒸发至 20 mL，再用超纯水稀释至 240 mL。农药被 3×10 mL 的乙酸乙酯洗去，混合后的洗脱物置于干燥处，再用 0.2 mL 丙酮和 1.8 mL 的正己烷进行重组。

在本应用中测试了 4 个不同的列。以氢(99.99%+纯度)作载体气体，恒压 40 psi，温度为 40 ℃，流速为 2.32 mL/min，在编程的温度梯度 40～150 ℃下，组分被洗脱。以 10 ℃/min 升温，然后以 5 ℃/min 升温到 270 ℃(保持 6.0 min)

采用 GC-FDP 对土壤样品进行分析，结果表明，在土壤中可以检测到 OPPs 和 OPEs，这表明在环境中存在含磷化合物。在柴油机检测中发现了良好的检测极限、重现性和令人满意的升压恢复，这是一个复杂的矩阵。在土壤样品中发现了几种 OPEs 和一种杀虫剂，二氮磷。研究表明，在复杂矩阵中，GC-GC 与选择性检测器 FPD 相结合具有极大的优势(图 4-15、图 4-16)。

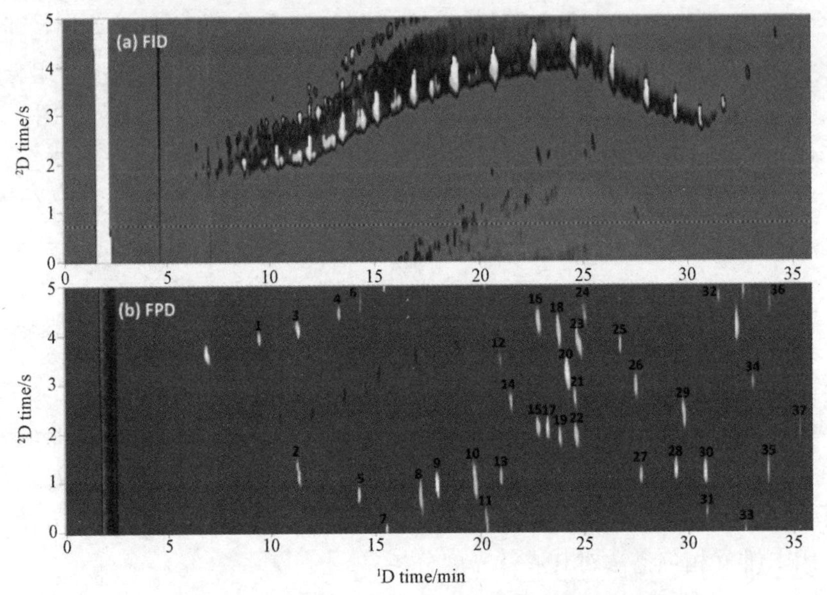

图 4-15　通过使用 FID 和 FPD 对样品分析比较图

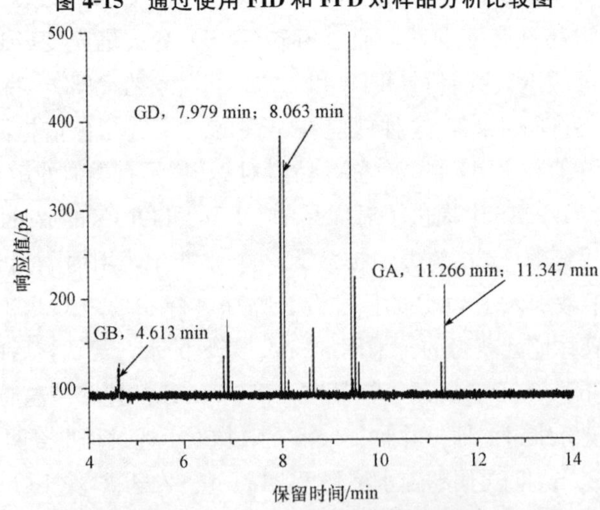

图 4-16　GC-GC-FDP 分析原始数据图

第 5 章　离子色谱分析方法

5.1　概　　述

5.1.1　离子色谱法简介

离子色谱法(IC)是色谱分离法的一种，是分析无机阴离子的首推和首选方法，是 20 世纪 70 年代发展起来的一项将分离和分析结合在一起的新的液相色谱分离技术，其固定相为离子交换树脂。自 1975 年商品化的离子色谱仪问世以来，离子色谱法已经从最初的常见无机阴离子的分析发展到多种无机和有机阴阳离子的分析。其具有灵敏度高、快速、选择性好、可分离气相色谱法无法分离的难挥发物质、可同时测定多组分等特点。

离子色谱法的分离机理主要是离子交换，有三种分离方式，它们是高效离子交换色谱(HPIC)、离子排斥色谱(HPIEC)和离子对色谱(MPIC)。用于三种分离方式的柱填料的树脂骨架基本都是苯乙烯-二乙烯基苯的共聚物，但树脂的离子交换功能基和容量各不相同。HPIC 用低容量的离子交换树脂，HPIEC 用高容量的树脂，MPIC 用不含离子交换基团的多孔树脂。三种分离方式各基于不同的分离机理。HPIC 的分离机理主要是离子交换，HPIEC 主要为离子排斥，而 MPIC 则主要基于吸附和离子对的形成。

1. 高效离子交换色谱法

高效离子交换色谱法应用离子交换的原理，采用低交换容量的离子交换树脂来分离离子，这在离子色谱法中应用最广泛，其主要填料为有机离子交换树脂，以苯乙烯-二乙烯基苯共聚体为骨架，在苯环上引入磺酸基，形成强酸型阳离子交换树脂，引入叔胺基而成季胺型强碱性阴离子交换树脂。此交换树脂具有大孔或薄壳型或多孔表面层型的物理结构，以便于快速达到交换平衡。离子交换树脂耐酸碱，可在任何 pH 值范围内使用，易再生处理，使用寿命长，缺点是机械强度差、易溶易胀、易受有机物污染。

硅质键合离子交换剂以硅胶为载体，将有离子交换基的有机硅烷与其表面的硅醇基反应，形成化学键合型离子交换剂，其特点是柱效高、交换平衡快、机械强度高，缺点是不耐酸碱、只宜在 pH 值为 2～8 时使用。

离子交换色谱分离方法是最常用的离子色谱法。李雪辉等将用阴离子交换分离柱、化学抑制模式、电导检测测定系列离子液体中 BF_4^- 阴离子及其他杂阴离子(F^-、Cl^-、Br^-)含量的方法，用于在线监控离子液体合成工艺中阴离子杂质含量，检测结果满意，样品的 RSD 小于 2.6%(n=6)。

2. 离子排斥色谱法

离子排斥色谱法主要根据 Donnon 膜排斥效应，电离组分受排斥不被保留，而弱酸则有一定保留的原理，用于分离有机酸以及无机含氧酸根，如硼酸根、碳酸根和硫酸根有机酸等。它主要以高交换容量的磺化 H 型阳离子交换树脂为填料，以稀盐酸为淋洗液。

郭德华等人用离子排斥色谱法实现了对果汁中 11 种有机酸(草酸、柠檬酸、酒石酸、苹果酸、抗坏血酸、乳酸、琥珀酸、甲酸、乙酸、戊二酸、富马酸)的分离测定。郜志峰等人以 2.0 mmol/L 对甲苯磺酸为淋洗液，用非抑制型电导检测离子排斥色谱法测定了马齿苋叶及茎中的柠檬酸、丙二酸、苹果酸、抗坏血酸、琥珀酸、反丁烯二酸和乙酸。

3. 离子对色谱法

1922 年人们发现用三氯甲烷可把盐酸溶液中的士的宁萃取出来。这是因为士的宁在盐酸溶液里生成的中性离子对具有疏水的特性，能溶于三氯甲烷。之后它逐渐发展成为一种新的分离技术，就是离子对萃取。至 20 世纪 70 年代中期，这项分离技术被引用到色谱分析方面，即在固定相上涂渍对离子，或直接将对离子加入流动相内，使与被分析的物质生成离子对，然后用分配色谱的方法进行分离。离子对色谱法的固定相为疏水型的中性填料，可用苯乙烯-二乙烯苯树脂或十八烷基硅胶(ODS)，也有的用 C8 硅胶或 CN。固定相、流动相由含有所谓对离子试剂和含适量有机溶剂的水溶液组成。对离子是指其电荷与待测离子相反，并能与之生成疏水性离子。对化合物的表面活性剂离子，用于阴离子分离的对离子是烷基胺类，如氢氧化四丁基铵、氢氧化十六烷基三甲烷等；用于阳离子分离的对离子是烷基磺酸类，如己烷磺酸钠、庚烷磺酸钠等。对离子的非极性端亲脂，极性端亲水，其 CH_2 键越长，则离子对化合物在固定相的保留越强。在极性流动相中，往往加入一些有机溶剂，以加快淋洗速度，此法主要用于疏水性阴离子以及金属络合物的分离，至于其分离机理则有三种不同的假说，即反相离子对分配、离子交换以及离子相互作用。

王华建等人建立了反相离子对色谱(RPIPC)与电感耦合等离子体质谱(ICP-

MS)联用技术快速分离测定水中痕量Cr(Ⅲ)和Cr(Ⅵ)的方法。

5.1.2　离子色谱的新发展

离子色谱的近代发展主要集中在对各部件的改进以提高灵敏度、选择性和增加应用范围上，特别是对新型分离柱和抑制器的研究。由于不使用复杂和有害化学试剂是现代抑制器发展的主要特点，所以近年来，淋洗液在线发生装置、自再生薄膜抑制器以及自动进样器的发明和利用大大简化了离子色谱分析，使离子色谱分析变得更加简便和迅速，也使离子色谱法成为免化学试剂方法，避免了给环境造成二次污染，成为一种清洁监测技术。迄今为止，能够在线产生的淋洗液有六种：LiOH、NaOH、KOH、K_2CO_3 和 $KHCO_3/K_2CO_3$ 以及MSA。离子色谱法的新技术主要为免试剂离子色谱(RFIC)及与其他检测器或仪器联用技术。

1. 免试剂离子色谱

近年来，离子色谱仪的一项重大突破是淋洗液在线发生器的研制成功和商品化，使得不用化学试剂只用水的免试剂离子色谱(RFIC)成为可能。RFIC不使用化学试剂，通过淋洗液在线发生器与自动再生抑制器结合，只需高纯水即可产生氢氧根，是一种绿色的分析技术。

此技术可以避免在进行色谱分析时遇到的手工操作及配置造成的检测误差，技术的基本原理是利用水的电解，在线产生淋洗液、电解水抑制所需的阳(阴)离子以及在线再生电解水完成捕获柱。RFIC的关键部件为再生抑制器(SRS)、淋洗液发生器(EG)和连续再生离子捕获柱(CR-TC)。

SRS是利用电解水产生的氢离子和氢氧根离子，无须外加再生液(酸或碱)，在电场和阳离子交换膜的共同作用下达到抑制目的。其抑制容量大，可做梯度淋洗，死体积小，基线稳定，噪声小，结构简单，操作方便，无须维修。EG是通过电解水产生氢氧根或氢离子，与淋洗液罐中的钾离子(阴离子系统)或甲磺酸根 $CH_3SO_3^-$(阳离子系统)形成KOH或 CH_3SO_3H 成为淋洗液。这种方法很容易实现梯度淋洗，减少了氢氧根因空气中二氧化碳干扰使基线不稳、背景改变的情况，同时所产生的氢氧化钾浓度可以通过电流进行控制，产生的氢氧化钾浓度与电流成正比，与淋洗液流速成反比。CR-TC可以自动在线连续去除淋洗液和水中痕量干扰物质。

2. 联用技术

随着离子色谱法的广泛应用，离子色谱的检测技术已由单一的化学抑制型电导法发展为包括电化学、光化学和与其他多种分析仪器联用的方法，如抑制电导检测法、直接电导检测法、紫外吸收光度法、柱后衍生光度法、电化学法与元素选择性检测器联用法。

5.1.3 离子色谱检测系统

1. 简介

IC系统的构成与HPLC相同，仪器由流动相传送部分、分离柱、检测器和数据处理系统4个部分组成，在需要抑制背景电导的情况下通常还配有MSM或类似抑制器。其主要不同之处是IC的流动相要求耐酸碱腐蚀以及有在可与水互溶的有机溶剂(如乙腈、甲醇和丙酮等)中不溶胀的系统。因此，凡是流动相通过的管道、阀门、泵、柱子及接头等均不宜用不锈钢材料，而是用耐酸碱腐蚀的PEEK材料。离子色谱最重要的部件是分离柱。柱管材料应是惰性的，一般均在室温下使用。高效柱和特殊性能分离柱的研制成功，是离子色谱迅速发展的关键。

2. 检测方法

离子色谱的检测器分为两大类，即电化学检测器和光化学检测器。电化学检测器包括电导、直流安培、脉冲安培和积分安培，光化学检测器包括紫外-可见分光光度和荧光光度检测器。

5.2 无机阴离子的检测

5.2.1 硼酸盐的测定

硼酸是弱酸，用HPIC直接测定灵敏度不高。将硼酸富集在Amberlite XE-243树脂上，再与10%HF反应生成BF_4^-。该方法的检出限为50 ppb，测定范围为0.05～500 ppm，标准偏差为0.5%～2.6%。改进的方法是直接用HPICE柱分离，用辛烷磺酸作为淋洗液或用0.1 mol/L甘露醇糖/0.001 mol/L HCl作为淋洗液。该方法的检出限为30 ppb，省去了将样品制备成BF_4^-的步骤。

5.2.2 二氧化硅的测定

测定低浓度SiO_2(<1 ppm)的常用方法是硅钼蓝比色法，但该方法费时而且易受干扰。用离子色谱法测定SiO_2时，可先使SiO_2与HF反应生成H_2SiF_6，之后再进行测定。检出限为10 ppb，测定范围为0.010～20 ppm。

用非抑制型电导检测器离子色谱法测定天然水中的硅酸，其色谱条件为：Tsk-gel IC-Anion-PW分离柱，0.5 mmol/L KOH作为淋洗液，100 μL进样体积。F^-、Mg^{2+}和Ca^{2+}干扰硅酸的测定中，加入硼酸到样品溶液中与F^-生成络合物

(BF_4^-)可消除F^-的干扰，用H^+型强酸性阳离子交换树脂处理样品可除去Mg^{2+}和Ca^{2+}的干扰；检出限为22 ppb，测定范围为0.1～2.5 ppm。

5.2.3　痕量NO_3^-的测定

在很多领域中都需要进行NO_3^-的常规检测。例如，游泳池水中的NO_3^-危害人的健康，必须经常进行测定。用离子交换分离和抑制型电导检测器测定NO_3^-是离子色谱法中通用的成熟方法，但不能测定游泳池水中的NO_3^-，因为游泳池水中所含较高浓度的ClO_3^-，对树脂的亲和力与NO_3^-相似。解决这个问题的方法有两种：一种是改用对NO_3^-灵敏而对ClO_3^-不灵敏的UV检测器；另一种是改用MPIC分离方式，NO_3^-和ClO_3^-可得到很好的分离。

5.2.4　化学试剂中痕量杂质的测定

离子色谱法可用于无机或有机试剂中痕量杂质的测定。在这些检测中，为了提供较大的柱容量，避免由于大的基体成分引起柱子超负荷，用两根分离柱串联使用。

甲醇中无机污染物的测定：甲醇是一种很重要的化工原料，应用很广，可用以生产许多有用的化工产品，如甲醛、乙酸等。要检测的主要污染物是Cl^-，因为甚至低到ppb级的Cl^-也会引起反应器和生产管路的腐蚀，而且Cl^-会使有机合成的催化剂中毒。电子工业中也要用高纯度的甲醇。

离子色谱法能迅速而灵敏地测定甲醇中的Cl^-。样品不需任何前处理或富集步骤，可直接进入IC系统中。为了得到适当的灵敏度，常加大进样量(800 μL)，当用碱性的水溶液作为淋洗液时，进样后由于引入较大量的甲醇，会导致分离柱的再平衡，引起基线漂移和出现假峰。用20/80(V/V)的甲醇/去离子水混合液代替单纯的去离子水来配制淋洗液，可基本消除上述现象。

硫化镉中Cl^-的测定须将样品溶于1∶1的淋洗液(0.003 mol/L $NaHCO_3$/0.001 8 mol/L $NaCO_3$)和过氧化氢(30%溶液)中，直接进样。

对50%的NaOH溶液中痕量阴离子污染物的测定用HPIC-AS6阴离子分离柱，20.0 mmol/L 4-氰酚/40.0 mmol/L NaOH作为淋洗液，由于淋洗液的浓度较大，须选用具有高交换容量的微膜抑制柱。此法能同时测定Cl^-、NO_3^-、SO_4^{2-}、PO_4^{3-}、$C_2O_4^{2-}$、ClO_3^-和NO_2^-等阴离子。色谱中还可观察到CO_3^{2-}峰，但它紧靠水负峰后，使其检测的准确度受到影响，不能用于要求精密度高的定量分析。

5.2.5　CN^-和S^{2-}的测定

用湿化学方法测定痕量CN^-和S^{2-}时，干扰和金属络合物的存在常使问题十分复杂，通常需要预分离消除卤素、SCN^-和$S_2O_3^{2-}$等离子的干扰，以及CN^-和S^{2-}之间的相互干扰。

将空气中的HCN采集在碱性水溶液中，使之水解生成甲酸，然后用Dionex AS3阴离子分离柱，0.005 0 mol/L $Na_2B_4O_7 \cdot H_2O$作为淋洗液，抑制型电导检测器进行测定，但方法的灵敏度较低，为ppm数量级。

用14.7 mmol/L乙二胺/10 mmol/L NaH_2BO_3/1.0 mmol/L Na_2CO_3作为淋洗液，AS2或AS3阴离子分离柱，安培检测器，可同时直接测定ppb级的CN^-和S^{2-}。水样中HS^-不稳定(尤其是含HS^-量低的水样)，采样时需加NaOH至0.005 mol/L，并尽快测定。

5.2.6 痕量I^-的测定

痕量I^-是人的身体和智力发育必需的微量元素。I^-在甲状腺激素的合成中是很重要的，这种激素能控制人体新陈代谢的速度，防止甲状腺肿。人体碘化物的一般来源是加碘食盐和海产食物，碘也存在于海水中，因此是试剂NaCl的主要污染成分之一。

多年来碘的测定一直是个重要的分析化学问题。用中子活化法可以很好地测定碘，但这种方法不能用于常规的质量控制，而且费用昂贵。较普通的方法是间接光度法，利用碘对砷酸还原硫酸高铈的催化效应来定量。但样品需要做前处理，而且在某些基体中方法的可靠性欠佳。用离子色谱法测定碘十分迅速，不需要前处理。

碘对阴离子交换树脂的保留性很强，须用强淋洗液(0.008 mol/L Na_2CO_3)和短柱才能正常地洗脱，但常出现不对称峰，难以进行定量。改进的方法有两种：其一是用新型阴离子分离柱HPIC-AS5。I^-的疏水性很强，在阴离子交换柱的保留除了离子交换之外，吸附起很大作用。HPIC-AS5柱较AS2柱亲水性强，这样就可用0.002 8 mol/L $NaHCO_3$/0.002 3 mol/L Na_2CO_3作为淋洗液洗脱I^-。其二是用MPIC柱，2 mmol/L TBAOH/1 mmol/L Na_2CO_3/20%乙腈作为淋洗液，抑制型电导检测器，可满意地测定ppm级碘。

5.2.7 三价砷和五价砷的测定

测定高浓度$FeCl_3$(0.1～2.0 mol/L)和HCl(0.1～1.0 mol/L)沥滤液中痕量As(Ⅲ)和As(Ⅴ)是很困难的。在沥滤液中从As(Ⅲ)变成As(Ⅴ)的反应很复杂，但它们在湿法冶金中又很重要。因此，需要一个精密测定在$FeCl_3$-HCl沥滤液中As(Ⅲ)和As(Ⅴ)的方法。在测定之前，先使样品通过一个H^+型阳离子交换树脂柱，除去样品中大量的铁离子。色谱分离条件为：HPIC-AS3柱，3.5 mmol/L

Na_2CO_3/1.0 mmol/L NaOH 作为淋洗液，抑制型电导检测器。由于亚砷酸(H_3AsO_3)是很弱的酸，对电导检测器的响应值很低，因此色谱条件测定样品中的砷酸根(注意：包括正五价砷的所有阴离子，即 $H_2AsO_4^-$、$HAsO_4^{2-}$)和 AsO_4^{3-}，再用王水将 As(Ⅲ)氧化成 As(Ⅴ)，用相同的色谱条件测定总的 As(Ⅴ)，用差减法计算样品中三价砷的含量。方法的检出限为 0.5 ppm As。用这种方法，在分离除去铁离子之前不做稀释，因此样品中 As(Ⅲ)和 As(Ⅴ)的比例不会发生改变，而且 H^+ 型柱将铁除去后，在沥滤液中不会再发生 $FeCl_2$ 对 As(Ⅴ)的氧化以及 $FeCl_3$ 对 As(Ⅲ)的还原反应。因此本法对含 $FeCl_3$ 的沥滤液中三价砷到五价砷的氧化机理研究是非常有用的。

5.2.8　多价阴离子和其他阴离子的检测

多价阴离子对离子交换树脂有很强的亲和力，因此要用很强的淋洗液才能洗脱。测定多价离子的方法有两种：第一种是以 0.004 mol/L HCl/0.025 mol/L Zn^{2+} 作为淋洗液，用抑制型电导检测器进行检测。第二种是用一种专门的柱子(HPIC-AS7)和 0.03 mol/L HNO_3 作为淋洗液，以及用 $Fe(NO_3)_3$ 作为柱后反应试剂，用紫外分光检测器，在波长 330 nm 处测定，这种方法能测定的多价离子包括 EDTA、NTA 和一些多聚磷酸盐。多聚磷酸盐离子的电荷数在 4～10 之间，不易被洗脱，用高酸度的淋洗液(pH 值＝5)抑制其离解可使多聚磷酸盐或磷酸盐部分质子化而加速其洗脱。

在自然界中，矿泉水、矿坑水中的硫元素常被氧化成各种形态的含氧酸。在选矿工业、造纸工业和微生物工程中均要求分析各种形态硫的含氧化合物。离子色谱法较好地解决了这些化合物的分离和测定。S_2^{2-}、SO_3^{2-}、SO_4^{2-} 和 $S_2O_3^{2-}$ 可用阴离子交换柱进行分离，S_2^{2-} 用电化学法，SO_3^{2-}、SO_4^{2-} 和 $S_2O_3^{2-}$ 用抑制电导法进行检测。多聚硫酸盐 $S_nO_6^{2-}$ 不能直接用阴离子交换柱分离，需另取一份试样加入 NaCN，使其转化为 SCN^- 和 $S_2O_3^{2-}$，然后再用离子色谱法测 SCN^- 和 $S_2O_3^{2-}$。用此法可同时测定多聚硫酸盐含量及聚合度。

5.3　无机阳离子的检测

5.3.1　碱金属和碱土金属的测定

分析阳离子的分离机理、抑制原理与阴离子分析的相似，分离柱、抑制器和淋洗液不同。与阴离子分离柱相同，阳离子交换剂也用乳胶和接枝两种树脂。乳胶型的离子交换功能基团主要是磺酸基，这种强酸型磺酸功能基阳离子交换剂对氢离子的选择性不高，对一价碱金属和二价碱土金属离子的亲和力不同，二价的碱土金属对磺酸型阳离子交换树脂的亲和力大于一价碱金属离子，因此在磺酸型阳离子柱上不采用梯度洗脱，很难通过一次进样同时分离碱金属和碱土金属离子。阴离子交换色谱中，淋洗液的类型和浓度主要由是否用抑制器来决定，而阳离子交换色谱中，这种先决条件不是必需的。对碱金属的分离，常用的淋洗液是矿物酸，如 HCl 或 HNO_3，常用的浓度为 2～4 mmol/L。用矿物酸难以洗脱对磺酸型离子交换树脂亲和力强的碱金属离子，增加矿物酸浓度的方法不能用于碱土金属离子的分离，因为在无化学抑制的系统中，若淋洗液浓度太大，会导致高的背景电导，降低用电导检测碱土金属离子的灵敏度。在用化学抑制器的系统中，淋洗液的背景电导也不能减低到要求值。为了有效地洗脱二价的碱金属离子，应选用二价的淋洗离子，如二氨基丙酸(DAP)、组氨酸、乙二酸、柠檬酸等。

离子色谱测定的一价阳离子除了碱金属 Li^+、Na^+、K^+、Rb^+、Cs^+之外，还包括 $NH_4{}^+$、$NH_2(C_2H_5)_2$、$NH_2(CH_3)_2$、$N(CH_3)$、$NH_2C_2H_5$、$NH(C_2H_5)_2$、$N(C_2H_5)_3$ 和 $N^+(CH_3)_4$。Mg^{2+}、Ca^{2+}、Sr^{2+}、Ba^{2+} 的灵敏度相差很大，其中 Mg^{2+} 的灵敏度比 Ba^{2+} 大 20 倍左右。对 Ba^{2+} 含量较低的样品可在仪器的设置上做些补偿，如在煤飞灰标样(NBS-1633a)的分析中，为了在一次选样中同时得到 Mg^{2+}、Ca^{2+} 和 Ba^{2+} 三个测定结果，设置双笔记录仪的一支笔在高灵敏度挡。分离碱金属和碱土金属离子须用不同的淋洗液。碱金属为一价阳离子，用一价阳离子 H^+ 淋洗。碱土金属是二价阳离子，最好用二价阳离子淋洗。

5.3.2 重金属和过渡金属的检测

随着仪器、色谱柱和检测器的改进，离子色谱测定阳离子的范围已扩大到过渡金属。

测定过渡金属的主要手段是原子吸收和高频电感耦合等离子体发射光谱法。与这两种方法相比较，用离子色谱法测定过渡金属的优点是：能测定金属离子的不同价态、金属离子络合物以及在强酸、强碱和高盐含量基体中的过渡金属。此外，离子色谱所需费用较低，并能与上述二者联用，作为其检测器以提高灵敏度和选择性。

1. 金属离子价态分析

在一次进样中测定金属离子的不同价态是离子色谱法的优点。例如，用 DionexMPIC-NS1 分离柱，以 2 mmol/LTBAOH/40%CH_3CN/0.02 mmol/LNa_2CO_3 作为淋洗液和抑制电导检测器分离和测定 Au(Ⅰ)与 Au(Ⅱ)。用 HPIC-CS5 柱，4

mmol/L PDCA/2 mmol/L Na_2CO_3/15 mmol/L NaCl(用 LiOH 调 pH 值至 4.8)作为淋洗液，以及柱后反应器 PAR 作为反应试剂和可见分光检测器测定 Fe(Ⅲ)和 Fe(Ⅱ)。用 HPIC-CS5 分离柱，0.3 mmol/L HCl 作为淋洗液，1 mol/L NH_4OH/2×10^{-4}mol/L PAR(用 LiOH 调 pH 值为 4.7)作为柱后反应试剂，以可见分光检测器测定 Sn(Ⅳ)和 Sn(Ⅱ)。

2. 金属络合物的测定

许多金属离子能与 CN^- 或 EDTA 形成络合物，可用离子色谱测定。金属氰化物在 HPIC 柱上强保留不易洗脱，而在 MPIC 柱上，以 2 mmol/L TBAOH/0.02 mmol/L Na_2CO_3/40% CH_3CN 作为淋洗液淋洗，用抑制型电导检测器，则可分离和检测 $Fe(CN)_6{}^{3-}$、$Fe(CN)_6{}^{4-}$、$Au(CN)_2{}^-$、$Au(CN)_4{}^-$ 和 $Co(CN)_4{}^-$，检出限<1 ppm，也可以分离 Ni、Co 和 Ag 的氰化物络合物。

3. 高含盐量样品的分析

测定高含盐量样品中的痕量金属离子是一个常见的分析问题。在原子吸收光谱法中，由于氯化钠的分子吸收，在大量氯化钠存在时，产生严重的光谱干扰，以致采用背景扣除技术都不能完全消除这种干扰。离子色谱法用基体消除技术可直接测定海水和盐水中痕量金属离子。

4. 复杂基体中痕量金属的测定

有的复杂样品由于其中某些成分的光谱干扰，使所含痕量金属的分析非常困难。解决的方法为：改变淋洗液成分以改变其选择性和采用基体消除技术来消除干扰，例如在镀镍槽中痕量金属的测定中，由于样品含高浓度的镍(>1 000 ppm)，如果用 PDCA 淋洗，则 Ni^{2+} 的洗脱峰在其他过渡金属离子的中间，使这些金属离子的测定受到严重的干扰。克服干扰的办法是在柱后反应试剂 PAR 中加入三乙胺来抑制 Ni^{2+} 与 PAR 的反应，这样就可在大量镍存在下直接测定 Pb^{2+}、Cu^{2+}、Zn^{2+} 等。

5. 镧系元素的测定

阴离子交换和阳离子交换两种分离方式均能很好地分离镧系元素。1979 年，Cassidy 等首次发表了用硅胶阳离子交换柱，用 α-羟基丁酸(HIBA)作为淋洗液分离镧系元素的文章。镧系元素作为三价阳离子，它们的理化性质非常接近，容易水解。因此，一般的阳离子交换色谱不能得到满意的结果。然而镧系元素的络合行为存在差异，为快速有效地分离它们，梯度淋洗技术是必需的。例如，在 IonPac CS3 磺酸型分离柱上，α-羟基丁酸作为现行梯度淋洗，洗脱顺序从 Lu 到 La，柱后与 PAR 反应，光度法检测。若用阴离子交换分离，洗脱顺序与阳离子交换相反。在阴离子交换分离中用草酸和二甘醇酸作为淋洗液。对地质样品中镧系元素的测定，大量过渡金属和重金属共洗脱。基于重金属元素和镧系元素与PDCA的不同络合行为，重金属和过渡金属与PDCA生成一价和二价阴离子配合物，而镧系元素与PDCA形成三价阴离子配合物。因此，过渡金属和重金属被PDCA洗脱，镧系元素保留在柱子上端。待过渡金属和重金属离子洗脱之后，继续用草酸和二甘醇酸淋洗镧系元素。这种方法可以一次进样同时分离和检测过渡金属和镧系元素。

5.4 有机阳离子、阴离子的测定

离子色谱法在早期是为了解决无机离子，特别是无机阴离子的测定问题而发展起来的。而IC中所用的高效离子交换分离柱和电导检测器，同样是分析有机化合物的重要手段。当前，高效液相色谱法(HPIC)仍是分析各种有机化合物最适宜的色谱方法，但是对于那些具有较强酸性或较强碱性又无紫外吸收的有机化合物，用IC分析更为适宜。IC技术中发展了高效离子交接柱、离子排斥柱、可动相色谱柱，并引入了紫外-可见分光光度、荧光光度、脉冲安培等检测器。IC技术已进入许多传统的HPIC分析领域。例如，在糖、氨基酸以及DNA和RNA水解裂片的分析中，IC获得了很大的成功。

5.4.1 胺类化合物的测定

用离子色谱法可以较好地解决许多痕量胺的测定问题，可以用阳离子交换或流动相色谱方式分离胺，采用电导和紫外-可见分光光度法进行检测。对于几种生物代谢生成的胺，用OPA衍生物-荧光光度检测法，可达到更高的灵敏度。

阳离子色谱法能分析C4以下的一元伯、仲叔胺和季铵盐，以及羟基胺、吡啶、吗啉和环己胺等，所用的淋洗液为1～20 mmol/L的强酸(HNO_3或HCl)。对于乙二胺等二元胺，应用4 mmol/L HCl、2.5 mmol/L $ZnCl_2$作为淋洗液。

抑制电导检测法能容许使用较高浓度的淋洗液，获得低的本底电导值，适于进行ppb级的痕量胺分析。单柱阳离子色谱法除能分析低碳胺外，还能测一些微离解的含氮化合物，如羟基胺、肼等。

阳离子色谱法已用于大气中胺的监测和河水中季铵离子的测定。某些鱼体内存在四甲基季铵盐，会造成食物中毒，用离子色谱法可以同时测定鱼体浸出液中胆碱和四甲基季铵盐。锅炉水和核反应堆用水中常加入环己胺、吗啉等胺作为防腐剂，以防止CO_2对设备和元件的腐蚀。离子色谱法已用于监测冷凝水、锅炉放出水中痕量胺和肼，有效地控制水质特性。

5.4.2　有机酸的测定

离子色谱法是分析各种羧酸及取代羧酸(以下统称为有机酸)的一种极为有效的方法。有机酸的分析可以用阴离子交换法、离子排斥色谱法、流动相色谱法和反相色谱法。对于复杂的试样分析，可以将上述各分离法进行组合，如 ICE-IC 法等。电导检测、电化学检测和紫外-可见分光光度检测为各种分离法提供了非常灵敏的检测手段。用抑制电导-阴离子色谱法分析有机酸时，采用附聚型薄壳阴离子交换树脂柱，根据有机酸的性质选择不同强度的淋洗液。对于一元羧酸，用 2～20 mmol/L $Na_2B_4O_7$ 或 0.15 mmol/L $NaHCO_3$ 水溶液作为淋洗液；对于二元或多元有机酸及分子量较高的一元有机酸，应选用较强的淋洗液，例如总离子强度为 8～22 mmol/L 的 Na_2CO_3/NaOH 或 Na_2CO_3/$NaHCO_3$ 的缓冲溶液均是常用的淋洗液。在此条件下可同时检测无机阴离子，并可串联紫外光度检测器以增加分析的选择性。抑制电导法对有机酸的检测有较高的灵敏度，如与阴离子交换柱组合，可以很容易地检测 ppb 级的有机酸。

单柱阴离子色谱法同样可以成功地用于微量有机酸的分析。用硅质键合型阴离子交换柱，以 1 mmol/L 邻苯二甲酸盐(pH 值约为 4)作为淋洗液可分析多种有机酸。该法已用于酒类、葡萄糖注射液和大气中羧酸的分析。对于二元有机酸及分子量较大的有机酸，宜用柠檬酸盐或磷酸盐作为淋洗液。单柱阴离子色谱法的检出限仍可达 0.1～0.05 ppm。

离子排斥色谱法适用于复杂试样中有机酸的分析。这种方法具有以下优点：能分离无机强酸和有机酸，能同时测定一元酸和多元酸以及柱填料不易中毒。因此，本法已用于生理液体、发酵液、食品和饮料中有机酸的分析。

用离子排斥色谱柱分析有机酸时，若采用 1～10 mmol/L HCl 作为淋洗液，则用阴离子型阳离子交换树脂抑制柱。用烷基磺酸作为淋洗液时，可用纤维膜抑制柱。

5.4.3　糖类的分析

糖是人类和牲畜的主要食物之一，是许多工业部门的重要原料。近年来它在生命过程中的作用在生物医学和生物化学中越来越受到重视。因此，糖的分析也成为分析化学中较为重要的方面。糖类化合物是一种多元羟基醛或酮，可分为单糖、低聚糖、多糖。低聚糖和多糖水解后即得单糖。低聚糖和多糖所含单糖的单元数称为聚合度，或简称为 DP 值。

碳水化合物是弱酸，在 pH 值＞12 时部分以阴离子形式存在。Stefansson 等用含有疏水季铵盐反离子的强碱性流动相以及聚合物固定相或 Hypercarb PGC 柱分离了碳水化合物。离子对试剂十二烷基乙基溴化铵、十六烷基三甲基溴化铵和壬基三甲基溴化铵通过与 Ag_2O 混合以及用二氯甲烷萃取被转变成氢氧化物形式。糖、糖酸、氨基糖和低聚糖可用这些离子对试剂、PS/DVB 柱或 Hypercarb PGC 柱分离。调节分离效率和选择性的重要参数是反离子的性质与浓度、流动相的 pH 值(氢氧化物浓度)和柱温。低聚糖在这些色谱系统中的保留性较强。在流动相中加入有机改进剂会对脉冲安培检测造成干扰。由于其他阴离子对离子对形成产生竞争效应，因此在流动相中加入阴离子可减小溶质保留。

采用反相离子对色谱可以简单、灵敏地测定 4′-差向异构的尿苷二磷酸糖。与离子交换色谱相比，离子对色谱在灵敏度、分离效率方面更具优势。试验表明，十八烷基三甲基溴化铵(OCTA)、十六烷基三甲基溴化铵(HEXA)或十四烷基溴化铵(TETRA)都可在硼酸盐存在下作为离子对试剂。但要对相同的离子产生类似的保留，这几种离子对试剂的浓度顺序应是 OCTA＜HEXA＜TETRA。在试验的离子对试剂的浓度范围内，OCTA 或 HEXA 浓度的增加将导致尿苷二磷酸糖的 k' 值线性增加，而在使用 TETRA 的情况下，获得的是一条双曲线。分离受到 BO_3^{3-} 顺式二醇反应能力的影响，形成的是带有不同电荷的尿苷二磷酸糖－BO_3^{3-}－配合物，很容易实现所有 4′-差向异构的尿苷二磷酸糖的迅速分离。

5.4.4 氨基酸的测定

氨基酸是形成蛋白质的基石，现在已分离出来的氨基酸将近百种。但是主要的蛋白质由 20 种氨基酸组成。蛋白质在浓盐酸中加热相当长时间后，即能分解成氨基酸混合物。

分析水解后生成的氨基酸，不仅是研究蛋白质化学的有效方法，而且已成为现代医学、临床化验、卫生防疫、制药、食品、饲料、农业等部门必不可少的检验或质量控制的手段。氨基酸的分析是现代液相色谱法应用十分广泛的一个实例，已进行了数百万次的分析，至今仍然是极为活跃的分析研究课题，已有许多氨基酸分析仪供应市场。用阳离子交换柱和柠檬酸盐缓冲液做梯度淋洗是最通用的分析氨基酸的方法。近年来用反相色谱法分离氨基酸亦获得很大成功。各种分析方法普遍采用 OPA 柱后或柱前衍生物-荧光光度检测法进行鉴定。

离子色谱技术提供了一种快速的氨基酸分析方法。其主要特点是采用了薄壳离子交换柱和非金属化流路系统。其有以下优点：

(1)能用阳离子交换和阴离子交换两种色谱法进行分离，提高了分析一些难分离的对氨基酸的选择性。

(2)采用低浓度强酸或强碱作为淋洗液，避免了柠檬酸盐淋洗液带来的盐结晶析出、管路阻塞等问题的发生。

(3)色谱柱易清洗和去污。

(4)采用阶段淋洗，只需在柱前设置时控制开关的转换阀即可，不需要复杂的连续梯度装置。

(5)分析速度快，包括再生在内的分析时间少于 30 min。

(6)可在室温下进行分析。用四段淋洗的全部分析时间为 25 min。

5.4.5　核碱、核苷和核苷酸的测定

核酸(RNA)或脱氧核酸(DNA)是控制生命现象的重要物质，因此它们是现代生物化学研究最广泛的课题。二者均是核苷酸聚合而成的大分子。核苷酸是由一个杂环碱基和一个核糖或脱氧核糖结合成的核苷，通过核糖中的羟基与磷酸形成酸性磷酸酯。分析 RNA 或 DNA 部分水解或完全水解后的产物核碱、核苷和核苷酸，是核酸化学研究的重要手段，也是某些疾病诊断和化学疗法疗效判断的重要方法，因此成为 HPLC 重要的应用领域。

Naikwadi 等发展了分析核碱、核苷和核苷酸的离子色谱方法。采用高效阴离子交换柱，用碳酸盐或磷酸盐缓冲液作为淋洗液进行分离，用抑制电导和紫外光度双检测器检测。用碳酸盐作为淋洗液时，电导检测器能同时测定无机阴离子和核苷酸，而紫外可见分光光度检测器对无机阴离子无响应，对核苷酸具有更高的灵敏度。这两种检测器的组合，适用于进行复杂样品的分析。用磷酸盐缓冲液作为淋洗液可以得到更佳的分离，在 48 min 内分离 17 种核碱、核苷和核苷酸。这种离子色谱法与 HPLC 方法比较具有三个突出特点：

(1)阴离子交换树脂允许在 pH 值 1～14 范围内进行淋洗。

(2)使用低浓度的淋洗液，降低了分析费用，避免了由于使用高浓度淋洗液带来的不便。

(3)适于进行复杂样品中无机离子的同时测定。

第 6 章　液相色谱及其联用技术

6.1　液相色谱概述

6.1.1　液相色谱分析技术的发展

20 世纪初，俄国植物学家茨维特(M. S. Tswett)在华沙大学研究植物色素的过程中，将有色植物叶子的石油醚提取物，倾注到一根填入粉末吸附剂(如碳酸钙)的玻璃管内，然后用纯净的石油醚洗脱，植物叶子中的几种色素在玻璃管内的粉末吸附剂上形成了几种颜色的色带，茨维特将这种色带称为“色谱”，从此，这类方法均称为色谱法。而液相色谱法就是用液体作为流动相的色谱法。

当前广泛应用的高效液相色谱法是在 20 世纪 60 年代末期，在经典液相色谱法和气相色谱法的基础上发展起来的新型分离分析技术，微粒固定相的使用成为提高柱效的重要手段。随着微粒固定相的研制成功，液相色谱仪制造商成功制造出高压输液泵和高灵敏度的检测器，现代高效液相色谱法也由此得到蓬勃发展。

高效液相色谱法使用了全多孔微粒固定相，装填在小口径、短不锈钢柱内，流动相通过高压输液泵进入色谱柱。由于填料颗粒微小，所以表现为较高的柱反压，溶质在固定相的传播和扩散速度大大加快，从而在短时间内获得高柱效和高分离度。

高效液相色谱法主要可应用于分析高沸点不易挥发的、受热不稳定易分解的、分子量大的、不同极性的有机化合物；生物活性物质和多种天然产物；合成的和天然的高分子化合物等。它们涉及石油化工产品、食品、合成药物、生物化工产品及环境污染物等，约占全部有机化合物的 80%。

随着液相色谱填料的粒度由粗逐渐变细，柱效不断提高，流动相通过色谱柱的柱压也不断提高，由最早使用 40～100 μm 填料的低、中压液相色谱，发展到使用 3 ～5 μm 填料的高效(压)液相色谱，而目前超高效(压)液相色谱用的填料已在 2 μm 以下。

随着液相色谱填料的种类不断增多，出现了不同分离模式的液相色谱分析技术，如正相色谱、反相色谱、亲水色谱、疏水色谱、离子交换色谱、体积排阻色谱、亲和色谱等。分离模式不断增加，也使得液相色谱分析技术的应用领域越来越广，成为目前应用最广的现代分析分离技术。

6.1.2　常用液相色谱分析技术和应用范围

现代分析测试常用的液相色谱分析技术是高效液相色谱，包括超高效液相色谱(ultra high performance liquid chromatography，UHPLC)、离子色谱(ion chromatography，IC)、凝胶色谱(gel permeation chromatography，GPC)和薄层色谱(thin layer chromatography，TLC)等。以下对这几种液相色谱分析技术及其主要应用范围做简单介绍。

高效液相色谱(HPLC，包括 UHPLC)是目前应用最多、应用范围最广的液相色谱分析技术，它可以有多种分离模式，主要有正相、反相、亲水、疏水等，可用于各类小分子有机化合物及蛋白质和多肽的分离及分析。

离子色谱(IC)是以离子交换为分离模式的一种液相色谱分离技术，主要用于在水溶液中可形成离子的化合物的分离及分析。

凝胶色谱(GPC)是以分子大小为分离模式的一种液相色谱分析技术，主要用于高分子化合物和生物大分子的分离及分析。用于高分子化合物分离及分析的凝胶是不同孔径交联的聚苯乙烯树脂，可分离分子量几千到几百万道尔顿(Dalton)的高分子化合物，称为凝胶渗透色谱；而用于生物大分子分离和分析的是低交联度的聚合物(如葡聚糖)，它们在有机溶剂中会溶胀，只能分离和分析水溶性大分子，称为凝胶过滤色谱。

薄层色谱(TLC)是将液相色谱的固定相，即液相色谱填料，在加入一定的胶粘剂后涂布在支持载体(玻璃片、铝箔、塑料片等)上，形成固定相的薄层，将欲分离、分析的样品点涂在该薄层上，然后将此薄层板放入已加入展开剂(相当于液相色谱的流动相)的 TLC 专用展开槽内展开，样品中的不同组分在薄层板上移动的距离不一样，得到分离。将展开的薄层板显色后放到薄层扫描仪上进行扫描，即可得到相应的色谱图，由此可进行定性、定量分析。

6.2　液相色谱基础知识

6.2.1　液相色谱常用术语及定义

在色谱文献中所用的术语不太统一，本书以国家标准气相和液相色谱术语为准，并参照 IUPAC 1998 年公布的解释加以说明。

固定相：在色谱分离中固定不动、对样品产生保留的一相，即柱色谱或平板色谱中既起分离作用又不移动的那一相。液相色谱中的固定相为各种键合型的硅胶小球，离子交换色谱中的固定相为各种离子交换剂，排阻色谱中的固定相为各种不同类型的凝胶等。固定相的选择对样品的分离起着重要的作用，有时甚至是决定性的作用。

流动相：色谱过程中携带待测组分向前移动的物质称为流动相。待测组分在流动相与固定相之间处于平衡状态，并随流动相向前移动。液相色谱中的流动相是液体。

梯度洗脱：在液相色谱的同一个分析周期中，按一定程序不断改变流动相的浓度配比，称为梯度洗脱。梯度洗脱可以使一个复杂样品中性质差异较大的组分按各自适宜的保留因子(又称容量因子)k 达到良好的分离目的。梯度洗脱的优点是：①缩短分析周期；②提高分离能力；③峰形得到改善，减少拖尾；④增加灵敏度。但梯度洗脱有时可引起基线漂移，此时就不可以使用。

保留值：在液相色谱分析时，当仪器的操作条件保持不变时，任一物质的色谱峰总是在色谱图上固定的位置出现，即有一定的保留值，通常用保留时间、保留体积来表示。在薄层色谱分析时，保留值通常以移动距离来表示。

保留时间 t_R：组分从进样到出现峰最大值时所需的时间。

死时间 t_M：不被固定相滞留的组分从进样到出现峰最大值时所需的时间。

调整保留时间：减去死时间的保留时间。

保留体积：组分从进样到出现峰最大值时所需的流动相体积。

死体积：不被固定相滞留的组分从进样到出现峰最大值时所需的流动相体积。

调整保留体积：减去死体积的保留体积。

移动距离：薄层色谱展开后，组分距离点样点的距离。

比移值：组分移动距离与流动相移动距离之比。

峰底：从峰的起点到终点之间的连接直线。

峰高：从峰高最大值到峰底的距离。

峰宽：在峰两侧拐点处所作切线与峰底相交两点间的距离。

半高峰宽：通过峰高的中点作平行于峰底的直线，此直线于峰两侧相交两点间的距离。

峰面积：峰与峰底之间的面积。

拖尾峰：后沿较前沿平缓的不对称峰。

前伸峰：前沿较后沿平缓的不对称峰。

假峰：并非由试样所产生的峰。

基线：在正常操作条件下仅有流动相通过监测系统时产生的响应值信号的曲线。

基线漂移：基线随时间定向的缓慢变化。

基线噪声：由于各种因素所引起的基线波动。

响应值：组分通过检测器系统所产生的信号值。

灵敏度：通过检测器的物质量变化 ΔQ 时响应信号的变化率。

$$S=\Delta R/\Delta Q$$

检出限：随单位体积的流动相或在单位时间内进入检测器的组分所产生的信号等于基线噪声三倍时的量。

$$D=3N/S$$

式中：S 为灵敏度；N 为基线噪声。

柱效(能)：色谱柱在色谱分离过程中主要由动力学因素(操作参数)所决定的分离效能。通常用理论塔板数、理论塔板高度或有效板数来表示。

(1)理论塔板数 n：表示柱效(能)的物质量。

$$n=5.54\left(\frac{t_R}{W_{h/2}}\right)^2=16\left(\frac{t_R}{W}\right)^2$$

式中：t_R 为某一组分的保留时间，min；$W_{h/2}$、W 分别为该组分的半峰宽和峰宽。

(2)理论塔板高度(H)：单位理论塔板的长度。

$$H=\frac{L}{n}$$

式中：n 为理论板数；L 为柱长。

(3)有效塔板数 n_{eff}。

$$n_{eff}=5.54\left(\frac{t'_R}{W_{h/2}}\right)^2=16\left(\frac{t'_R}{W}\right)^2$$

式中：t'_R为某一组分的保留时间，min；$W_{h/2}$、W 分别为该组分的半峰宽和峰宽。

分离度：两个相邻色谱峰的分离程度，以两个组分的保留值之差与其平均峰宽值之比表示。

$$R=2\left(\frac{t_{R_2}-t_{R_1}}{W_1+W_2}\right)$$

式中：t_{R_1}、t_{R_2} 分别为峰 1、峰 2 的保留时间，min；W_1、W_2 分别为峰 1、峰 2 的峰宽。

保留因子(又称容量因子)k：在平衡状态时，组分在固定相与流动相中的质量比。

$$k=K\frac{V_1}{V_m}=\frac{K}{\beta}=\frac{t'_R}{t_M}$$

式中：K 为分配系数；V_1 为柱内固定相体积，mL；V_m 为柱内流动相体积，mL；β 为相比率，柱中流动相与固定相体积之比 $\beta=V_m/V_1$；t'_R 为调整保留时间，min；t_M 为死时间，min。

6.2.2 液相色谱基本原理

高效液相色谱法按分离机制的不同分为液固色谱法、液液色谱法（正相与反相）、离子交换色谱法、离子对色谱法及分子排阻色谱法。

1. 液固色谱法

使用固体吸附剂，被分离组分在色谱柱上的分离原理是根据固定相对组分吸附力的大小不同而分离。分离过程是一个吸附—解吸附的平衡过程。常用的吸附剂为硅胶或氧化铝，粒度 5～10 μm。适用于分离分子量为 200～1 000 的组分，大多数用于非离子型化合物，离子型化合物易产生拖尾。常用于分离同分异构体。

2. 液液色谱法

使用将特定的液态物质涂于担体表面，或化学键合于担体表面而形成的固定相，分离原理是根据被分离的组分在流动相和固定相中溶解度不同而分离。分离过程是一个分配平衡过程。

涂布式固定相应具有良好的惰性；流动相必须预先用固定相饱和，以减少固定相从担体表面流失；温度的变化和不同批号流动相的区别常引起柱子的变化；另外，在流动相中存在的固定相也使样品的分离和富集复杂化。由于涂布式固定相很难避免固定液流失，现在已很少采用。现在多采用的是化学键合固定相，如 C18、C8、氨基柱、氰基柱和苯基柱。

液液色谱法按固定相和流动相的极性不同可分为正相色谱法（NPC）和反相色谱法（RPC）。

(1)正相色谱法。采用极性固定相（如聚乙二醇、氨基与腈基键合相）；流动相为相对非极性的疏水性溶剂（烷烃类如正已烷、环己烷），常加入乙醇、异丙醇、四氢呋喃、三氯甲烷等以调节组分的保留时间。常用于分离中等极性和极性较强的化合物（如酚类、胺类、羰基类及氨基酸类等）。

(2)反相色谱法。一般用非极性固定相（如 C18、C8）；流动相为水或缓冲液，常加入甲醇、乙腈、异丙醇、丙酮、四氢呋喃等与水互溶的有机溶剂以调节保留时间。适用于分离非极性和极性较弱的化合物。RPC 在现代液相色谱中应用最为广泛，据统计，它占整个 HPLC 应用的 80%左右。

随着柱填料的快速发展，反相色谱法的应用范围逐渐扩大，现已应用于某些无机样品或易解离样品的分析。为控制样品在分析过程中的解离，常用缓冲液控制流动相的 pH 值。但需要注意的是，C18 和 C8 使用的 pH 值通常为 2.5～7.5(2～8)，太高的 pH 值会使硅胶溶解，太低的 pH 值会使键合的烷基脱落。有报告显示，新商品柱可在 pH 值 1.5～10 范围内操作。正相色谱法与反相色谱法比较见表 6-1。

表 6-1　正相色谱法与反相色谱法比较

方法	正相色谱法	反相色谱法
固定相极性	高～中	中～低
流动相极性	低～中	中～高
组分洗脱次序	极性小先洗出	极性大先洗出

从表 6-1 可看出，当极性为中等时正相色谱法与反相色谱法没有明显的界限(如氨基键合固定相)。

3. 离子交换色谱法

固定相是离子交换树脂，常用苯乙烯与二乙烯基苯交联形成的聚合物骨架，在表面末端芳环上接上羧基、磺酸基(阳离子交换树脂)或季氨基(阴离子交换树脂)。被分离组分在色谱柱上的分离原理是树脂上可电离离子与流动相中具有相同电荷的离子及被测组分的离子进行可逆交换，根据各离子与离子交换基团具有不同的电荷吸引力而分离。

缓冲液常用作离子交换色谱的流动相。被分离组分在离子交换柱中的保留时间除跟组分离子与树脂上的离子交换基团作用强弱有关外，还受流动相的 pH 值和离子强度影响。pH 值可改变化合物的离解程度，进而影响其与固定相的作用。流动相的盐浓度大，则离子强度高，不利于样品的解离，导致样品较快流出。

离子交换色谱法主要用于分析有机酸、氨基酸、多肽及核酸。

4. 离子对色谱法

离子对色谱法又称偶离子色谱法，是液液色谱法的分支。它是根据被测组分离子与离子对试剂离子形成中性的离子对化合物后，在非极性固定相中溶解度增大，从而使其分离效果改善，主要用于分析离子强度大的酸碱物质。

分析碱性物质常用的离子对试剂为烷基磺酸盐，如戊烷磺酸钠、辛烷磺酸钠等。另外，高氯酸、三氟乙酸也可与多种碱性样品形成很强的离子对。

分析酸性物质常用四丁基季铵盐，如四丁基溴化铵、四丁基铵磷酸盐。

离子对色谱法常用 ODS 柱(即 C18)，流动相为甲醇-水或乙腈-水，水中加入 3～10 mmol/L 的离子对试剂，在一定的 pH 值范围内进行分离。被测组分保留时间与离子对性质、浓度、流动相组成及其 pH 值、离子强度有关。

5. 分子排阻色谱法

固定相是有一定孔径的多孔性填料，流动相是可以溶解样品的溶剂。小分子量的化合物可以进入孔中，滞留时间长；大分子量的化合物不能进入孔中，直接随流动相流出。它利用分子筛对分子量大小不同的各组分排阻能力的差异而完成分离。其常用于分离高分子化合物，如组织提取物、多肽、蛋白质、核酸等。

6.3 高效液相色谱系统

高效液相色谱系统一般由输液泵、进样器、色谱柱、检测器、数据记录及处理装置等组成。其中输液泵、色谱柱、检测器是关键部件。有的仪器还有梯度洗脱装置、在线脱气机、自动进样器、预柱或保护柱、柱温控制器等，现代 HPLC 仪还有微机控制系统，能进行自动化仪器控制和数据处理。制备型 HPLC 仪还备有自动馏分收集装置。

高效液相色谱法(HPLC)具有以下特点：

(1)分离效能高。由于新型高效微粒固定相填料的使用，液相色谱柱的柱效可达到 $5\times10^{3}\sim3\times10^{4}$ m(理论塔板数)。

(2)选择性高。由于液相色谱柱具有高柱效，并且流动相可以控制和改善分离过程的选择性，因此，高效液相色谱法不仅可以分析不同类型的有机化合物及其同分异构体，还可以分析在性质上极为相似的光学异构体，并已在各种合成药物和生化药物的生产控制分析中发挥了重要作用。

(3)检测灵敏度高。在高效液相色谱法中使用的检测器多具有较高的灵敏度。如被广泛应用的紫外吸收检测器，最小检出量可达 10^{-9} g；用于痕量分析的荧光检测器，最小检出量可达 10^{-12} g。近年来随着质谱检测器的引入，检出限甚至可达到 ppt 级。

(4)分析速度快。由于高压输液泵的使用，分析时间大大缩短，完成一个样品分析时间仅需几分钟到几十分钟。近几年超高效液相色谱的推广使用，更进一步将分析时间减少至十分钟以内。

高效液相色谱法除具有以上特点外，应用范围正日益扩展。由于它使用了非破坏性检测器，样品被分析后，在大多数情况下，可以通过去除流动相来实现样品的回收和纯化制备。

最早的液相色谱仪由粗糙的高压泵、低效的柱、固定波长的检测器、绘图仪组成，绘出峰后通过手工测量计算峰面积。后来的高压泵精度很高并可编程进行梯度洗脱；柱填料从单一品种发展至几百种类型；检测器从单波长检测器至可变波长检测器、可得三维色谱图的二极管阵列检测器、可确证物质结构的质谱检测器；数据处理不再用绘图仪，取而代之的是最简单的积分仪、计算机、工作站及网络处理系统。

目前常见的 HPLC 仪生产厂家国外有 Waters 公司、Agilent 公司(原 HP 公司)、岛津公司等，国内有大连依利特公司、上海分析仪器厂、北京分析仪器厂等。

6.3.1　输液泵

1. 泵的构造和性能

输液泵是 HPLC 系统中最重要的部件之一。泵的性能好坏直接影响到整个系统的质量和分析结果的可靠性。输液泵应具备如下性能：①流量稳定，其 RSD <0.5%，这对定性、定量的准确性至关重要；②流量范围宽，分析型应在 0.1～10 mL/min 范围内连续可调，制备型应能达到 100 mL/min；③输出压力高，一般应能达到 150～300 kg/cm^2；④液缸容积小；⑤密封性能好，耐腐蚀。

泵的种类很多，按输液性质可分为恒流泵和恒压泵。恒流泵按结构可分为螺旋注射泵、柱塞往复泵和隔膜往复泵。恒压泵受柱阻影响，流量不稳定；螺旋泵缸体太大，这两种泵已被淘汰。目前应用最多的是柱塞往复泵。

柱塞往复泵的液缸容积小，可至 0.1 mL，因此易于清洗和更换流动相，特别适合于再循环和梯度洗脱；改变电机转速能方便地调节流量，流量不受柱阻影响；泵压可达 400 kg/cm^2。其主要缺点是输出的脉冲性较大，现多采用双泵系统来克服。双泵按连接方式可分为并联式和串联式，一般说来并联泵的流量重现性较好(RSD 为 0.1%左右，串联泵为 0.2%～0.3%)，但出故障的机会较多(因多一个单向阀)，价格也较贵。

2. 泵的使用和维护注意事项

为了延长泵的使用寿命和维持其输液的稳定性，必须按照下列注意事项进行操作：

(1)防止任何固体微粒进入泵体，因为尘埃或其他任何杂质微粒都会磨损柱塞、密封环、缸体和单向阀，因此应预先除去流动相中的任何固体微粒。流动相最好在玻璃容器内蒸馏，常用的方法是滤过，可采用 Millipore 滤膜(0.2 μm 或 0.45 μm)等滤器。泵的入口都应连接砂滤棒(或片)。输液泵的滤器应经常清洗或更换。

(2)流动相不应含有任何腐蚀性物质，含有缓冲液的流动相不应保留在泵内，尤其是在停泵过夜或更长时间的情况下。如果将含缓冲液的流动相留在泵内，由于蒸发或泄漏，甚至只是由于溶液的静置，就可能析出盐的微细晶体，这些晶体将和上述固体微粒一样损坏密封环和柱塞等。因此，必须泵入纯水将泵充分清洗后，再换成适合于色谱柱保存和有利于泵维护的溶剂(对于反相键合硅胶固定相，可以是甲醇或甲醇-水)。

(3)泵工作时要留心防止溶剂瓶内的流动相被用完，否则空泵运转也会磨损柱塞、缸体或密封环，最终产生漏液。

(4)输液泵的工作压力决不要超过规定的最高压力，否则会使高压密封环变形，产生漏液。

(5)流动相应该先脱气，以免在泵内产生气泡，影响流量的稳定性，如果有大量气泡，泵就无法正常工作。

如果输液泵产生故障，须查明原因，采取相应的措施排除故障。

(1)没有流动相流出，又无压力指示。原因可能是泵内有大量气体，这时可打开泄压阀，使泵在较大流量(如 5 mL/min)下运转，将气泡排尽，也可用一个 50 mL 针筒在泵出口处帮助抽出气体。另一个可能的原因是密封环磨损，需更换。

(2)压力和流量不稳。原因可能是有气泡，需要排出；或者是单向阀内有异物，可卸下单向阀，浸入丙酮内超声清洗。有时可能是砂滤棒内有气泡，或被盐的微细晶粒或滋生的微生物部分堵塞，这时，可卸下砂滤棒浸入流动相内超声除气泡，或将砂滤棒浸入稀酸(如 4 mol/L 硝酸)内迅速除去微生物，或将盐溶解，再立即清洗。

(3)压力过高的原因是管路被堵塞，需要清除和清洗。压力降低的原因则可能是管路有泄漏。检查堵塞或泄漏时应逐段进行。

3. 梯度洗脱

HPLC 有等度(isocratic)洗脱和梯度(gradient)洗脱两种方式。等度洗脱是在同一分析周期内流动相组成保持恒定，适合于组分数目较少、性质差别不大的样品。梯度洗脱是在一个分析周期内程序控制流动相的组成，如溶剂的极性、离子强度和 pH 值等，用于分析组分数目多、性质差异较大的复杂样品。采用梯度洗脱可以缩短分析时间，提高分离度，改善峰形，提高检测灵敏度，但是常常引起基线漂移和降低重现性。

梯度洗脱有两种实现方式：低压梯度(外梯度)和高压梯度(内梯度)。

两种溶剂组成的梯度洗脱可按任意程度混合，即有多种洗脱曲线：线性梯度、凹形梯度、凸形梯度和阶梯形梯度。线性梯度最常用，尤其适合在反相柱上使用。

在进行梯度洗脱时，由于多种溶剂混合，而且组成不断变化，因此带来一些特殊问题，必须充分重视：

(1)要注意溶剂的互溶性，不相混溶的溶剂不能用作梯度洗脱的流动相。有些溶剂在一定比例内混溶，超出范围后就不互溶，使用时更要引起注意。当有机溶剂和缓冲液混合时，还可能析出盐的晶体，尤其是使用磷酸盐时需特别小心。

(2)梯度洗脱所用的溶剂纯度要求更高，以保证良好的重现性。进行样品分析前必须进行空白梯度洗脱，以辨认溶剂杂质峰，因为弱溶剂中的杂质富集在色谱柱头后会被强溶剂洗脱下来。用于梯度洗脱的溶剂需彻底脱气，以防止混合时产生气泡。

(3)混合溶剂的黏度常随组成变化而变化，因而在梯度洗脱时常出现压力的变化。例如，甲醇和水黏度都较小，当二者以相近的比例混合时黏度增大很多，此时的柱压大约是甲醇或水为流动相时的两倍。因此要注意防止梯度洗脱过程中压力超过输液泵或色谱柱能承受的最大压力。

(4)每次梯度洗脱之后必须对色谱柱进行再生处理，使其恢复到初始状态。需让10～30 倍柱容积的初始流动相流经色谱柱，使固定相与初始流动相达到完全平衡。

6.3.2　进样器

早期使用隔膜和停流进样器，装在色谱柱入口处。现在大都使用六通进样阀或自动进样器。进样装置要求：密封性好，死体积小，重复性好，保证中心进样，进样时对色谱系统的压力、流量影响小。HPLC 进样方式可分为隔膜进样、停流进样、阀进样、自动进样。

1. 隔膜进样

用微量注射器将样品注入专门设计的与色谱柱相连的进样头内，可把样品直接送到柱头填充床的中心，死体积几乎等于零，可以获得最佳的柱效，且价格便宜，操作方便。但不能在高压下使用(如 10 MPa 以上)；此外，隔膜容易吸附样品产生记忆效应，使进样重复性只能达到 1%～2%；加之能耐各种溶剂的橡皮不易找到，常规分析使用受到限制。

2. 停流进样

可避免在高压下进样。但缺点是：在 HPLC 中由于隔膜的污染，停泵或重新启动时往往会出现“鬼峰”；保留时间不准。在以峰的始末信号控制馏分收集的制备色谱中，效果较好。

3. 阀进样

一般 HPLC 分析常用六通进样阀(以美国 Rheodyne 公司的 7725 和 7725i 型最常见)，其关键部件由圆形密封垫(转子)和固定底座(定子)组成。由于阀接头和连接管死体积的存在，柱效率低于隔膜进样(下降 5%～10%)，但耐高压(35～40 MPa)，进样量准确，重复性好(0.5%)，操作方便。

六通阀的进样方式有部分装液法和完全装液法两种。①用部分装液法进样时，进样量应不大于定量环体积的50%(最多75%)，并要求每次进样体积准确、相同。此法进样的准确度和重复性决定于注射器取样的熟练程度，而且易产生由进样引起的峰展宽。②用完全装液法进样时，进样量应不小于定量环体积的5～10倍(最少3倍)，这样才能完全置换定量环内的流动相，消除管壁效应，确保进样的准确度及重复性。

六通阀使用和维护注意事项：①样品溶液进样前必须用0.45 μm滤膜过滤，以减少微粒对进样阀的磨损。②转动阀芯时不能太慢，更不能停留在中间位置，否则流动相受阻，使泵内压力剧增，甚至超过泵的最大压力；再转到进样位时，过高的压力将使柱头损坏。③为防止缓冲盐和样品残留在进样阀中，每次分析结束后应冲洗进样阀。通常可用水冲洗，或先用能溶解样品的溶剂冲洗，再用水冲洗。

4. 自动进样

用于大量样品的常规分析。

6.3.3 色谱柱

色谱是一种分离分析手段，分离是核心，因此担负分离作用的色谱柱是色谱系统的心脏。对色谱柱的要求是柱效高、选择性好、分析速度快等。市售的用于HPLC的各种微粒填料如多孔硅胶以及以硅胶为基质的键合相、氧化铝、有机聚合物微球(包括离子交换树脂)、多孔碳等，其粒度一般为3 μm、5 μm、7 μm、10 μm等，柱效理论值可达5万～16万/m。对于一般的分析只需5 000塔板数的柱效；对于同系物分析，只要500即可；对于较难分离物质则可采用高达2万的柱效，因此一般10～30 cm的柱长就能满足复杂混合物分析的需要。

柱效受柱内外因素影响，为使色谱柱达到最佳效率，除柱外死体积要小外，还要有合理的柱结构(尽可能减少填充床以外的死体积)及装填技术。即使最好的装填技术，在柱中心部位和沿管壁部位的填充情况总是不一样的，靠近管壁的部位比较疏松，易产生沟流，流速较快，影响冲洗剂的流形，使谱带加宽，这就是管壁效应。这种管壁区大约是从管壁向内算起30倍粒径的厚度。在一般的液相色谱系统中，柱外效应对柱效的影响远远大于管壁效应。

1. 柱的构造

色谱柱由柱管、压帽、卡套(密封环)、筛板(滤片)、接头、螺钉等组成。柱管多用不锈钢制成，压力不高于70 kg/cm^2 时，也可采用厚壁玻璃或石英管，管内壁要求有很高的光洁度。为提高柱效，减小管壁效应，不锈钢柱内壁多经过抛光。也有人在不锈钢柱内壁涂敷氟塑料以提高内壁的光洁度，其效果与抛光相同。还有使用熔融硅或玻璃衬里的，用于细管柱。色谱柱两端的柱接头内装有筛板，是烧结不锈钢或钛合金，孔径 0.2～20 μm(5～10 μm)，取决于填料粒度，目的是防止填料漏出。

色谱柱按用途可分为分析型和制备型两类，尺寸规格也不同：①常规分析柱(常量柱)，内径 2～5 mm(常用 4.6 mm，国内有 4 mm 和 5 mm)，柱长 10～30 cm；②窄径柱[narrow bore，又称细管径柱、半微柱(semi-microcolumn)]，内径 1～2 mm，柱长 10～20 cm；③毛细管柱[又称微柱(microcolumn)]，内径 0.2～0.5 mm；④半制备柱，内径>5 mm；⑤实验室制备柱，内径 20～40 mm，柱长 10～30 cm；⑥生产制备柱，内径可达几十厘米。柱内径一般是根据柱长、填料粒径和折合流速来确定的，目的是避免管壁效应。

2. 柱的发展方向

因强调分析速度而发展出短柱，柱长 3～10 cm，填料粒径 2～3 μm。为提高分析灵敏度，与质谱(MS)连接，而发展出窄径柱、毛细管柱和内径小于 0.2 mm 的微径柱(microbore)。细管径柱的优点是：①节省流动相；②灵敏度增加；③样品量少；④能使用长柱达到高分离度；⑤容易控制柱温；⑥易于实现 LC-MS 联用。

但由于柱体积越来越小，柱外效应的影响就更加显著，需要更小池体积的检测器(甚至采用柱上检测)、更小死体积的柱接头和连接部件。配套使用的设备应具备如下性能：输液泵能精密输出 1～100 μL/min 的低流量，进样阀能准确、重复地进样微小体积的样品。且因上样量小，要求高灵敏度的检测器，电化学检测器和质谱仪在这方面具有突出优点。

3. 柱的填充和性能评价

色谱柱的性能除了与固定相性能有关外，还与填充技术有关。在正常条件下，填料粒度>20 μm 时，干法填充制备柱较为合适；颗粒<20 μm 时，湿法填充较为理想。填充方法一般有 4 种：①高压匀浆法，多用于分析柱和小规模制备柱的填充；②径向加压法，Waters 专利；③轴向加压法，主要用于装填大直径柱；④干法。柱填充的技术性很强，大多数实验室使用已填充好的商品柱。

必须指出，高效液相色谱柱的获得，装填技术是重要环节，但根本问题还在于填料本身性能的优劣，以及配套的色谱仪系统的结构是否合理。

无论是自己装填的还是购买的色谱柱，使用前都要对其性能进行考察，使用期间或放置一段时间后也要重新检查。柱性能指标包括在一定试验条件下(样品、流动相、流速、温度)的柱压、理论塔板高度和塔板数、对称因子、容量因子和选择性因子的重复性或分离度。一般来说，容量因子和选择性因子的重复性在±5%或±10%以内。进行柱效比较时，还要注意柱外效应是否有变化。

一份合格的色谱柱评价报告应给出柱的基本参数，如柱长、内径、填料的种类、粒度、色谱柱的柱效、不对称度和柱压降等。

4. 柱的使用和维护注意事项

色谱柱的正确使用和维护十分重要，稍有不慎就会降低柱效、缩短使用寿命甚至损坏。在色谱操作过程中，需要注意下列问题，以维护色谱柱：

(1)避免压力和温度的急剧变化及任何机械震动。温度的突然变化或者使色谱柱从高处掉下都会影响柱内的填充状况；柱压的突然升高或降低也会冲动柱内填料，因此在调节流速时应该缓慢进行，在阀进样时阀的转动不能过缓(如前所述)。

(2)应逐渐改变溶剂的组成，特别是反相色谱中，不应直接从有机溶剂改变为全部是水，反之亦然。

(3)一般来说，色谱柱不能反冲，只有生产者指明该柱可以反冲时，才可以反冲除去留在柱头的杂质，否则反冲会迅速降低柱效。

(4)选择使用适宜的流动相(尤其是 pH 值)，以避免固定相被破坏。有时可以在进样器前面连接一预柱，分析柱是键合硅胶时，预柱为硅胶，可使流动相在进入分析柱之前预先被硅胶“饱和”，避免分析柱中的硅胶基质被溶解。

(5)避免将基质复杂的样品尤其是生物样品直接注入柱内，需要对样品进行预处理或者在进样器和色谱柱之间连接一保护柱。保护柱一般是填有相似固定相的短柱。保护柱可以而且应该经常更换。

(6)经常用强溶剂冲洗色谱柱，清除保留在柱内的杂质。在进行清洗时，对流路系统中流动相的置换应以相混溶的溶剂逐渐过渡，每种流动相的体积应是柱体积的 20 倍左右，即常规分析需要 50～75 mL。

阳离子交换柱可用稀酸缓冲液冲洗，阴离子交换柱可用稀碱缓冲液冲洗，除去交换性能强的盐，然后用水、甲醇、二氯甲烷(除去吸附在固定相表面的有机物)、甲醇、水依次冲洗。

(7)保存色谱柱时应将柱内充满乙腈或甲醇，柱接头要拧紧，防止溶剂挥发干燥。绝对禁止将缓冲溶液留在柱内静置过夜或更长时间。

(8)色谱柱使用过程中，如果压力升高，一种可能是烧结滤片被堵塞，这时应更换滤片或将其取出进行清洗；另一种可能是大分子进入柱内，使柱头被污染；如果柱效降低或色谱峰变形，则可能因为柱头出现塌陷，死体积增大。在后两种情况发生时，小心拧开柱接头，用洁净钢将柱头填料取出 1～2 mm 高度(注意把被污染填料取净)再把柱内填料整平，然后用适当溶剂湿润的固定相(与柱内相同)填满色谱柱，压平，再拧紧柱接头。这样处理后柱效能得到改善，但是很难恢复到新柱的水平。

柱子失效通常是柱端部分，在分析柱前装一根与分析柱相同固定相的短柱(5～30 mm)，可以起到保护、延长柱寿命的作用。采用保护柱会损失一定的柱效，但这是值得的。

通常色谱柱寿命在正确使用时可达 2 年以上。以硅胶为基质的填料，只能在 pH 值 2～9 范围内使用。柱子使用一段时间后，可能有一些吸附作用强的物质保留于柱顶，特别是一些有色物质更易看清被吸着在柱顶的填料上。新的色谱柱在使用一段时间后柱顶填料可能塌陷，使柱效下降，这时也可补加填料使柱效恢复。

每次工作完后，最好用洗脱能力强的洗脱液冲洗，例如 ODS 柱宜用甲醇冲洗至基线平衡。当采用盐缓冲溶液作为流动相时，使用完后应用无盐流动相冲洗。含卤族元素（氟、氯、溴）的化合物可能会腐蚀不锈钢管道，不宜长期与之接触。装在 HPLC 仪上的柱子如不经常使用，应每隔 4～5 d 开机冲洗 15 min。

6.3.4　检测器

检测器是 HPLC 仪的三大关键部件之一。其作用是把洗脱液中组分的量转变为电信号。HPLC 仪的检测器要求灵敏度高、噪声低（即对温度、流量等外界变化不敏感）、线性范围宽、重复性好和适用范围广。

1. 分类

（1）按原理可分为光学检测器（如紫外、荧光、示差折光、蒸发光散射）、热学检测器（如吸附热）、电化学检测器（如极谱、库仑、安培）、电学检测器（电导、介电常数、压电石英频率）、放射性检测器（闪烁计数、电子捕获、氦离子化）以及氢火焰离子化检测器。

（2）按测量性质可分为通用型和专属型（又称选择性）。通用型检测器测量的是一般物质均具有的性质，它对溶剂和溶质组分均有反应，如示差折光、蒸发光散射检测器。通用型的灵敏度一般比专属型的低。专属型检测器只能检测某些组分的某一性质，如紫外、荧光检测器，它们只对有紫外吸收或荧光发射的组分有响应。

（3）按检测方式可分为浓度型和质量型。浓度型检测器的响应与流动相中组分的浓度有关，质量型检测器的响应与单位时间内通过检测器的组分的量有关。

（4）检测器还可分为破坏样品的和不破坏样品的两种。

2. 性能指标

（1）噪声和漂移：在仪器稳定之后，记录基线 1 h，基线带宽为噪声，基线在 1 h 内的变化为漂移。它们反映检测器电子元件的稳定性及其受温度和电源变化的影响，如果有流动相从色谱柱流入检测器，那么它们还反映流速（泵的脉动）和溶剂（纯度、含有气泡、固定相流失）的影响。噪声和漂移都会影响测定的准确度，应尽量减小。

（2）灵敏度：表示一定量的样品物质通过检测器时所给出的信号大小。对浓度型检测器，它表示单位浓度的样品所产生的电信号的大小，单位为 mV · mL/g。对质量型检测器，它表示在单位时间内通过检测器的单位质量的样品所产生的电信号的大小，单位为 mV · s/g。

(3)检出限：检测器灵敏度的高低，并不等于它检测最小样品量或最低样品浓度能力的高低，因为在定义灵敏度时，没有考虑噪声的大小，而检出限与噪声的大小是直接有关的。

检出限指恰好产生可辨别的信号(通常用 2 倍或 3 倍噪声表示)时进入检测器的某组分的量(对浓度型检测器指在流动相中的浓度——注意与分析方法的检出限的区别，单位 g/mL 或 mg/mL；对质量型检测器指的是单位时间内进入检测器的量，单位 g/s 或 mg/s)。它又称为敏感度。$D=2N/S$，式中，N 为噪声，S 为灵敏度。通常是把一个已知量的标准溶液注入检测器中来测定其检出限的大小。

检出限是检测器的一个主要性能指标，其数值越小，检测器性能越好。值得注意的是，分析方法的检出限除了与检测器的噪声和灵敏度有关外，还与色谱条件、色谱柱和泵的稳定性及各种柱外因素引起的峰展宽有关。

(4)线性范围：指检测器的响应信号与组分量成直线关系的范围，即在固定灵敏度下，最大与最小进样量(浓度型检测器为组分在流动相中的浓度)之比。也可用响应信号的最大与最小的范围表示，例如 Waters 996 PDA 检测器的线性范围是 $-0.1\sim2.0A$。

定量分析的准确与否，关键在于检测器所产生的信号是否与被测样品的量始终呈一定的函数关系。输出信号与样品量最好呈线性关系，这样进行定量测定时既准确又方便。但实际上没有一台检测器能在任何范围内呈线性响应。通常 $A=BCx$，式中，B 为响应因子，当 $x=1$ 时，为线性响应。对于大多数检测器来说，x 只在一定范围内才 接近于 1，实际上通常只要 $x=0.98\sim1.02$，就认为它是呈线性的。

线性范围一般可通过试验确定。我们希望检测器的线性范围尽可能大些，能同时测定主成分和痕量成分。此外还要求池体积小，受温度和流速的影响小，能适合梯度洗脱检测等。

几种检测器的主要性能见表 6-2。

表 6-2　几种检测器的主要性能

性能	UV	荧光	安培	质谱	蒸发光散射
信号	吸光度	荧光强度	电流	离子流强度	散射光强
噪声	10^{-5}	10^{-3}	10^{-9}		
线性范围	10^{5}	10^{4}	10^{5}	宽	

续表

性能	UV	荧光	安培	质谱	蒸发光散射
选择性	是	是	是	否	否
流速影响	无	无	有	无	
温度影响	小	小	大		小
检出限/(g·mL^{-1})	10^{-10}	10^{-13}	10^{-13}	<10^{-9} g/s	10^{-9}
池体积/μL	2～10	～7	<1		
梯度洗脱	适宜	适宜	不宜	适宜	适宜
细管径柱	难	难	适宜	适宜	适宜
样品破坏	无	无	无	有	无

(5)池体积：除制备色谱外，大多数 HPLC 检测器的池体积都小于 10 μL。在使用细管径柱时，池体积应减小到 1～2 μL 甚至更低，不然检测系统带来的峰扩张问题就会很严重。而且这时池体、检测器与色谱柱的连接、接头等都要精心设计，否则会严重影响柱效和灵敏度。

6.3.5 数据处理和计算机控制系统

早期的 HPLC 仪器用记录仪记录检测信号，再手工测量计算。其后，使用积分仪计算并打印出峰高、峰面积和保留时间等参数。20 世纪 80 年代后，计算机技术的广泛应用使 HPLC 仪器操作更加快速、简便、准确、精密和自动化，现在已可在互联网上远程处理数据。计算机的用途包括三个方面：①采集、处理和分析数据；②控制仪器；③色谱系统优化和专家系统。

6.3.6 液相色谱的应用

色谱技术经过 100 多年的发展，从曾经鲜为人知的试验技术发展成为既能“顶天”又能“立地”的一门科学，取得了辉煌的成就。1952 年马丁(Martin)和辛格(Synge)因分配色谱获得了诺贝尔化学奖。此外，色谱作为核心或关键研究工具为多位科学家摘取诺贝尔奖立下了汗马功劳，如斯特恩与摩尔(1972 年)、莱夫科维茨与克比尔卡因(2012 年)等。色谱法已成为石油化工、有机合成、生理生化、医药卫生、环境保护、食品安全乃至空间探索等领域的重要工具。色谱技术在我国具有良好的研究基础，尤其在色谱基础理论和色谱专家系统研究、色谱固定相制备、联用技术等方面都取得了很大的成果；同时色谱技术和方法在许多领域如石油化工、环境科学等领域都获得了十分广泛的应用。尤为可喜的是，中国的色谱研究在最近十几年取得了显著的进步，年发表论文总数已经于 2010 年跃居世界第一。

由于HPLC仪适用于分析分子量大、高沸点、不易挥发、受热易分解的有机化合物和高分子聚合物，以及具有生物活性的天然产物和生物分子，因此，HPLC仪已成为分析化学中复杂体系样品分离和分析的强有力工具。对于复杂样品的分离，使用一种分离模式往往不能提供足够的分辨率，而组合不同的分离模式构建多维系统是解决这一问题的有效途径。

6.4 液相色谱-原子荧光联用技术

6.4.1 概述

原子荧光(AFS)作为一种高灵敏度的分析技术与色谱分离技术相结合后在砷、汞、硒等元素的分析方面具有独特优势，具有可以与电感耦合等离子体质谱(ICP-MS)相媲美的灵敏度。LC-AFS的原理是利用液相色谱分离技术将不同形态的元素进行分离，再利用AFS进行定量检测。LC-AFS被广泛地用于易于形成挥发性共价氢化物或原子蒸汽的As、Se、Sb、Hg等元素的形态分析。LC的流出物为液态，流出物经柱后处理，再通过蒸汽发生和气液分离后，目标分析物的衍生物进入AFS进行检测。目前利用原子荧光(AFS)是对元素的总量所进行的定量分析，而实际上，被测元素在样品中的存在形式可能有多种形态，元素的不同形态有着不同的物理特性和化学特性。当前，随着国民经济的发展，矿业的无序开采、电子废料和工业废水的排放，以及农药和杀虫剂的滥用，导致了我国的环境、土壤、食品、地表水等受到砷(As)、汞(Hg)及其化合物的严重污染，这也使得对As、Hg等有毒有害元素的不同形态进行分析，成为社会关注的焦点和研究热点，这也就对分析仪器的性能和分析方法提出了越来越高的要求。传统的仅以元素总量为依据的分析方法已不能满足现代科学发展的需要，只能通过仪器联用技术来实现形态分析。形态分析是一种将痕量元素的不同形态进行分离后再分别检测的分析技术，常用的分离设备有气相色谱(GC)和液相色谱(LC)，气相色谱法具有分离能力强、进样量小、分析速度快等优点，GC的气态流出物能直接进入AFS，但GC难以分析不易挥发、热稳定性差的化合物，因此目前最多采用的是液相色谱与多种检测器的联用，而且液相色谱比气相色谱更适合分离极性较大的砷化合物。与液相色谱联用的检测器包括UV、AAS、AFS、ICP-AES、ICP-MS等，UV是一种常用的检测器，但大部分有机物对波长254 nm有吸收，造成背景干扰较大，选择性也较差；而AAS和ICP-AES作为检测器，虽然选择性好，但由于仪器的设计特性，对紫外区元素的检测灵敏度较低，不适于As、Hg等元素的检测，另外也存在基体干扰问题。LC-AFS 技术在砷、汞、硒等元素的分析方面具有独特优势，并具有高灵敏度、高选择性和使用维护成本较低等特点。

6.4.2　液相色谱-原子荧光联用仪的工作原理

液相色谱-原子荧光联用仪(LC-AFS)的工作原理示意图如图 6-1 所示。

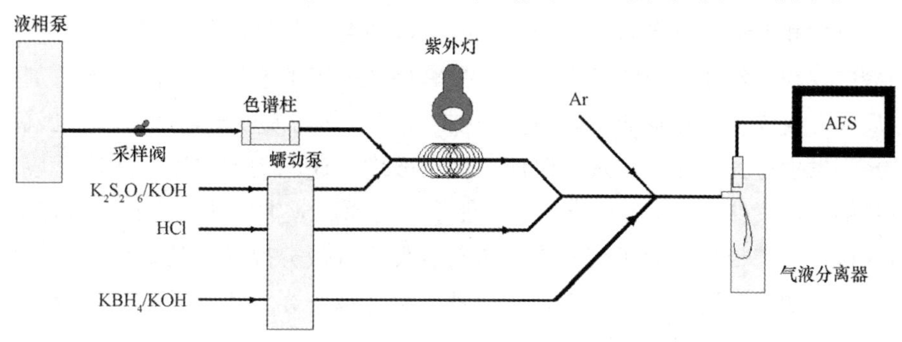

图 6-1　LC-AFS 工作原理示意图

1. 液相泵和采样阀

液相泵的作用是按设定的流速输送流动相，采样阀负责采集定量样品，采样阀上带有定量样品环。采样阀上有两个位置，即加载位(load)和注射位(inject)。加载位用于进样，如果没有配备液相自动进样器，那么只能手动通过进样针将样品注入采样阀的样品环中(一般为 100 μL)，然后待基线稳定后，手动将进样阀由“load”位切换到“inject”位，通过液相泵的作用，由流动相将样品推入色谱柱中，流动相的流速由液相泵控制。如果配备液相自动进样器，那么上述工作将会由进样器来完成。被测元素的不同形态根据在色谱柱中的驻留时间不同，在流动相的作用下，依次从色谱柱中流出。

2. 在线紫外消解

为了能够被 AFS 检测，或者是提高检测灵敏度，首先需要将元素的大分子形态转化成能够与还原剂发生反应进而被还原成共价氢化物的小分子形态，或将有机态转换为蒸汽反应能力更强的无机态。实现上述功能的方法通常有化学氧化法、微波消解法和紫外照射消解法等。其中，化学氧化法反应不充分，转化效率低；微波消解装置复杂，且温度过高，消解管内产生大量蒸汽，导致基线稳定性很差；而紫外消解装置简单，消解效率高，热稳定性好，所以目前商品仪器上都采用紫外照射方式进行消解。紫外照射消解时，从色谱柱流出的待测元素的不同组分，首先和氧化剂混合，然后进入在线紫外照射消解系统。消解效率与紫外光强度和消解管路长度有关，过长的消解管路会明显造成分离峰形的柱后展宽现象。因此，高效、低能耗的紫外照射消解装置也是厂商开发的重点工作之一。另外，根据所检测的元素形态不同，以及在有足够灵敏度的前提下，也可以不加入氧化剂和取消在线紫外照射消解装置，一般的商品仪器上都带有紫外切换开关，可以随时取消或加入紫外照射消解功能。

3. 稀酸和还原剂

经氧化和消解后的样品进一步和稀酸溶液混合，其目的是使样品溶液具有一定的酸度，利于各种组分的稳定，同时只有保证一定的酸度，才能与还原剂发生还原反应，生成被测元素的气态组分(包括气态氢化物或原子蒸汽)，这也就是所谓的蒸汽发生过程。另外，只有保证一定的酸度和还原剂的浓度，还原反应才能生成足够的氢气参与燃烧，提供原子化能量。还原反应生成的蒸汽经过气液分离，由载气(氩气)携带进入原子荧光主机进行检测。气液分离效果的好坏，直接影响测量结果，如果大量水蒸气进入原子化器，会造成荧光淬灭，另外，水分子也会造成粒子散射，导致背景干扰。

4. AFS 检测

蒸汽发生过程所产生的气态组分经气液分离后进入 AFS 的原子化器，在氩-氢火焰中进行原子化，生成基态原子，基态原子接收激发光源的特征辐射能量跃迁至激发态，激发态原子在去活化过程中释放出荧光，被光检测器接收，实现定量检测。

5. 流速控制

流动相的流速由液相泵控制，一般为 1 mL/min，氧化剂、稀酸溶液和还原剂的引入速度由 AFS 上的蠕动泵控制，蠕动泵泵速的快慢要与液相泵的流速相匹配(一般为 60 rpm/min)，以确保还原反应的顺利进行。在实际测量中，可根据不同的分析样品，选择不同的流速，所有的商品仪器都提供流速控制。

6.4.3 应用前景

由于元素在环境中的迁移、转化规律及最终归宿，元素的毒性、有益作用及其在生物体内的代谢行为在相当大的程度上取决于该元素存在的化学形态，也在一定程度上与相关形态物质的溶解性和挥发性有关，因此元素形态分析在环境分析中显得意义非凡。

环境检测中元素形态分析涉及最多的元素包括汞、砷、硒等，它们被广泛纳入国家或地区环境质量评价体系，被作为评价环境风险的重要依据。利用这些元素的特殊物理化学性质，原子荧光技术在元素形态、价态和有效态分析方面发挥着其独特的作用。

联用法中的样品前处理步骤不仅需要尽可能完全地提取出待测物，还需要最大限度地保存各元素的形态，在提取过程中减少或避免元素间不同价态的转化，这就使得样品前处理过程尤为重要。当样品基质过于复杂，或样品基质中包含某些具有氧化性或还原性的物质时，提取方式、提取溶剂、提取温度都将影响最终测试结果。应用、发展有效的前处理技术是保证元素形态分析成功的关键步骤。

色谱与原子荧光光谱联用技术已广泛地应用于汞、砷、硒、锑、铅、锡等元素的形态分析，该联用技术将来的发展将主要涉及以下几个方面：

(1)改善色谱与 AFS 接口，提高色谱流出物进入 AFS 的传质效率。

(2)发展更好的色谱柱柱后处理方法，尤其是可以简化 HPLC-AFS 的柱后处理步骤或是发展相应的新方法。

(3)发展能检测其他更多元素的新方法。在 GC-AFS 的应用中，开发更多的衍生化方法；在 HPLC-AFS 的应用中，开发更多的蒸汽发生方法。

(4)建立元素形态分析的标准方法。由于元素形态分析的重要性越来越凸显，色谱与原子荧光光谱联用技术必将在该领域得到更好的发展。

将 HPLC 和 AFS 联用可以利用色谱技术将不同形态的金属化合物进行分离，再利用原子荧光检测技术对各形态的金属化合物进行检测，充分利用原子荧光的高灵敏度、专一性和抗干扰能力的优势，开发更多应用领域与待测元素，HPLC-AFS 法是一项非常有前途的分析方法。

6.5　液相色谱-核磁共振联用技术

6.5.1　概述

核磁共振技术已经成为获得有机物详细结构信息的有力手段，它能够很方便地提供不同分子结构上的细微差别，包括同分异构化合物和立体异构化合物。但是，核磁共振要求高纯度的分析样品，如果被分析物质是混合物，会对 ^{1}H 谱图产生严重的信号干扰，给解谱工作带来困难，甚至无法解析。因此在使用核磁共振检测前，需要对混合样品进行分离纯化等前处理。如果把液相色谱出色的分离能力同核磁共振技术有效的结构解析能力结合到一起，实现在线检测，不仅能简化样品前处理过程，提高自动化程度，缩短检测时间，而且能够建立相关化合物色谱和核磁数据之间的对应关系，在分子分离鉴定领域有非常大的应用潜力。液相色谱-核磁共振(LC-NMR)联用技术始于 20 世纪 80 年代，但 LC-NMR 联用技术的普及程度远不及已经成熟的 LC-MS 和 LC-MS-MS 技术。要实现 LC-NMR 联用需要克服两大难点：一是 NMR 的低检测灵敏度与 LC 分离容量兼容的问题；二是

LC洗脱溶剂给NMR检测带来严重干扰的问题。经过几十年的NMR仪器和试验方法的发展，现已出现了更高场强的NMR仪器，设计出了更先进的NMR探头，发展了功能更丰富的脉冲序列技术，在很大程度上解决了LC-NMR联用中NMR灵敏度低、干扰过多等传统问题，技术更加实用化，使得LC-NMR的相关应用日趋成熟。

6.5.2 LC-NMR工作模式

样品注入高效液相色谱系统内，在高压泵的推动下，各组分得以分离，并依次经过常规的紫外(UV或DAD)检测器，此后柱流出液可通过聚四氟乙烯导管直接或间接流入超导核磁共振仪内部，就实现了LC-NMR的联用。LC-NMR联用技术需要解决LC和NMR的接口、流体匣(flowcell)的设计、溶剂峰压制、液相和核磁溶剂的选择和NMR灵敏度等问题。

1. LC-NMR直接在线联用

LC-NMR在线联用的通用配置有进样器、泵、色谱柱、检测器、核磁共振仪，配置液相探头的NMR系统通过接口与常规的LC系统联用。其主要有三种工作模式：连续流动操作(on-flow)、停流操作(stop-flow)、环路收集(loop-collection)。LC-NMR的通用配置包括一个常规的HPLC系统、联用接口和配备流动探头的NMR系统。

(1)连续流动操作模式。连续流动操作模式也称作在流模式，即样品从检测器流入核磁探头后保持流动状态，液相色谱正常工作，流动探头中的检测腔为内径为2～4 mm的玻璃管，玻璃管两端连接LC导管作为流体的进口和出口。在这种模式下，样品进入LC系统，经色谱柱分离后，流经检测器(如紫外、DAD等)，进入核磁探头中，被检测采集信号，再从探头流出，收集或做废液处理。核磁数据的采集与色谱运行同时开始，连续进行，可得到一系列检测信号。信号的处理结果是横轴为化学位移、纵轴为洗脱时间的二维堆积图或等高线图。这种模式存在几个问题：①短时采样使得灵敏度变差。在常规的流速下，组分在检测线圈中保持的时间很短，使得NMR的采样时间受限，造成NMR谱的信噪比很差，通常只适用于检测灵敏度高的^{1}H和^{19}F核。②流速慢造成色谱峰扩散。若将流速降低3～10倍，将延长组分在检测线圈中保持的时间，NMR的采样时间也得以增加，使得NMR信噪比增强，但流速减慢导致的扩散会影响色谱峰形。

(2)停流操作模式。停流操作模式是在待测组分到达核磁管时，采用一种阀门停止HPLC的泵，同时也就停止了洗脱液的流动，于是待测组分停留在核磁管中被检测。在该模式下，待测组分停留在流体匣中进行检测，得到的信号比在流模式强得多，因此，这种模式适合分析低浓度样品和在2D核磁中使用。在进行停流操作模式的分析时，需要准确测定样品从流出UV检测器(或其他检测器)到进入流体匣中的最佳位置的延迟时间 t_d，该时间取决于液相的流速和中间连接管路的体积。t_d 确定之后，即可利用软件自动控制停泵时间。由于频繁停泵后，洗脱液中的后续组分会由于扩散而造成峰的展宽，该方法可使分离效果下降，且浓度较高的组分可能会污染后面含量低的组分(记忆效应)，这种方式适合分析组分数目较少的混合样品。这种停流方式可以很方便地获得化合物相互转变的动力学常数，在研究异构体化合物中有很广泛的应用。

(3)环路收集和环路分析模式。环路收集模式也称为峰存贮(peak parking)模式，属于停流操作的一种，分收集和分析两个阶段。首先是收集阶段，当 HPLC 检测器检测到一个组分峰时，环路延迟计数器被激发，将此组分收集到某一环路中，直至延迟完毕，切换阀将通道切换至下一个环路，收集下一个组分。此操作均可自动和手动进行。其次是分析阶段，在液相泵的驱动下，一个环路中的组分流入探头的检测池内，停泵，开始 NMR 采样；采样结束后，重启液流，将下一个环路的组分推入探头分析。这样的好处是将组分分开后分别存储在不同的环路中，没有停流操作带来的色谱峰展宽，并且使得 NMR 的检测时间不受到限制。而且检测时状态稳定，更容易获得高信噪比和高分辨率的谱图，实现一维谱和二维谱检测，大大增加了在复杂样品中发现目标峰的概率。其不足之处是样品进入管路之后被管路里的溶液稀释，浓度下降，检测信号变弱。

2. LC-SPE-NMR 在线联用

LC-UV-SPE-NMR 的在线联用中，LC 分离采用普通的流动相溶剂，以紫外检测器监测组分出峰，再利用自动固相萃取(SPE)仪捕捉富集 HPLC 分离的组分，SPE 柱用氮气吹干后，再用氘代乙腈洗脱进入核磁液相探头分析。HPLC-UV-SPE-NMR 工作系统由液相色谱系统、紫外检测器、固相微萃取系统和核磁共振仪组成。LC-SPE-NMR 在线联用方式中，完成 LC 分离和 SPE 收集组分后，组分的洗脱进入 NMR 检测有两种方式：第一种是流动进入检测池方式，即探头中安装流动检测池，氘代溶剂将一个组分从 SPE 柱洗脱并通过管路流入探头内检测池，完成检测后，用氮气从检测池中吹出组分，用溶剂清洗检测池，氮气吹干后，再进行下一个组分的分析。这种方式的优点是减少样品转移步骤，因此样品的损失也更少。但是这种方式的缺点也非常明显：检测池占用了探头，不能执行常规的核磁管样品测试。第二种是采用自动洗脱液转移装置(tube transfer)将目标组分从 SPE 柱洗脱下来之后转移至核磁管中，之后可以进行常规核磁共振分析操作。相比第一种方式而言，这样做增加了转移样品的步骤，过程中可能有样品的损失，并且时间成本增加，但是这样做的好处是不影响常规的核磁管样品测试，而且自动进样器可以照常使用，因此更具有实用价值。

6.5.3 LC-NMR存在的问题和解决方法

1. NMR 检测灵敏度问题

众所周知，NMR的灵敏度是较低的，这也是制约HPLC-NMR发展的问题。NMR的信噪比与样品浓度、磁场强度、检测线圈的填充因子、弛豫时间、扫描次数等有关。高场强(700 M、800 M甚至900 M)NMR的运用，以及软件滤波、消噪技术的发展，都极大地提高了NMR的灵敏度。此外，还可采用超低温的探头和前置放大器，由于低温冷却电子元件可减少电子元件的噪声，因此可使NMR的灵敏度提高3～4倍。随着技术的进步，利用HPLC-NMR进行复杂微量天然产物的研究将变得更加容易。硬件上提高NMR检测灵敏度的途径有两个：①提高超导磁体的磁场强度；②改进探头的设计。

表6-3为不同磁体系统场强及探头的检测灵敏度指标，从表6-3中可见，随着磁场强度的升高，质子的共振频率增加，各检测核的灵敏度指标也随之提高，在使用相同类型探头的情况下，500 MHz比200 MHz波谱仪的^{1}H、^{19}F、^{13}C、^{31}P四种核的检测灵敏度提高了3～5倍。2009年，Bruker公司推出了全球首台1 000 MHz的超导核磁共振波谱仪，使得NMR进入了GHz时代，磁体的场强达到了23.5T，进一步提高了各种核的检测灵敏度。单纯提高磁场强度来提高检测灵敏度的效果是有限的，而通过优化和改进探头的设计，可以显著地提高检测核的灵敏度。通过探头设计提高灵敏度有三种方式：

表6-3　不同磁体系统场强及探头的检测灵敏度指标

频率/MHz	场强/T	5 mm双宽带探头					5 mm超低温探头		3 mm反式探头	5 mm反式探头	10 mm宽带探头		宽带超微量探头	
		^{1}H	^{19}F	^{31}P	^{13}C	^{15}N	^{1}H	^{13}C	^{1}H	^{1}H	^{31}P	^{13}C	^{15}N	^{13}C
200	4.70	75	75	50	50	—	—	—	—	—	—	—	—	—
300	7.05	190	105	165	—	—	—	—	—	—	—	—	—	—
400	9.40	250	250	150	170	18	—	—	—	—	—	—	—	—
500	11.75	330	330	150	240	20	—	—	330	875	330	650	85	—
600	14.10	480	440	180	330	35	2 700	1 600	450	1 100	—	—	—	160
700	17.60	—	—	—	—	—	7 800	1 400	—	—	—	—	—	—
800	18.81	—	—	—	—	—	8 600	1 550	—	—	—	—	—	—
900	21.16	—	—	—	—	—	9 500	1 650	—	—	—	—	—	—

注：(1)数据来源于Varian和Bruker超导核磁共振波谱仪说明书；

(2)600 MHz数据是Bruker超低温^{1}H—^{19}F/^{15}N—^{31}P宽带探头，700～900 MHz数据是Bruker的超低温反式探头。

(1)采用大径的核磁管。如表 6-3 所示，对于相同类型的探头，随着所检测核磁管管径的增大，相同浓度的样品在检测线圈范围内检测到的核数量更多，信号响应更强，灵敏度是 10 mm>5 mm>3 mm。微量探头通过减少溶剂体积、增加样品浓度提高灵敏度；超微量探头的设计，可使检测样品的体积低至 40 μL，但核的检测灵敏度低于常规的 5 mm 探头。

(2)探头线圈位置的优化设计。表 6-3 中，相同场强的^{1}H 核在反式检测探头的检测灵敏度比相同频率的宽带探头高了一倍以上，其设计原理是将^{1}H 核检测线圈最靠近样品而具有最高检测灵敏度，但代价是牺牲了其他杂核的检测灵敏度。

(3)利用超导原理降低电子噪声。超低温探头的设计原理是利用低温的氦气来冷却探头检测线圈到 25 K，前放电子线圈到 70 K 附近，可最大限度地降低检测到的电子噪声，可使所有检测核都比同频率的常温探头的灵敏度提高 3～5 倍。超低温微量探头结合了超低温探头和微量探头的优点，可以在样品量很少的情况下仍然保持较高的检测灵敏度。

2. LC 分离和 NMR 累加矛盾

需要长时间累加的矛盾即便是提高了磁场强度和采用更高灵敏度的超低温微量流动探头(并且目前商品化的仪器可以达到秒数量级，使得在流模式的 LC-NMR 可以在样品流动的情况下检测样品的信息)，但对于^{13}C、^{15}N 这类低丰度杂核的检测，低浓度样品的一维谱、二维谱的分析测试，仍然需要 NMR 长时间累加。慢流模式和停流模式的 LC-NMR 虽可以延长分离的组分在检测池中停留的时间，但会造成色谱峰展宽，影响色谱分辨率。解决 LC 分离和 NMR 累加矛盾的方式：一是从色谱分离上解决；二是从 NMR 进样检测方式上解决。这可以通过维持常规的 LC 分离、分离组分分别存储的收集模式或固相萃取柱(SPE)收集模式实现。从色谱端提高样品检测浓度的方法：一是采用半制备色谱柱，增大一次分离的进样量；二是多次 LC 进样分离后先通过 SPE 富集，再进行 NMR 检测。

3. 溶剂的选择和溶剂峰压制

由于 HPLC 的流动相中含有大量的^{1}H，它将产生比被分离的化合物强得多的 NMR 信号，因此要从中检测到微量的样品信号，必须采用适当的脉冲序列来抑制溶剂的信号。目前最常采用的抑制溶剂峰的脉冲序列是在混合时间和弛豫延迟期内对溶剂的共振信号进行选择性照射的常规一维 NOESY 序列，用于一维谱测试；此外，还有基于脉冲场梯度的 WET(water suppression enhanced through T1 effects)序列，可用于一维和二维谱测试。此外，使用氘代溶剂作为 HPLC 的洗脱液，可以很好地抑制洗脱液信号，从而降低对 NMR 动态范围的要求。解决方法是在进行^{1}H-NMR 检测时，采用溶剂峰压制的脉冲程序技术和采用氘代溶剂作为流动相。主要的溶剂峰压制技术有三种：预饱和(presaturation)技术、软脉冲多重激发(soft pulse multiple irradiation)和通过增强纵向弛豫(T1)效应的水峰压制(WET pre-saturation)技术。溶剂峰压制技术的局限性是可能导致其附近的核磁共振信号丢失。全程采用氘代溶剂作为流动相的问题是成本过于昂贵而难以实施。解决这个问题主要围绕减少氘代洗脱液用量和提高样品浓度来考虑。一种方法是采用毛细管 HPLC 来大幅度减小流动相的消耗量，使得全程采用氘代溶剂成为可能，避免溶剂峰压制技术造成的目标信号丢失问题。另一种方法是采用普通流动相溶剂进行分离，组分利用固相萃取柱进行收集，氮气吹干溶剂后，用氘代溶剂洗脱后进行核磁共振检测的 LC-SPE-NMR 模式。这样能完成样品富集和净化，节省氘代溶剂用量，提高 NMR 检测灵敏度。

4. LC 分离组分的识别和收集问题

LC-NMR 联用的一个关键问题是混合物经 LC 分离后的组分如何被识别和收集。在 LC 的常用检测器中，LC-MS 是通过总离子流色谱图来观察到所分离的组分的，LC-UV 或 DAD 是通过组分产生紫外吸收响应信号来识别组分的。而 NMR 的检测原理是原子核的共振，其信号响应谱图表征了分子的结构信息，作用类似于质谱图，因此 NMR 作为检测器，目前并不具备在一定时间域内对每一个化合物产生一个单一响应信号的功能，也就无法得到类似于总离子流色谱图这样的组分分离效果图。所以在 NMR 检测前，需要一个能识别每个组分的“眼睛”，并将分离的组分分别收集后，再分别进行 NMR 检测。UV 和 DAD 是最常规的 LC 检测器，但属于选择性检测器，价格便宜，适用于具有紫外吸收的化合物，而对于无发色团的化合物则是盲区。MS 属于通用型检测器，适用于不同类型化合物，还具有波谱鉴定结构的功能，灵敏度高，LC-MS-NMR 联用是最理想的技术，但存在设备购置和使用成本过高的问题。随着蒸发光散射检测(ELSD)技术的发展，ELSD 已实现了商品化，成为一种 LC 的新型通用型质量检测器，弥补了常规紫外检测器的缺陷，与同样适用于无紫外吸收化合物检测的示差折光检测器(RID)相比，具有灵敏度略高、受温度影响小和可用于梯度洗脱的优点，在购买和维护成本上也比 MS 低许多。可以预期，LC-ELSD-NMR 的联用是一种发展趋势。

5. HPLC 分离条件的优化

由于 NMR 的信噪比(S/N)与样品的浓度和测定时间的平方根成正比，因此使尽量多的样品进入流体匣的有效区域是非常重要的。直接 LC-NMR 的灵敏度还取决于流体匣的有效体积(active volume)与色谱峰的洗脱体积(流速×峰宽)之间的比例。在大部分应用常规色谱柱进行的直接 LC-NMR 分析中，仅有 25%～60%的样品可在探头中被测量。因此，优化 HPLC 的操作条件，如待测样品的溶解度、洗脱溶剂及洗脱条件的选择等，争取达到尽量大的载样量和尽量尖锐的色谱峰是非常必要的。开发新型 HPLC 分析条件有助于充分发挥 HPLC-NMR 的作用，如以 C30 固定相代替常规的 C8 或 C18 固定相，允许更大的进样量，改善峰形并更好地分离各组分，保证对较复杂混合物中微量组分的结构鉴定。

6.5.4　LC-NMR 的应用

1. 天然产物分析

LC-NMR 联用技术在天然产物研究中发挥着重要的作用，利用该技术可以获得复杂提取物的初步信息，有助于了解其大体成分和性质。由于该技术可以避免不必要的分离步骤，所以特别适合数目较多的植物提取物研究。采用该技术可首先获得其成分的新颖性和用途，然后再进行常规的分离工作。NMR 能检测到化合物的结构信息，但其灵敏度由组分浓度决定，因此目前该技术研究的主要对象是相对分子质量较小的化合物。当常规天然产物研究方法效率过低甚至无法有效发挥作用时，HPLC-NMR 则显示出快速高效的优点，可用于粗提物微量组分的分离及结构鉴定，因此在天然产物研究的不同环节均能发挥重要作用。天然产物分析是 LC-NMR 最重要的应用领域，这是由天然产物的特点和 LC-NMR 分析鉴定能力共同决定的。为了寻找新的化合物，天然植物或动物组织的粗提产品都要经过多步的分离过程，采用不同的分离方法提纯组分，以便进行 NMR 的结构鉴定，而天然产物的粗提液中往往含有大量结构相近、很难分离的化合物，传统的分离方法费时费力，而采用 LC-NMR 则大大简化了这个过程。另外，传统的离线分离方法由于缺乏在线监控，容易导致重复，而 LC-NMR 可以在分析的早期就对粗提物进行识别判断，去掉不想要的或已知化合物，集中精力在可能出现新结构目标的分离上。在这方面，更为便利的是 LC-MS-SPE-NMR 的联用。在 LC 分离后，5%的流出液分离至 MS 检测器，95%的流出液经过 SPE 富集，再用氘代溶剂洗脱，用于 NMR 分析。一次进样分离即可同时获得 MS 和 NMR 两种数据，提高了天然产物的分析效率，成为天然产物研究的重要技术手段。2012 年 Alexander 等人采用 LC-MS 和 LC-NMR 等技术鉴定野生山葡萄花青素，通过 LC-NMR 在线联用明确鉴定出了样品中 33 种花青素的结构信息，特别是在对顺式异构体香豆素衍生物结构的鉴定过程中多手性中心给结构的确定带来了很大困难的情况下，采用 LC-MS 和 LC-NMR 两种联用技术结果互相验证，对顺式异构体香豆素衍生物结构的最终确定发挥了重要作用。2013 年 Johansen 等发展了 HPLC-SPE-NMR 在线检测技术，使用超低温探头可以对两组混合的天然产物进行区分，得到的谱图杂峰信息很少，并且容易区分。2015 年 Brkljaca 等使用 HPLC-NMR 和 HPLC-MS 在海洋褐藻的提取物中找到了 4 种未报道的化合物和 8 种已经报道的化合物，其中 5 种化合物具有选择抗菌活性。随着技术的进步，HPLC-NMR 在天然产物分析中逐渐显示出高效、快速、微量的优势，今后将会对天然产物研究产生重大影响。

2. 药物代谢研究

LC-NMR的另一个主要应用领域是药物分析，涉及化学药物中杂质的定性定量分析、中药及天然药物中药用成分异构体的分析及新化合物的结构鉴定、海洋生物及生化大分子的分析、药物代谢分析等。中药和天然药物成分十分复杂，而有效物质通常多为数种，因此单纯采用一种色谱分离模式通常不能够全面解决问题，往往需要将多种分离模式相结合。采用LC-NMR可以很好地表征化学成分特征和相对含量的差异。LC-NMR技术在色谱峰分离不完全的情况下仍可提供详尽信息，使得同分异构体无须分离提取，便可进行检测分析，大大提高了分析速度。Daykin等人提出脂蛋白复合物的分析方法，采用HPLC-NMR技术分离检测了3种脂蛋白，分离检测时间只耗费90 min，并且HPLC分离也没有造成蛋白质分子结构的损伤。2001年Scarfe等人研究2，3，5，6-四氟-4-三氟甲基苯胺在鼠体内的代谢，通过HPLC-NMR和HPLC-MS分析了鼠尿中的各种代谢物，发现38%的2，3，5，6-四氟-4-三氟甲基苯胺转化为5种代谢物随尿液排出，并研究了代谢物的转化途径。2010年Durand等人通过LC-NMR、NMR、LC-MS等技术手段，分析了以甲基磺草酮为主要成分的农药的生物降解产物，其中LC-NMR识别出6种代谢产物化学结构，为预测其化学环境行为提供了依据。2010年Akira等人利用LC-NMR技术鉴定了一种遗传性高血压大鼠体内牛磺酸代谢物，发现在遗传性高血压大鼠尿液中检测到的这种与降压有关的牛磺酸代谢物要比正常大鼠尿液中多很多，试验结果在病理学中有重要意义。2013年Braunberger等人使用LC-NMR、NMR、LC-MS等技术鉴定了茅膏中黄酮和鞣花酸衍生物，并采用LC-DAD对衍生物进行了定量分析。2015年Mallikarjun等人使用LC-MS-TOF、LC-NMR等技术鉴定了压力下药物西拉普利在酸性和碱性条件下的降解产物，并根据降解产物对药物作用机理做出了概述。核磁共振波谱用于定量分析的基础是不同化学环境中的原子核共振吸收峰面积只与它的原子数有关，因此不需要引进任何校正因子，不需要为每一种被测物选择相应的标准品。LC-NMR广泛应用于有机化合物的定性分析，它在化合物纯度定值含量测定中也具有很大优势，现已经广泛应用于药物合成及生产中。此外，LC-NMR法还应用于多种药物的副产物或降解产物含量测定，具有快速、简便、专属性高的特点；与其他方法相比，有不破坏样品、信号峰不会发生重叠等优势。

3. 异构体和聚合物分析

2011年Haroune等人使用LC-NMR技术鉴定了爆炸危险品三过氧化三丙酮(TATP)的构象。由于立体构象的不同，三过氧化三丙酮可以存在两种结构。LC-NMR联用试验中，根据液相色谱分离出峰情况可以确定主要构象，NMR谱图显示主要构象化学位移在 δ1.38 附近，次要构象化学位移在 δ1.67 和 δ1.13 附近。通过长时间测量流动腔中 TATP 不同化学位移处积分面积的变化情况可以检测两种构象转变的动力学关系。Baranovsky 等人使用 LC-DAD-SPE-NMR 和 LC-MS 技术，分离鉴定了反应混合物中的微量组分，研究了化合物 3-甲氧基-14，17-亚乙烯基-16α-硝基-1，3，5（10）三烯基-17β-乙酸［3-methoxy-14，17-etheno-16α-nitroestra-1，3，5(10)-trien-17β-ylacetate］在 $NaHCO_3$ 存在下的乙醇溶剂分解作用，揭示了内酰胺的形成途径。

合成的聚合物是高度复杂的多组分物质，由不同链长、不同化学组分和不同结构的大分子所组成。考虑到化学组分、组合和末端功能团等因素，合成聚合物的组分相当复杂。HPLC-NMR 技术是聚合物分析重要的手段之一。通过 HPLC 的分离不仅能根据聚合物的分子量对聚合物进行分离，而且能够区分相同分子量但是采用不同枝节方式的聚合物。之后的分析检测中，根据末端官能团的差异可以进行 NMR 的鉴定。2005 年 Hiller 等人使用 LC-NMR 分析了包含不同末端官能团的 PEO 混合物。在采用溶剂峰压制技术之后，对每一个峰都可以进行归属和指认。并且面对特异的末端官能团，峰的信号强度还可以作为定量的依据。

LC-NMR 联用技术发展到现在，相比该技术被提出之时，无论从仪器分辨率、联用的接口技术，还是去除溶剂信号干扰能力、提高信号强度等方面都有了质的飞跃和提高。此外，也在相当大的程度上扩展了 LC-NMR 联用技术的应用领域。

6.6　液相色谱-质谱联用技术

6.6.1　概述

液相色谱-质谱联用技术以液相色谱作为分离系统，质谱作为检测系统。样品在质谱部分和流动相分离，被离子化后，经质谱的质量分析器将离子碎片按质量数分开，经检测器得到质谱图。液质联用体现了色谱和质谱优势的互补，将色谱对复杂样品的高分离能力，与 MS 具有高选择性、高灵敏度及能够提供相对分子质量与结构信息的优点结合起来，在药物分析、食品分析和环境分析等许多领域得到了广泛的应用。

色谱是快速灵敏分离有机物的有效手段。各种检测器中，除了应用最广泛的 FID(GC)和 UV(LC)外，质谱(MS)尽管价格较昂贵，但是其以选择性、灵敏度、分子量及结构信息等优势，已被公认为高级的通用型检测器，把它与各种分离手段联用，将定性、定量结果有机地结合在一起，一直是人们所研究的目标。

GC-MS在我国已有20多年的应用历史，随着台式小型仪器迅速增长，在色谱研究中已经成为重要的手段，气相色谱-质谱技术成熟运用至今，人们越来越不满足仅仅分析那些具有挥发性和低分子量的化合物，面对日益增加的大分子量(特别是蛋白、多肽等)和不挥发化合物的分析任务，迫切需要用液相色谱-质谱联用解决实际问题。与气相色谱相比，液相色谱的分离能力有着不可比拟的优势，液相色谱-质谱联用技术为人们认识和改造自然提供了强有力的工具。HPLC可以直接分离难挥发、大分子、强极性及热稳定性差的化合物，LC-MS联机曾长期为分析界所期待，由于LC流动相与MS传统电离源的高真空难以相容，还要在温和的条件下使样品带上电荷而样品本身不分解，大量的样品不得不采取脱机方式MS鉴定，或制成衍生物用GC-MS分析。经过努力相继出现了多种液相色谱-质谱联用接口，实现了液相色谱-质谱的联用。

当今，LC-MS已广泛应用于各个领域。在生物工程方面，它的出现为生物化学专家能在分子水平上研究碱基对的测序、核酸、多肽以及蛋白质结构信息提供了有效的平台，大大提高了质谱的检测范围，有利于对活性官能团的分析与检测；在有机化学合成方面，可以用它监控反应进程，鉴定中间体产物并筛选最佳反应条件；在医学方面，可以用它检测运动员体内兴奋剂、可卡因等违禁成分；在食品安全方面，可以用它检测食品中微量的添加剂以及致癌物质等；在环保方面，可以用它检测水源、空气和土壤等中的污染物种类以及污染程度。

不仅如此，随着色谱-质谱联用技术的不断改进，LC-MS已成为现代仪器分析中不可或缺的重要组成部分。特别是与串联质谱(MS-MS)的联用技术得到了极大的发展和推广。具有高效分离能力的液相色谱与高选择性、高灵敏度的MS-MS结合使用实现了对未知化合物的实时分析。即使化合物极性相近难以分离，同样可以通过串联质谱对目标化合物中性碎片扫描提高混合物中目标化合物的信噪比。

6.6.2 液相色谱-质谱联用系统

1. 液相色谱-质谱联用仪的组成

液相色谱或质谱仪器类型很多，用途不同，但多数仪器的组成结构基本相同。它们是液相色谱系统、质谱系统及数据处理系统等。以LC-MS(四极杆)联用仪器为例，其主要的构成如图6-2所示。只要采用适当的连接方式，将色谱柱出口和质谱进样口连接起来，即可成为液相色谱和质谱联用的系统。去掉连接件，将色谱柱接回到色谱检测器，仍是可独立使用的液相色谱和质谱仪。

在专用型液相色谱-质谱联用商品仪器尚未普及时，一些实验室使用的联用系统都是这样构成的。如今已经有许多配置不同、性能各异的专用型液相色谱-质谱联用仪器，供不同用途选择。不同厂家各种型号的LC-MS联用仪器多达几十种，有小型

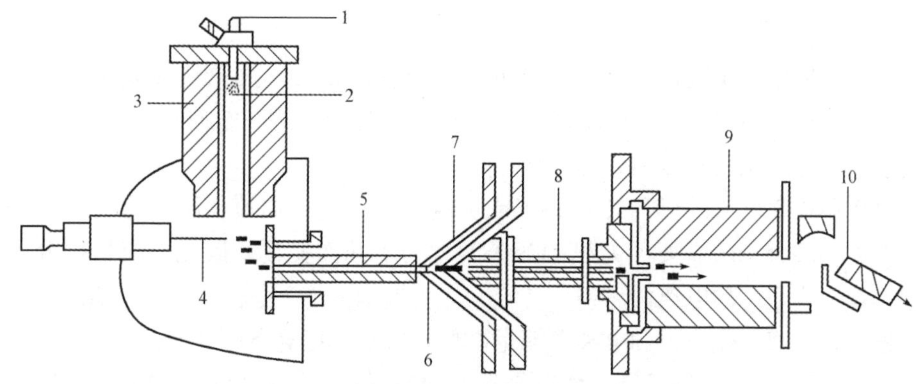

图 6-2　液相色谱-质谱的联用仪基本结构

1—液相入口；2—雾化喷口；3—离子源；4—高压放电针；5—毛细管；
6—CID 区；7—锥形分析器；8—八极杆；9—四极杆；10—HED 检测器

台式的液相色谱-单四极(single quadrupole)质谱或三重四极(triple quadrupole)质谱联用仪、液相色谱-离子阱(ion trap)质谱联用仪、液相色谱-飞行时间(time of flight, TOF)质谱联用仪(LC-TOF)以及液相色谱-扇形磁场(magnetic sector)质谱联用仪等。

2. 高效液相色谱系统

高效液相色谱仪一般包括四个部分：高压输液系统、进样系统、分离系统和检测系统。此外，还可以根据一些特殊的要求，配备一些附属装置，如梯度洗脱、自动进样及数据处理装置等，如图 6-3 所示。

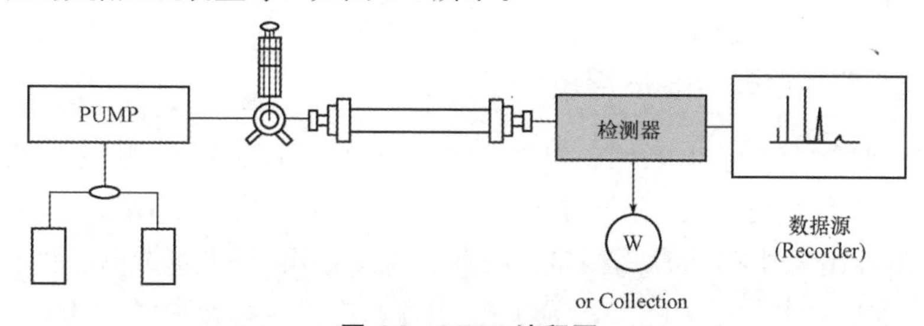

图 6-3　HPLC 流程图

高效液相色谱系统是构成液质联用仪的重要组成部分，这部分可以参考有关液相色谱部分的具体内容。由于要与质谱联用，其在流动相组成、色谱条件等方面与常规的液相色谱之间存在着一定的不同。在液质联用过程中，为了加快样品的分析过程，在液相上通常采用梯度程序洗脱过程，通常的液质联用中配置了二元泵或四元泵系统。

色谱柱是实现样品分离的重要部件，在液质联用中，根据使用方法、离子源的种类等的不同，所选择的色谱柱也有一定的区别。对于分析型的液相色谱而言，如果质谱选择了 ESI 离子源，建议使用内径小于 4.6 mm 的微径柱；如果质谱选择了大气压化学电离源(APCI)，建议使用内径为 4.6 mm 的色谱柱。

3. 质谱系统

液质联用仪是实现样品液相分离并检测过程的仪器，无论液质联用仪的类型如何变化，构成质谱系统的5个基本组成部分皆是相同的，它们是接口、电离源、真空系统、检测系统及数据处理系统。

电离源是将引入的样品转化为正或负离子，并使之加速，聚焦为离子束的装置。电离样品分子所需要的能量随分子类型的不同而变化，因此，应根据分子的类型选择与之适配的电离源。

根据样品离子化方式和电离源能量高低，通常可将电离源分为：

(1)硬源：离子化能量高，伴有化学键的断裂，谱图复杂，可得到分子官能团的信息，如电子轰击、快原子轰击。

(2)软源：离子化能量低，产生的碎片少，谱图简单，可得到分子量信息，如化学电离源(CI)、电喷雾电离源(ESI)、大气压化学(APCI)电离源。

质谱仪中所有部分均要处于高真空的条件下($10^{-4}\sim10^{-6}$ Pa)，其作用是减少离子碰撞损失。真空度过低，将会造成以下影响：大量氧会烧坏离子源灯丝；引起其他分子离子反应，使质谱图复杂化；干扰离子源正常调节；用作加速离子的几千伏高压会引起放电。

液相色谱-质谱联用质量分析器的作用就是将不同离子碎片按质荷比 m/z 分开，将相同 m/z 的离子聚集在一起，组成质谱。质量分析器类型：磁分析器、飞行时间、四极杆、离子捕获等。

6.6.3 液相色谱-质谱联用技术的接口

为实现LC-MS的实时联用，对接口的研究是不可避免的，从这个意义上讲，LC-MS联用的发展史也就是适合于两者联用的接口发展史。在LC-MS的接口研究过程中，曾经出现过25种联用接口，而真正进入实用阶段并形成商品化的有5种，即传送带(MB)、热喷雾(TSP)、粒子束(PB)、连续流动快原子轰击(CF-FAB)、大气压电离(API)，后者包括电喷雾(ESI)、大气压化学电离(APCI)和大气压光电离(APPI)以及后来发展的解吸大气压电离(DESI)，具体介绍如下：

(1)传送带(MB)：是在LC柱后增加了一个移动速度可调整的流出物的传送带，柱后流出物滴落在传送带上，经红外线加热除去大部分溶剂后进入真空室，传送带的调整依据流动相的组成进行、流量大、含水多时带的移动速度要相应慢一些。在真空中溶剂被进一步脱出，同时出现分析物分子的挥发。离子化是以EI或CI进行，有的仪器也曾使用FAB。由于使用了EI源，用MB技术可以得到与GC-MS相同的质谱图，这样就可使用多年研究积累的EI质谱数据库进行检索。

MB技术分离溶剂和被分析物是基于二者沸点上的差别，从这个意义上讲它可以被用于大部分有机化合物的质谱分析，但沸点很高即便是在源内真空下仍无法显著挥发的化合物则无法分析。

传送带接口的优点是：对挥发性溶剂的传送能力高达 1.5 mL/min，对纯水会减少至 0.5 mL/min；喷射装置与传送带表面呈 45°夹角时，可以改善色谱积分曲线；非挥发性缓冲液可以从传送带上除去，可以使用非挥发性缓冲溶液；对样品的收集率和富集率都较高。其缺点是：传送带的记忆效应不易消除，检测信号的背景值较高，只能分析热稳定性好的化合物。

(2)热喷雾(TSP)：是一个能够与液相色谱在线联机使用的 LC-TS-MS“软”离子化接口。该接口的工作原理是：喷雾探针取代了直接进样杆的位置，当流动相流经喷雾探针时会被加热到低于流动相完全蒸发点 5～10 ℃的温度，由于受热体积膨胀，将在探针处喷出许多由微小液滴、粒子以及蒸汽组成的雾状混合物。按照离子蒸发理论及气相分子离子反应理论的解释，被分析物分子在此条件下可以生成一定份额的离子进入质谱系统以供检测。

热喷雾接口的主要特点是可以适应较大的液相色谱流动相流速(约 1.0 mL/min)，较强的加热蒸发作用可以适应含水较多的流动相，适用于极性大、难汽化、热稳定性差的样品。

(3)粒子束(PB)：是一种应用比较广泛的 LC-MS 接口，又称动量分离器(momentum separator)。PB 接口研制成功后，很快地由仪器厂商开发成为商品仪器并在很大程度上取代了 MB。在 PB 操作中，流动相及被分析物被喷成气溶胶，脱去溶剂后在动量分离器内产生动量分离，而后经一根加热的转移管进入质谱。在此过程中，分析物形成直径为 μm 或小于 μm 级的中性粒子或粒子集合体。由喷嘴喷出的溶剂和分析物可以获得超声膨胀并迅速降低为亚声速。由于溶剂和分析物的分子质量有较大的区别，两者之间会出现动量差；动量较大的分析物进入动量分离器，动量较小的溶剂和喷射气体(氦气)则被抽气泵抽走。动量分离器一般是由两个反向安置的锥形分离器构成的，可以重复进行上述过程，以保证分离效率。

PB 接口的效率强烈地依赖于所生成的气溶胶的均匀性，因为气溶胶的大小分布越窄，动量分离器工作得越好。PB 接口虽然应用广泛，但在实际应用中，仍然存在一些不足，主要表现在：

①检出限不适当(ng 绝对范围)，灵敏度变化范围大(即便对结构类似的化合物也这样)及缺乏较宽浓度范围内线性响应。

②两种化合物的协同洗脱会产生巨大影响，高速氦用于溶剂的雾化成本较高。

③PB 的电离方式仍以电子轰击为主，是一种“硬”的电离方法，不适合热稳定性差的化合物的分析检测。

(4)连续流动快原子轰击(CF-FAB)：1985 年和 1986 年，快原子轰击(FAB)和连续流动快原子轰击(CF-FAB)接口技术相继问世，并随后投入商业化生产。快原子轰击是用加速的中性原子(快原子)撞击以甘油调和后涂在金属表面的有机物(靶面)，导致这些有机化合物的电离。分析物经中性原子的撞击获取足够的动能以离子或中性分子的形式由靶面逸出，进入气相，产生的离子一般是准分子离子。在此基础上发展的连续流动快原子轰击技术，得到更广泛的应用。其甘油的浓度在2%～5%之间，比静态的FAB使用的甘油量少，且测定过程中靶面得到不断更新，其化学物理性质变化很小，同时经色谱分离后的共存物质不会同时出现在靶面上，因此大大降低了噪声，信噪比提高，定量分析的重现性也得到改善。

连续流动快原子轰击接口的优点：是一种“软”离子化技术，适用于分析热不稳定、难以汽化的化合物，尤其是对肽类和蛋白质的分析在当时是最有效的。其缺点是：只能在较低的流量下工作，一般小于5 μL/min，大大限制了液相柱的分离效果，流动相中使用的甘油会使离子源很快变脏，同时容易堵塞毛细管，混合物样品中共存物质的干扰也会抑制分析物的离子化，降低灵敏度。

(5)大气压电离(API)(接口与电离相结合)：于20世纪80年代后期出现，大气压电离，顾名思义，是一种常压电离技术，在大气压下电离，仅把带电离子吸入质谱，不能提供经典的质谱图。目前大气压电离特指电喷雾(ESI)、离子喷雾(IS)和大气压化学电离(APCI)。由于它不需要真空，减少了许多设备，使用方便，而且有下列优点，因而在近年来得到了迅速的发展：

①由于产生多电荷离子(在ESI和IS下)，测定分子量可以达到10万道尔顿以上。

②灵敏度达fg～pg。

③适用于极性和离子型化合物。

④进样方式灵活多样：直接流动进样；与液相色谱联用；与毛细管电泳联用。

6.6.4 大气压电离模式

1. 电喷雾电离(ESI)

电喷雾电离是一种“软”电离技术，ESI-MS既可分析小分子也可分析大分子。对于分子量在1 000道尔顿以下的小分子，会产生$[M+H]^+$或$[M\text{-}H]^-$离子，选择相应的正离子或负离子形式进行检测，就可得到物质的分子量。此外，也可能源内CID生成一些碎片，有利于提供样品分子的结构信息。而分子量高达2万道尔顿的大分子在ESI-MS中常常生成一系列多电荷离子，通过数据处理系统能够得到样品的分子量，准确度优于±0.01%。

(1)电喷雾机理。电喷雾电离是在液滴变成蒸汽产生离子发射的过程中形成的，这种过程也称为“离子蒸发”。溶剂由泵输送从不锈钢毛细管流出，由于它带3～5 kV高压，与对应极之间产生的强电场促使溶剂在毛细管出口端产生喷雾，产生带强电荷的液体微粒，所以称为电喷雾。随着液体微粒中溶剂蒸发，离子向表面移动，表面的离子密度越来越大，最终逸出表面，蒸发进入空间。所以离子形成的过程实际上是在大气压下发生的。

(2)电喷雾离子源特点。可以生成高度带电的离子而不发生碎裂，可将质荷比降低到各种不同类型的质量分析器都能检测的程度，通过检测带电状态可计算离子的真实分子量，同时，解析分子离子的同位素峰可确定带电数和分子量。另外，ESI 可以很方便地与其他分离技术连接，如液相色谱、毛细管电泳等，可方便地纯化样品用于质谱分析。

2. 大气压化学电离(APCI)

大气压化学电离(APCI)与电喷雾电离(ESI)的作用机理类似，区别是 APCI 喷嘴的下端装有一个针状放电电极(图 6-4)，通过尖端放电，空气中的中性分子(如水蒸气、氮气、氧气等)以及溶剂分子都会被电离成相应的离子形式，这些离子进而与样品分子发生离子-分子交换，最终使样品分子离子化。整个电离过程包括了由质子转移和电荷交换产生正离子、质子脱离和电子捕获产生负离子等。

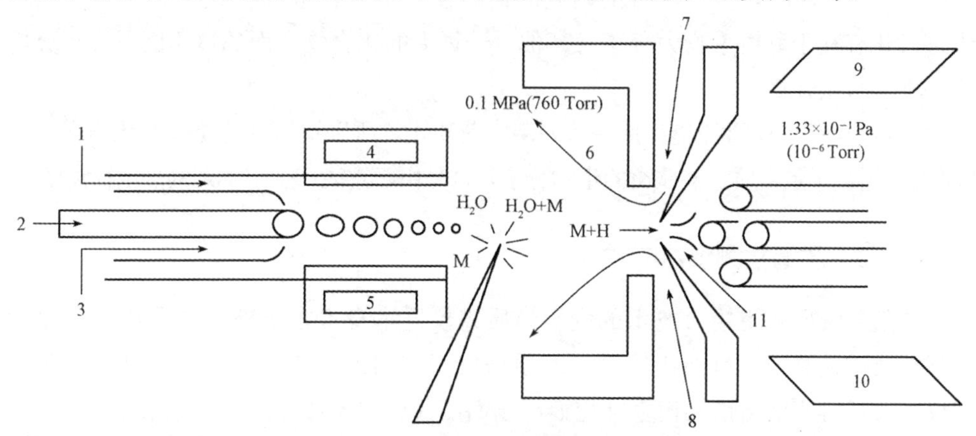

图 6-4　大气压化学电离接口示意图

1—雾化器气；2—流出液；3—修饰气；4、5—加热器；

6—气帘；7、8—N_2；9、10—二级泵区；11—试样流

由于物质结构以及电离方式的不同，当 ESI 不能产生满意的离子信号时，可以采用 APCI 方式增加离子化产物的产率，因此可以把 APCI 看作 ESI 的补充。一般来说，ESI 主要用于中等以及大极性化合物的分析检测，APCI 一般用于极性以及极端非极性化合物的分析检测。此外，APCI 的离子化产物碎片极少，主要是准分子离子峰，所以可用于检测的化合物的分子量一般小于 1 000 道尔顿。

3. 电喷雾电离与大气压化学电离的比较

电喷雾电离与大气压化学电离在结构上有很多相似之处，但也有不同的地方。

掌握它们的差异对正确选择不同电离方式用于不同样品的分子量测定与结构分析具有重要的意义。它们的主要差别是：

(1)电离机理：ESI采用离子蒸发方式使样品分子电离，而APCI是以放电尖端高压放电促使溶剂和其他反应物电离、碰撞及电荷转移等方式形成反应气等离子区，样品分子通过等离子区时，发生质子转移而生成$[M+H]^+$或$[M-H]^-$离子。

(2)样品流速：APCI允许的流量相对较大，可从0.2 mL/min到2 mL/min，直径4.6 mm的高效液相色谱(HPLC)柱可与APCI接口直接相连；而TSI允许的流量相对较小，最大只能为1.0 mL/min，最低流速可小于5 μL/min，通常与HPLC的微径柱如2.1 mm柱或毛细管色谱柱相连。

(3)断裂程度：APCI的探头处于高温，尽管热能主要用于汽化溶剂与加热N_2，对样品影响并不大，但对热不稳定的化合物就足以使其分解，产生碎片，而ESI探头处于常温，所以常生成分子离子峰，不易产生碎片。

(4)灵敏度：APCI与ESI都能分析许多样品，而且灵敏度相似，很难说出哪一种更合适。同时，至今没有准则判断何时使用某一种电离方式更好。但是通常认为ESI有利于分析生物大分子及其他分子量大的化合物，而APCI更适合于分析极性较小的化合物。

(5)多电荷：APCI不能生成一系列多电荷离子，所以不适合分析生物大分子。而ESI特别适合于蛋白质、多肽类的生物分子，这是由于它能产生一系列的多电荷离子。

6.6.5 质谱检测仪器的发展

伴随着液质联用接口技术的发展，质谱仪器本身也在不断发展，出现了多种类型的质谱检测器。目前比较常用的质谱仪器有四极杆质谱仪、四极杆离子阱质谱仪、飞行时间质谱仪和傅里叶变换离子回旋共振质谱仪等。

1. 四极杆质谱仪

目前，四极杆质谱仪的应用最为广泛。三级四极杆质谱仪的选择反应监测(selected-reaction monitoring，SRM)模式适于进行常规的和高通量的生物分析。四极杆工艺的改进和强稳定性的射频(RF)大大提高了质谱的分辨率，分辨质量数的宽度达到0.1道尔顿，提高了分析化合物的选择性。随着对三级四极杆质谱中碰撞池的改进，出现了高压线性加速碰撞池，提高了对传送离子的能力，降低了物质间的干扰，大大提高了对多组分生物化合物的分析能力。在所有的质谱分析仪中，四极杆质谱仪的定量分析结果的准确度和精密度最好。

2. 四极杆离子阱质谱仪

在阐明化合物的结构方面，三维的四极杆离子阱质谱仪得到广泛的应用。与此相关的革新主要有基质辅助激光解吸离子化源、大气压基质辅助激光解吸离子化源、红外多光子光离解技术的发展，以及使用离子阱质谱仪分析碱性加和离子与金属配位产物的研究。近些年，线性二维离子阱的生产，取得了突破性的进展。这种线性二维离子阱与三维离子阱一样可以对化合物做多级质谱分析，此外还可以积累更多的离子，提高了检测的灵敏度。在与线性加速碰撞池离子化源连接后，可大大提高灵敏度，避免小分子量碎片的干扰，得到更整洁、美观的色谱峰。

3. 飞行时间质谱仪

随着基质辅助激光解吸离子化技术的出现和计算机的发展，飞行时间质谱仪在 20 世纪 90 年代得到快速发展。目前，最好的飞行时间质谱仪分辨率能够达到 2 万道尔顿，测得分子的质量数准确度非常高。飞行时间质谱仪在很大程度上取代了高分辨双聚焦磁质谱仪，但其不能有效地利用选择离子监测模式进行分析，在高分辨质谱的选择离子监测模式分析中仍然主要使用双聚焦磁质谱仪。为了使用分辨率高的质谱分析化合物的二级质谱图，人们尝试将飞行时间质谱仪与其他质谱仪串联使用，目前使用比较多的是四极杆-飞行时间串联质谱仪，可以帮助人们更准确地了解化合物裂解后离子碎片的质量数。

4. 傅里叶变换离子回旋共振质谱仪

许多年以来，傅里叶变换离子回旋共振质谱(Fourier-transform ion-cyclotron resonance mass spectrometry，FT-ICR-MS)在气相离子-分子反应的基础研究中是有效的手段。该质谱与 ESI 联用后被广泛地应用于生物大分子的研究，能够充分发挥其高分辨率和准确度的优势。基于傅里叶变换离子回旋共振池内离子的四极激发，该质谱可以选择性地累积非共价键复杂化合物的离子，使其能够分析分子量非常大的生物大分子化合物，如分析分子量高达 108 道尔顿的大肠杆菌噬菌体的 T4 DNA，成为该质谱仪发展的重要里程碑。该质谱仪通过射频脉冲消除其他离子的干扰选择性地捕获目标离子到离子回旋共振池内，也能够进行多级质谱分析。当前又有许多新的离子裂解方法应用到傅里叶变换离子回旋共振质谱仪，如碰撞诱导裂解、激光致光裂解或红外多光子光裂解、表面诱导裂解、黑体红外辐射裂解、电子捕获裂解等，又进一步改善了这种质谱仪的分析性能。

除上面描述的常见的几种接口技术和质谱仪之外，还有其他的一些产品不断问世。近十几年来，人们在液质联用技术的研究方面已经将重点转移到研制适合某种分析领域的强优势的技术，并加速产品的商业化。总之，液质联用分析技术的发展取决于液质联用接口技术和质谱分析仪技术的共同发展。通过合适的接口将液相色谱与质谱仪联用，会获得具有特殊分析性能的液质联用仪器。另外，通过接口将质谱与质谱进行串联，可以弥补各种质谱仪的不足，达到取长补短、协同提高的效果。

6.6.6 液相色谱-质谱各种联用技术的比较

IC-MS 各种联用技术的比较见表 6-4。

表 6-4 LC-MS 各种联用技术的比较

技术	流速	提供信息	样品信息	适用的 MW 范围
热喷雾(TSP)	1～2 mL/min	MH^+，$(M\text{-}H)^-$	极性水溶物	<1 000
等离子体喷雾(PSP)	0.5～2 mL/min	MH^+，$(M\text{-}H)^-$及碎片	极性小于 TSP 分析的样品	<1 000
粒子束(LINC)	0.2～1 mL/min	MH^+及碎片 EI 型谱图	非极性物质，如农药、脂肪酸	<1 000
大气压化学电离(APCI)	0.2～2 mL/min	MH^+，$(M\text{-}H)^-$及碎片	极性物质，如农药、偶氮染料、药物	<1 000
动态快原子-离子轰击(FAB-FIB)	1～10 μL/min	MH^+，$(M\text{-}II)^-$ 分子量>1 000 amu	极性物质，如肽类	<10 000
电喷雾(ESI)	1 μL/min～1 mL/min	$(M+nH)^{n+}$，$(M\text{-}nH)^{n-}$， 分子量<1 000 amu， MH^+，$(M\text{-}H)^-$及碎片	肽类、蛋白质、寡核氨酸、药物等	<200 000

6.6.7 LC-MS 对 LC 的要求

LC-MS 对 LC 具有一定的要求，主要有以下几点：

(1)ESI 的最佳流速是 1～50 μL/min，应用 4.6 mm 内径 LC 柱时要求柱后分流比<1/50，目前大多采用 1～2 mm 内径的微柱，并配置 0.1～100 μL/min 的微量泵。采用毛细管 LC 柱时，柱后必须补充一定的流量。

(2)APCI 的最佳流速为 1 mL/min，常规的直径 4.6 mm 柱最合适。

(3)LC-MS 接口避免进入不挥发的缓冲液，避免含磷和氯的缓冲液，含钠和钾的成分必须<1 mmol/L，含甲酸(或乙酸)<2%，含三氯乙酸≤0.5%，含三乙胺<1%，含醋酸胺<5 mmol/L。LC 色谱柱生产商提供了大量的文献帮助色谱工作人员选择流动相，但是这些资料并不包括最佳的 LC 分离。当用 API 作为接口使 LC 与 MS 联用时，磷酸盐缓冲液不适合 LC-MS 系统。送样做之前一定要确定 LC 条件能够基本分离，缓冲体系符合 MS 要求。

(4)总离子流(TIC)可以与 UV 图相对照，基峰离子流(PBI)有时将更清晰地反映分离状况，特征离子的质量色谱在复杂混合物分析及痕量分析时是 LC-MS 测定中最有用的谱图，它既有保留值信息，又具备化合物结构的特征，抗化学干扰性能好，常用于定性定量分析。因此，为了提高分析效率，常采用<100 mm 的短柱

(此时 UV 图上并不能获得完全分离)。

(5)样品的预处理目的：防止固体小颗粒堵塞进样管道和喷嘴；获得最佳的分析结果。从 ESI 电离的过程分析：ESI 电荷在液滴的表面，样品与杂质在液滴表面存在竞争，不挥发物妨碍带电液滴表面挥发，带电离子进入气相，大量杂质妨碍带电样品离子进入气相状态，大量杂质离子的存在增加电荷中和的可能。

对于样品，有一些常见的预处理方法：①超滤；②溶剂萃取/去盐；③固相萃取；④灌注净化/去盐；⑤色谱分离；⑥反相色谱分离；⑦亲和技术分离。

6.6.8　液相色谱-质谱-质谱(LC-MS-MS)的分析方法

API-MS 在分子结构分析中的应用除了前面讨论的提高锥体电压、促使分子碎裂从而得到源内 CID 结构信息外，质谱-质谱即 MS-MS 联用是进行分子结构测定的一种更有效的方法。这是由于当 LC 分离不好，几个化合物同时流入 MS 时，混合物的 CID 谱很难解释。这里主要阐述 MS-MS 常用的操作及数据采集方式。

1. 化合物鉴别

(1)全扫描方式：全扫描数据采集用于鉴别是否有未知物，并确认一些判断不清的化合物，如合成化合物的质量及结构。

(2)子离子分析(DAU)：子离子用于结构判断和选择母离子做多种反应监测(MRM)。采用这种方式时，选择离子源中产生的感兴趣的母离子通过 MS1，在 MS1 和 MS2 之间碰撞室中通入气体(常用氩气、甲烷等)。离子由于碰撞电压加速进入池内与气体发生碰撞而发生断裂，MS2 记录碰撞产生的全部子离子，通过 MS1 的离子称为母离子，而在碰撞室内解离而成的离子称为子离子。

子离子谱图与锥体电压断裂谱图可能十分相似，实质上两种过程都包括了碰撞诱导分解(CID)，所不同的是子离子质谱图已知只有一种质量通过 MS1，因此也已知所有碎片离子都是由我们所选定的母离子所产生的，只有在质量相同的两种化合物同时在离子源内电离时，才能出现干扰。而离子源内提高锥体电压的碎裂，则扫描 MS1 得到的图谱可能包括离子源内同时存在的其他化合物产生的离子。所以我们更相信由 MS-MS 产生的谱图的纯度。

2. 目标化合物分析

(1)选择离子记录(SIR)。SIR 用于检测已知或目标化合物，比全扫描方式能得到更高的灵敏度。这种数据采集的方式一般用在定量目标化合物之前，而且往往需要已知化合物的性质及它生成的特征离子，如果用色谱法，则它的色谱保留时间也需已知。

若几种目标化合物用同样的数据采集方式监测，那么可以同时测定几种离子(实际上可用快速程序设定)；或者，若用色谱法，当目标化合物从色谱柱流出时

(保留值窗口)，仪器设定在只采集单个离子。通过锥体电压断裂并用 SIR 监测一种碎片离子，也可确认一种化合物是否存在。

(2)多反应监测(MRM)。MRM 操作方式用于检测已知或目标化合物，既有高灵敏度又有高选择性。用这种方式时，分析物质及它生成的子离子的性质均需知道。MS1 设在只让分析物的母离子通过，并让它在碰撞室中断裂。而 MS2 设在只让一个由该母离子生成的特定子离子通过。

MRM 可以看作两个 SIR，而且 MRM 在许多方面提供的特殊性比 SIR 还要好。若样品经过液相色谱柱再进入质谱仪，可进一步提高特殊性，因为很少有保留时间完全相同、质量完全相同，以及生成的子离子也完全相同的化合物。

MRM 与 SIR 相似，得不到普通的质谱图，若要观看谱图，只能见到一种质量的峰；与 SIR 一样，可以用保留窗口监测不同时间下的不同变化。选用 MRM 代替 SIR 可以分析那些本底复杂的样品，还可排除可能会产生干扰的化合物。有时在 SIR 分析中碰到的干扰用 MRM 则可以过滤掉。

(3)母离子扫描(PAR)。母离子分析可用来鉴定和确认类型已知的化合物，尽管它们的母离子的质量可以不同，但在分裂过程中会生成共同的子离子。这种扫描功能在药物代谢研究中十分重要。

6.6.9 LC-MS 联用技术的发展及应用

近年来，随着液相色谱与质谱接口技术的发展，实现了液质联机，进一步提高了液相色谱分析的灵敏度和定性能力，极大地拓展了高效液相色谱的分析能力和领域。液相色谱-质谱联用技术已经成为生物、环境、化学等领域研究中必不可少的分离分析工具。按照样品经液相色谱分离后各组分进行质谱分析的连续性，液相色谱-质谱联用技术可以分为在线联用模式和离线联用模式。当前高效液相色谱在分离速度、柱效、检出灵敏度和自动化等方面都达到了与气相色谱取长补短、互相媲美的程度，液相色谱与质谱联用分析技术在环境监测等领域中发挥着重要作用。

随着人类对生存环境的倍加关注，要求对环境中各种污染物、有害或有毒物以及法庭科学中毒物、滥用药物等进行更加严格的监控。而配以 ESI、APCI 和 APPI 离子化技术的 LC-MS-MS 以分析速度快、灵敏度高、特异性好等特点广泛应用于残留和毒物分析，目前已成功地进行数百种农药、兽药、抗生素、兴奋剂类残留和毒物、毒素如氯霉素、磺胺类、硝基呋喃类、毒品、多环芳烃等化合物的检测。

1. 液相色谱-质谱在线联用

液相色谱-质谱在线联用是指液相色谱和质谱通过一定的电离接口技术连接在一起，样品经过液相色谱分离后的各组分直接进入质谱进行进一步的分析，液相色谱分离和质谱分析几乎同步完成。液相色谱-质谱在线联用技术具有分辨率高、样品损失少、分析速度快和自动化程度高等优点。但是，液相色谱-质谱在线联用由于需要充分考虑液相色谱的流动相种类、流速等与联用质谱的兼容性，在一定程度上限制了它的应用。按照联用体系中液相色谱的维数多少，液相色谱-质谱在线联用技术又可以分为一维液相色谱-质谱在线联用模式和多维液相色谱-质谱在线联用模式。

2. 液相色谱-质谱离线联用

液相色谱-质谱离线联用模式是将液相色谱分离的馏分依次收集起来，利用各种不同的样品预处理方法进行浓缩、富集等处理后，再分别进行相应质谱分析。由此可见，液相色谱-质谱离线联用模式不仅提高了质谱检测的灵敏度，而且克服了液相色谱-质谱在线联用模式中的溶剂兼容性问题。该联用技术具有操作简便、溶剂选择范围广、分离效果好和灵敏度高等优点。按照联用体系中液相色谱的维数多少，液相色谱-质谱离线联用可以分为一维液相色谱-质谱离线联用和多维液相色谱-质谱离线联用两种模式。

3. 液相色谱-质谱联用技术的应用

(1)药物及体内药物分析。药物代谢与药物动力学研究技术上的最新重大进展是 LC-MS-MS 的使用，电喷雾(ESI)和大气压化学电离(APCI)以及大气压光电离(APPI)是其主要的离子源，由于具有高灵敏度(ng/mL～pg/mL)、高选择性(检测特定的碎片离子)、高效率(每天可检测几百个生物样品)和对药物结构的广泛适用性，对液态样品和混合样品的分离能力高，可通过二级离子碎片寻找原型药物并推导其结构，LC-ESI-MS-MS 已广泛地应用于药物代谢研究中一期生物转化反应和二期结合反应产物的鉴定、复杂生物样品的自动化分析以及代谢物结构阐述等。药物是用来预防、诊断及治疗疾病的一类特殊物质，与人们的健康和生命安危有极其密切的关系，杂质检查及其限度控制是保证药品质量的一个重要方面。使用 LC-MS-MS 可以简便地对药物中的杂质加以监控。Nicolas 等对抗癌药物 DuP941 生产中有关杂质建立了 LC-MS-MS 指纹图谱，不同生产批次的药物与已建立的谱图对照，从而达到质量控制目的。Zhao 等鉴别和测定了氯沙坦片剂在储存过程中产生的微量降解产物。Rourick 等建立了鉴定药品杂质及降解产物的 LC-MS-MS 方法，如头孢羟氨苄通过酸碱或加热处理降解，然后反相 CIS 柱分离，利用 MS-MS 功能来鉴定杂质及降解产物的化学结构。体内药物分析用于测定体液(主要是血浆、血清或全血)中药物或其他代谢物浓度。由于血液样品试样提供量少，基质复杂，在此混合物中分析某种微量成分(通常为 μg/mL 或 ng/mL 水平)并加以鉴别，常常是对分析化学专家的挑战。LC-MS 虽然有足够的灵敏度，但遇到 LC 难以分离的组分，其应用受到限制。使用 LC-MS-MS 可以克服背景干扰，通过 MS-MS 的选择反应控制模式(SRM)或多反应检测模式(MRM)，提高信噪比，因此对复杂样品仍可达到很高的灵敏度。LC-MS-MS 对生物样品的提取、纯化和浓缩等前处理过程没有严格要求，一般采用液液萃取法(LLE)或固相萃取法(SPE)，但这两种方法的缺点是比较费时。在线萃取技术在省时和省力方面显出相当大的优越性。现有几种在线萃取技术，如在线固相萃取、柱切换、涂层毛细管微萃取[CC-ME，有时又称固相微萃取(SMPE)]、多元 LC 系统等。在线萃取技术使得 LC-MS-MS 优点更加明显，它可以实现微量、高通量样品分析。Xia 等用两根平行的样品前处理柱 Oasis HLB(1×50 mm，30 μm)分别与一根分析柱相连接，利用柱切换技术在两根平行的样品处理柱之间交替进行净化、富集。此方法的样品量仅为 10 μL，净化时间 0.3 min，整个样品分析时间 1.6 min，而且方法精密度很好，日内、日间误差<6.6%。Hempenius 等将 96 孔固相萃取装置与 LC-MS-MS 相连，血浆样品直接注入孔内的 SPE 柱中，净化后的样品再经 LC 分离，MS-MS 采用选择反应检测模式(SRM)，血浆样品中的氟哌啶醇检出限为 0.1 ng/mL，方法不准确度<10%，样品分析时间约 1.9 min。Takeshi 等对血液或尿液中 11 个添加的吩噻嗪类药物进行了分析，采用 SMPE 法，样品在毛细管内壁涂层中经过选择性吸附与解吸，再经 LC 分离，MS 或 MS-MS 检测。

(2)生物大分子分析。LC-MS-MS 可实现蛋白质的快速高灵敏度鉴别和测定，蛋白质酶解后，产生多个肽段，经过 LC 分离，用 MS-MS 可获得肽的质量谱，因此可对肽段进行鉴别和测定；通过蛋白质序列数据检索，可得出蛋白质序列信息。利用 LC-MS-MS 还可以开展 DNA 药物结合态分析，肽及蛋白质与金属离子配位研究。

(3)兴奋剂、毒品检测。为了保证兴奋剂检查结果的准确性和可靠性，避免在检测过程中出现误差，从 20 世纪 80 年代初开始，国际奥委会医学委员会逐步建立起一个优秀的实验室考核系统。每个新成立的实验室必须通过一系列的严格考试，才能获得国际奥委会医学委员会授予的国际检测资格。在取得这一资格后，每年还必须再参加一次复试，才能取得当年的国际检测资格。1980 年国际奥林匹克委员会把阿片、可卡因、麦角酸二乙胺(LSD)、苯丙胺、大麻、苯二氮䓬和促蛋白合成类固醇列为禁用药物，这些药物在体内主要以代谢产物形式存在。例如，阿片类含有酚羟基或醇基等，很容易与人体内的葡萄糖醛酸结合；合成类固醇在体内以睾酮形式代谢。兴奋剂、毒品检测主要是根据尿液或血液中的代谢相当产物的测定浓度，LC-MS-MS 已被证明是一个有力工具。Cailleux 等采用液-液提取，细径 C18 柱分离，ESI 源 MMR 检测，分析了血液和尿液中阿片及其代谢产物(吗啡、6-乙酰吗啡、可待因和去甲可待因)，检出限 10 ng/mL。Slawson 等测定了血浆中吗啡及其两个代谢产物吗啡-3-葡糖苷酸(M3G)和吗啡-6-葡糖苷酸(M6G)，对静脉注射吗啡(剂量 0.14 mg/kg)的吸毒者，在 12 小时内采的血样分析得到：吗啡，535 pg/mL；M3G，17 722 pg/mL；M6G，3 074 pg/mL。Singh 等将样品通过加入乙腈沉降蛋白上清液注入反相 YMC base 柱分离，APCI 源 MRM 检测，测定了血浆中可卡因及其主要代谢物(苯甲酰爱康宁，线性范围 2～1 000 ng/mL，误差＜4.1％)；Sosnoff 等建立了新生婴儿血液(12 μL)中苯甲酰爱康宁的确证方法，对可疑吸毒者生出的婴儿进行鉴定。Wang 等通过标准品和改变 CID 源，对可卡因及其重要代谢产物的裂解机理作了探讨。Clauwaert 等测定了头发中可卡因及其代谢物苯甲酰爱康宁与可卡乙碱，结果与 LC-荧光检测的结果一致。Clauwaert 等用 LC-Q-TOFMS 测定了血液中苯丙胺和相关化合物，结果与 LC-荧光检测法相一致，但线性动态范围要高出 2 个数量级，在极低浓度时仍可进行 MS-MS 全扫描，对目标化合物进行绝对鉴定。Gergov 等建立了尿液样品中 16 个 β-兴奋剂筛选及确证的方法，采用 MSI 的 SIM 模式筛选，呈阳性结果再经 MS-MS 产物离子扫描，通过谱库检索，得到准确的鉴定。Cai 等用免疫亲和柱提取尿液样品中的 LSD，微径 C18 柱分离，ESI 源 MMH 检测，检出限 2.5 pg/mL。另外，文献还报道了体液中苯二氮䓬、合成 opioids、促蛋白合成类固醇，以及天然生物碱如天仙子胺、利血平等 LC-MS-MS 测定方法。

(4)农药、兽药残留量分析。食品中的农药残留量及其他有害成分的含量甚微，往往需要进行痕量分析，对分析方法的灵敏度要求较高。而 LC-MS-MS 具有极高的灵敏度，特别适合进行痕量分析，可以鉴别和测定各种类型的农药、兽药以及生物毒素等残留物。如蔬菜中杀虫剂；谷物中矮壮素、瓜蒌镰菌醇；动物组织(肌肉、脂肪、肝和肾)中庆大霉素、磺胺二甲嘧啶和甲氨苄氨嘧啶；肉制品中聚醚离子载体类兽药(拉沙里菌素、莫能菌素、奈良菌素和盐霉素)、杂环芳胺；鸡蛋中硝基咪唑类；牛奶中庆大霉素和新霉素；啤酒中玉米赤霉烯酮；甲壳类水生物中 yessotoxin 毒素、azaspiracid 毒素；土壤中咪唑啉酮；水样(废水、河水、地下水和饮用水)中苯磺酸根、除草剂、杀虫剂等残留物的鉴别和测定均有报道。

(5)环境分析。由于酞酸酯类化合物作为增塑剂大量添加到各种软制品塑料中，并且此类化合物没有与塑料基质发生聚合，因而随着塑料制品的使用可由塑料中转移到环境中去，造成对土壤、水体等的环境污染。另外，含有酞酸酯类的化妆品造成的孕妇流产、婴儿畸形等病症在我国已有很多临床病例报道。因此对酞酸酯的监测和控制十分重要。赵贵平等用 HPLC-MS 法有效地监测了化妆品中的内分泌干扰素之一的酞酸酯类化学品，使用质谱检测器既可降低检出限还可以避免光谱检测器可能出现的杂质干扰。莠去津是一种应用广泛的三嗪类除草剂，它进入环境后易污染地下水资源，任晋等建立了 HPLC-MS 选择离子检测分析环境土样中的痕量莠去津及其降解产物脱乙基莠去津、脱异丙基莠去津、羟基化莠去津的方法。这种技术在基质干扰较大的土壤分析中有很大的优势，可观察特定条件下样品谱图在相同的保留时间是否同时出现母离子及其特征碎片离子，从而更准确地判断该污染物是否存在。

第 7 章　环境样品中重金属的分析方法

7.1　概　　述

重金属的危害特性有自然性、毒性、时空分布性、活性和持久性、生物可分解性、生物积累性和对生物体作用的加和性。虽然借助于形成不溶性或不活泼化合物与沉积物可暂时从自然循环中除去这些金属元素，但它们仍是潜在的污染源，仍可通过微生物的作用或 pH 值的改变等因素在环境中转化、迁移。因此，环境中重金属的检测和分析是十分必要的。本章具体介绍了几种不同金属的检测分析方法。

7.1.1　重金属在环境介质中的存在、迁移及转化

重金属形态包括元素具体存在的物理的聚集状态(气态、液态、固态)和化学的(原子、分子)结合方式。金属的形态与其来源和进入水体后与水中其他物质可能发生的相互作用有关，不同的形态表现出不同的生物毒性和环境行为。重金属形态是指重金属元素在环境中的某种离子、分子或其他结合方式存在的物理-化学形式。如大气中的汞可有元素汞、无机汞(如氯化汞)和有机汞(如甲基汞)等不同化学形态。

重金属形态的研究与分析通常使用阳极溶出法，0.45 μm 滤膜分离，Chelex100 树脂柱和紫外光照一系列处理技术，可将重金属区分为溶解态与颗粒态两大类(用 0.45 μm 孔径滤膜)。在溶解态重金属中再区分为不稳定态和稳定态、离子态和胶体态、有机态和无机态；把颗粒态重金属再区分为可换态、碳酸盐结合态、铁锰氧化物态、成硫化合物和有机质结合态以及残渣态等。国外将水体中 Cu、Pb、Zn、Cd 溶解态分离出 9 种形态。我国进行了松花江和湘江等河流重金属的形态研究，明确了上游与下游河段的 Cu 有不同的存在形态。

重金属在环境中的迁移转化如图 7-1 所示。大气传输和沉降是土壤、水体和植物外源重金属进入的主要途径，大气中的重金属在风力作用下，进行远、近程传输和迁移，经过自然沉降和雨水进入土壤和水体富集。植物通过大气扩散、土壤

吸收和污水灌溉富集重金属。人体通过空气吸入、食用受污染的粮食和肉类、饮用受污染的水而受到重金属污染。

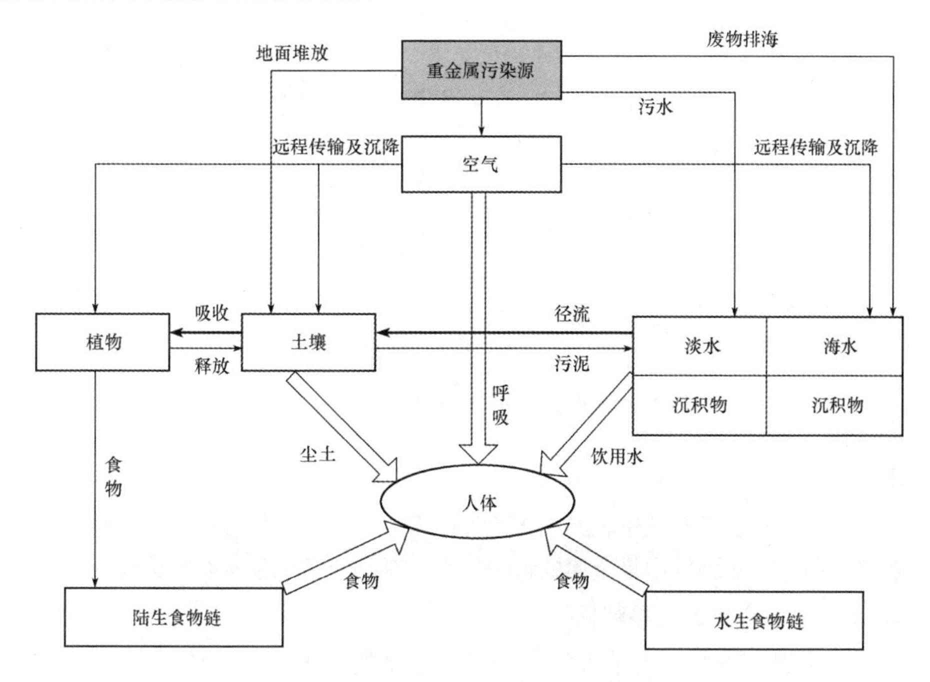

图 7-1　重金属在环境中的迁移转化

1. 大气中重金属的迁移转化

大气降尘中重金属主要包括 Cu、Cd、Mn、Ni、Pb、Zn、Co、A1、Fe、Mo 等元素。Cu 通常用于汽车的刹车系统以控制热量的传递以及油泵材料的磨损。Pb 与汽车排放尾气有关，随着无铅汽油的逐步推广，其影响有所减弱，但汽车的急剧增加，汽车尾气仍然是 Pb 的主要来源。Ni 和 Cr 与金属冶炼相关。Zn 来自工业生产和汽车轮胎的磨损。燃煤是 Cd 的主要来源。而 Fe、Mn 为地壳组成元素，其主要由土壤颗粒贡献，来源比较稳定。

城市大气重金属污染情况复杂，一方面，多种来源如建筑扬尘、燃煤飞灰、汽车尾气等的重金属与其他污染物汇集在大气中，在一定大气条件如温度、湿度、阳光等下发生多种界面间的相互作用，彼此耦合构成复杂大气污染体系；另一方面，大气中的重金属在一定的大气条件如风、降水等下进行迁移变化，在污染本质上表现为互为源汇的特点。目前对于大气颗粒物中重金属对环境的危害研究，已得到普遍认可的是大气颗粒物通过干湿沉降可转移到地表土壤和地面水体中，并通过一定的生物化学作用，将重金属转移到动植物体内，图 7-2 所示为大气颗粒物中重金属进入生态系统示意图。

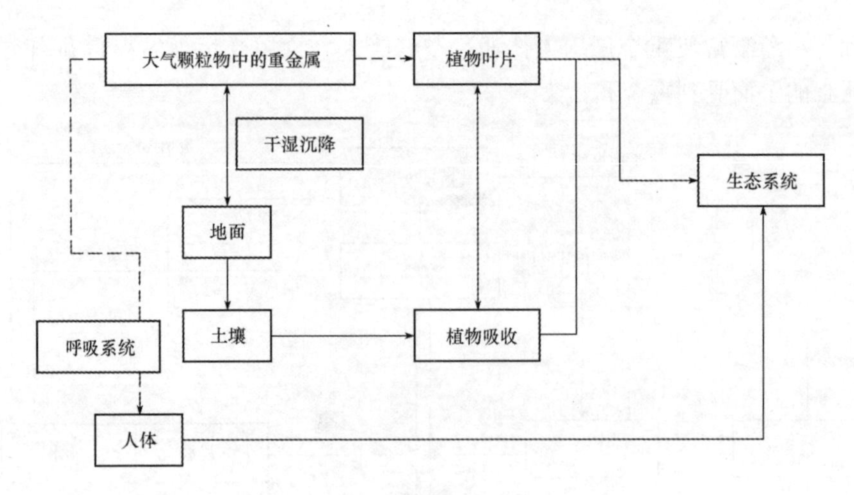

图 7-2　大气颗粒物中重金属进入生态系统示意图

由于进入生态系统中的重金属会通过食物链传递危害人体健康，大气颗粒物中的重金属作为影响生态系统重金属累积的外援因子之一，对生态系统重金属累积具有重要意义。因此，对大气中重金属的行为研究，对整个环境系统有着重要意义。

2. 土壤中重金属的迁移转化

土壤重金属污染是指由于人类活动将重金属加入土壤中，致使土壤中重金属的含量明显高于原有含量，并造成生态环境质量恶化的现象。土壤重金属污染主要来自灌水特别是污灌、固体废弃物污泥、垃圾、农药和肥料以及大气沉降物等，例如含重金属的矿产开采、冶炼，金属加工排放的废气、废水、废煤渣，石油燃烧过程中排放的飘尘，电镀工业废水，塑料、电池、电子等工业排放的废水，采用汞接触剂合成有机化合物的工厂排放的废水染料，化工、制革工业排放的废水等均含有各种重金属成分。重金属进入土壤后对环境的危害主要体现在：

(1)土壤一旦受到重金属污染，就很难予以彻底消除。重金属易与环境中的有机或无机配体形成络合物，可被土壤胶体吸附，移动性小，不易被水淋溶，也不易被微生物降解，基本上是一个不可逆转的过程。当进入土壤的重金属元素积累到一定程度，超过作物的需要和可耐受的程度时，就会影响作物的生长。

(2)土壤中重金属会对微生物产生抑制作用。重金属离子对微生物的毒性顺序为 Hg>Cd>Cr>Pb>Co>Cu。重金属能抑制许多细菌的繁殖，进而影响土壤生物群的变化及有机物的生物化学降解。另外，某些重金属可在微生物作用下转化成毒性更大的金属有机化合物，如大多数汞化合物在污泥中微生物的作用下可转化成毒性极强的甲基汞。

(3)土壤重金属含量超过卫生标准，就有可能对人、畜产生一定的危害。土壤中重金属还可通过上述几种途径造成二次污染，最终通过呼吸作用、饮水及食物链进入人体内，在人体内蓄积而危害到人体健康。

重金属一般不易随水淋滤，不能被土壤微生物分解，但能吸附于土壤胶体而被土壤微生物和植物所吸收，通过食物链或其他方式转化为毒性更强的物质，严重危害人体健康。土壤中重金属主要来自大气沉降物和随固体废弃物、污水、农用物资进入土壤的重金属。土壤中重金属积累的初期不易被人们觉察和关注，属于潜在危害，但土壤一旦被重金属污染，就会造成土壤生态系统退化、植物难以生长等问题，很难彻底消除，所以土壤中重金属的污染问题比较突出。土壤重金属污染物的迁移转化过程分为物理迁移、化学迁移、物理化学迁移和生物迁移。其迁移转化是多种形式的错综结合。

3. 水体中重金属的迁移转化

重金属污染物进入水体后由于水体中悬浮物的吸附作用，大部分从水相转移至悬浮物中随之迁移，当悬浮物负荷量超过其搬运能力时就逐步沉降下来，蓄积在沉积物中。水环境条件等因素改变时，重金属又可能再次释放，重新进入水体中。由此可见，重金属在水体中的迁移转化是一个复杂的过程，包括了水体中的各种物理、化学及生物反应，并且其中有些过程是可逆的，所以在研究重金属在水体中的迁移转化规律时，必须综合考虑各过程以及主要影响因素。

(1)水体中重金属的吸附过程。重金属在水体中吸附和悬浮物沉降是其达到自净的过程。吸附过程基本符合 Henry、Lamgmuir 和 Freundlich 吸附模式。对重金属吸附有较大影响的水力因素是水体泥沙浓度和粒度、温度和水相离子初始浓度以及 pH 值等。尤其是泥沙浓度和粒度影响最大，泥沙浓度越大，粒径越小，吸附量和吸附速度越大，而且不同粒径泥沙共存时对吸附特征参数影响很大；pH 值也是至关重要的因素，当 pH 值升高时，吸附速率增大，解吸速率减小，存在临界 pH 值对应于最大吸附量；温度升高，吸附速率增大，解吸速率减小。

(2)重金属的释放过程。以吸附动力学为基础的研究把释放看作吸附的逆过程，以吸附动力学模式来描述释放过程。因此，有的研究者把释放动力学方程中的系数用 Freundlich 吸附模式中的解吸速率来代替。其实，以吸附为主的吸附-解吸动力学过程与以释放为主的解吸-吸附过程是有显著区别的。对释放有较大影响的因素主要有泥沙浓度、颗粒粒径和沉积物厚度以及沉积物污染浓度和有机质等；此外，温度升高，重金属释放量也增大，pH 值在酸性条件下导致沉积物中碳酸盐态溶解，故酸度增高，重金属释放量增大。释放过程对湖泊和淤积的河床水体污染影响尤其重要，释放过程实为二次污染源。

7.1.2 重金属的危害

重金属污染与其他有机化合物的污染不同，不少有机化合物可以通过自然界本身物理的、化学的或生物的净化，使有害性降低或解除，而重金属具有富集性，很难在环境中降解。目前我国由于在重金属的开采、冶炼、加工过程中，造成不少重金属如铅、汞、镉、钴等进入大气、水、土壤，引起了严重的环境污染。如随废水排出的重金属，即使浓度小，也可在藻类和底泥中积累，被鱼和贝类体表吸附，产生食物链浓缩，从而造成公害。水体中金属有利或有害不仅取决于金属的种类、理化性质，还取决于金属的浓度及存在的价态和形态，即使有益的金属元素浓度超过某一数值也会有剧烈的毒性，使动植物中毒，甚至死亡。金属有机化合物(如有机汞、有机铅、有机砷、有机锡等)比相应的金属无机化合物毒性要强得多；可溶态的金属又比颗粒态金属的毒性要大；六价铬比三价铬毒性要大等。

重金属在人体内能和蛋白质及各种酶发生强烈的相互作用，使它们失去活性，也可能在人体的某些器官中富集，如果超过人体所能耐受的限度，会造成人体急性中毒、亚急性中毒、慢性中毒等，对人体造成很大的危害。例如，日本发生的水俣病(汞污染)和骨痛病(镉污染)等公害病，都是由重金属污染引起的。

土壤重金属污染是由于废弃物中重金属在土壤中过量沉积而引起的土壤污染。污染土壤的重金属主要包括汞、镉、铅、铬和类金属砷等生物毒性显著的元素，以及有一定毒性的锌、铜、镍等元素，主要来自农药、废水、污泥和大气沉降等。过量重金属可引起植物生理功能紊乱、营养失调，此外，汞、砷能减弱和抑制土壤中硝化、氨化细菌活动，影响氮素供应。重金属污染在土壤中移动性很小，不易随水淋滤，不被微生物降解，通过食物链进入人体后，潜在危害极大。

7.1.3 重金属分析方法

通常认可的重金属分析方法有紫外可见分光光度法(UV)、原子吸收光谱法(AAS)、原子荧光光度法(AFS)、电感耦合等离子体法(ICP)、X荧光光谱法(XRF)、电感耦合等离子体质谱法(ICP-MS)。日本和欧盟国家有的采用电感耦合等离子体质谱法(ICP-MS)分析，但对国内用户而言，仪器成本高。也有的采用X荧光光谱(XRF)分析，优点是无损检测，可直接分析成品，但检测精度和重复性不好。最新流行的检测方法阳极溶出法，检测速度快，数值准确，可用于现场等环境应急检测。

1. 原子吸收光谱法(AAS)

原子吸收光谱法是20世纪50年代创立的一种新型仪器分析方法，它与主要用于无机元素定性分析的原子发射光谱法相辅相成，已成为对无机化合物进行元素定量分析的主要手段。原子吸收分析过程如下：将样品制成溶液(空白)；制备一系列已知浓度的分析元素的校正溶液(标样)；依次测出空白及标样的相应值；依据上述相应值绘出校正曲线；测出未知样品的相应值；依据校正曲线及未知样品的相应值得出样品的浓度值。现在由于计算机技术、化学计量学的发展和多种新型元器件的出现，原子吸收光谱仪的精密度、准确度和自动化程度大大提高。用微处理机控制的原子吸收光谱仪，简化了操作程序，节约了分析时间。现在已研制出气相色谱-原子吸收光谱(GC-AAS)的联用仪器，进一步拓展了原子吸收光谱法的应用领域。

(1)火焰原子吸收光谱法(FAAS)。FAAS 是标准检验方法中的一种，最低检出限为 4 μg/mL。FAAS 操作简单，分析速度快，测定高浓度元素时干扰小、信号稳定，但该方法也存在一些缺点：样品预处理步骤复杂，时间长，易受污染，空白值高，灵敏度低，试剂用量大，分析结果易受影响等。王小燕等提出了在样品中加入吐温 280 作为增敏剂的增敏法，免去了样品的前处理，其他金属离子的存在不再干扰铅的检测结果。在检测镉时，用改性花生壳固相萃取-原子吸收光谱法可以成功地测定样品中的痕量镉；潘锦武在酸性条件下加入 KI-MBK 进行萃取，解决了食品基体物质干扰问题，提高了检测结果的准确性。

(2)石墨炉原子吸收光谱法(GFAAS)。与 FAAS 相比，GFAAS 样品预处理简单、灵敏度高、测量精度好，可分析固体或气体试样。基体改进剂的选择对 GFAAS 有很大的影响，以 $NH_4H_2PO_4$ 和 $Mg(NO_3)_2$ 作为混合改进剂能消除基体干扰，用钯盐作为基体改进剂时测定效果也很好。悬浮进样是 GFAAS 研究的热点。如何制得均匀且稳定的悬浮液是关键。将琼脂溶液作为悬浮剂可以制得均匀、稳定的悬浮剂，省去复杂的样品化学前处理过程。

2. 原子荧光光度法(AFS)

AFS 是通过待测元素的原子蒸汽在辐射能激发下所产生荧光的发射强度来测定待测元素的一种分析方法。该方法灵敏度高，检出限比 AAS 要低，基体效应小、谱线简单且干扰小，线性范围宽，但仅能分析砷、硒、铅、锡、汞等元素。Faouzia 等通过氢化物发生原子荧光光谱法(HG-AFS)建立了一种高灵敏度的简便方法来测定总砷含量，在可乐、茶、果汁中总砷的检出限范围为 0.01～0.03 ng/L。袁爱萍用干法灰化加入二硫腙-四氯化碳，消除了基体中铜的干扰，用于鱼类、肉类食品中镉的测定。

3. 电感耦合等离子体质谱法(ICP-MS)

MS 是用电场和磁场将运动的离子按它们的质荷比分离后进行检测的方法。准确测出离子质量，即可确定离子的化合物组成。将电感耦合离子体与质谱联用，将样品汽化分离待测金属，从而进入质谱测定。该方法前处理简单，干扰少，检出限低，分析速度快，且能同时测定多种元素。王娜将微波消解法前处理与 ICP-MS 相联用，降低了砷元素的检出限，提高了加标回收率。Huang 等将同位素稀释流动注射与 ICP-MS 联用检测海水中的铅，实现铅的在线分离、富集。虽然该方法在大批量的常规检测中具有很大优势，但其价格昂贵，易受污染。ICP-MS 具有很好的准确性和精密度，可作为参照方法来衡量新的检测技术的准确性。

4. 电感耦合等离子体原子发射光谱法(ICP-AES)

高频感应电流产生的高温将反应气加热、电离，利用元素发射出的特征谱线进行测定，谱线强度与重金属量成正比。ICP-AES 灵敏度高，干扰小，线性宽，可同时或顺序测定多种元素(Cd、Hg)。

5. 高效液相色谱法(HPLC)

痕量金属离子与有机试剂形成稳定的有色络合物，以液体为流动相，采用高压输液系统将各成分在色谱柱内分离后，用检测器检测，可实现多元素同时测定，但络合剂的选择有限，使得该方法有一定的局限性。台希等研究了用固相萃取富集—HPLC 测定环境水样中痕量重金属的方法。Amoli 等通过 HPLC 建立了一种快速同步检测原油中 V、Ni、Fe、Cu 浓度的方法。杨亚玲等采用固相萃取富集—HPLC 测定了三七、牛角天麻、无根藤及虫草中的铜、镍、锡、镉、铅、汞含量。

6. 离子交换色谱(IEC)

IEC 是元素形态分析中最常用的分离技术，是基于待测离子与流动相中的相关离子在固定相上键合位置的竞争来实现的，这种竞争的程度决定了离子在柱上的相对保留。

在生物和环境试样中，元素通常以中性或带电荷的化合物形式存在，而且这些形态又随分析溶液的 pH 值变化而变化。离子交换色谱(IEC)应该是最适宜的和优选的分离技术。IEC 有阴离子交换和阳离子交换柱，有时也可采用缓和柱或双柱的分离形式。

7. 毛细管电泳法(CE)

毛细管电泳法是以弹性石英毛细管为分离通道，以高压直流电场为驱动力，依据样品中各组分之间淌度和分配行为上的差异而实现分离的电泳分离分析方法。该技术可分析的成分小至有机离子，大至生物大分子如蛋白质、核酸等。其可用于分析多种体液样本如血清或血浆、尿、脑脊液及唾液等，比 HPLC 分析高效、快速、微量。

8. 示波极谱法

利用极谱仪捕捉待测物质在特定电位下产生的各种形式的波，从而对待测物质的含量进行计算。该方法响应时间短，读数稳定，但至今关于这一方法的报道不多。纪明艳等的研究表明，在醋酸-醋酸钠的缓冲液中镉与碘可生成稳定的络合物，并且能在滴定汞电极表面被吸附，产生灵敏的络合吸附波，12 h 内电流不发生明显的改变，可用于水样中镉的检测。2005 年王锋研究了饮料中铅、镉的示波极谱法，对底液条件、准确度、精密度、干扰因素等进行了试验。

9. 分光光度法

分光光度法作为重金属的传统分析方法，已有较多介绍，这里不再赘述。

7.2　电感耦合等离子体发射光谱法(ICP-AES)

7.2.1　原理

电感耦合等离子焰炬温度可达 6 000～8 000 K，当样品由进样器引入雾化器，并被氩载气带入焰炬时，则样品中组分被原子化、电离、激发，以光的形式发射出能量。不同元素的原子在激发或电离时，发射不同波长的特征光，故根据特征光的波长可进行定性分析；元素的含量不同，发射特征光的强度也不同，据此可进行定量分析，其定量关系可用下式表示：

$$I=ac^{b}$$

式中　I——发射特征光的强度；

c——被测元素的浓度；

a——与样品组成、形态及测定条件等有关的系数；

b——自吸收系数，$b\leqslant 1$。

7.2.2　仪器装置

电感耦合等离子体原子发射光谱仪由电感耦合等离子体焰炬、进样器、分光器、控制和检测系统等组成。电感耦合等离子体焰炬由高频电发生器和感应圈、炬管、样品引进和供气(载气、辅助气、冷却气)系统组成(图 7-3)。高频电发生器和感应圈提供电磁能量。炬管由三个同心石英管组成，分别通入载气、冷却气、辅助气(均为氩气)。当用高频点火装置产生火花后，形成电感耦合等离子体焰炬，对由载气带来的气溶胶样品进行原子化、电离、激发。进样器为利用气流提升和分散样品的雾化器，雾化后的样品送入电感耦合等离子体焰炬的载气流。分光器由透镜、光栅等组成，用于将各元素发射的特征光按波长依次分开。控制和检测系统由光电转换及测量部件、微型计算机和指示记录器件组成。

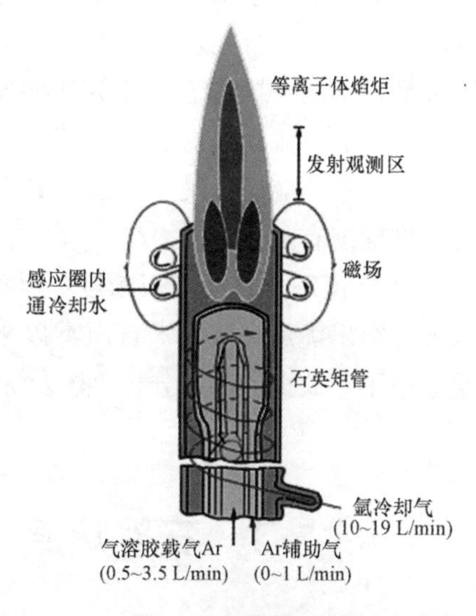

图 7-3　电感耦合等离子体焰炬组成示意图

7.2.3 应用前景

1. ICP-AES的优点

(1)分析速度快。ICP-AES干扰低、时间分布稳定、线性范围宽，能够一次同时读出多种被测元素的特征光谱，同时对多种元素进行定量和定性分析。

(2)分析灵敏度高。直接摄谱仪测定，一般相对灵敏度为10^{-6}级；绝对灵敏度为10^{-3}～10^{-9} g。如果通过富集处理，相对灵敏度可达10^{-9}级，绝对灵敏度可达10^{-11} g。

(3)分析准确度和精密度较高。ICP-AES是各种分析方法中干扰较小的一种，一般情况下其相对标准偏差为10%，当分析物浓度超过100倍检出限时，相对标准偏差为1%。

(4)测定范围广。可以测定几乎所有紫外和可见光区的谱线，被测元素的范围大，一次可以测定几十个元素。

2. ICP-AES的不足之处

设备和操作费用较高，样品一般需预先转化为溶液(固体直接进样时精密度和准确度降低)，对有些元素优势并不明显。

3. 应用

在水质监测中，所要监测的成分除了碱金属和碱土金属外，重金属也是重要的监测项目，一般水样经过简单的酸化和过滤后，可直接用ICP系统分析。当待测元素的含量低于ICP系统的检出限时，则需要浓缩。对于民用及工业废水，分析前常常需要进行处理，溶解样品中的悬浮物。一般情况下水中的金属离子的含量极低，不能直接测定，需要用到一些分离富集技术，如溶剂萃取法、共沉淀法、离子交换法、流动注射法、色谱法、氢化物发生法以及活性炭富集法等，这些分离富集技术的应用不仅扩大了ICP-AES的应用范围，而且使分析的检出限、精密度和准确度有了很大的提高。

由于ICP-AES具有灵敏度高、检出限低、多元素检测、线性范围宽、低干扰水平等突出优点，该技术自面世以来已得到了广泛的应用，已成为许多部门的实验室中不可缺少的常规分析手段及标准分析方法。

7.3 石墨炉原子吸收分析技术(AAS)

7.3.1 原理

将样品用进样器定量注入石墨管中，并以石墨管作为电阻发热体，通电后迅速升温，使试样达到原子化的目的。它由加热电源、保护气控制系统和石墨管状炉组成。外电源加于石墨管两端，供给原子化器能量，电流通过石墨管产生高达 3 000 ℃的温度，使置于石墨管中的被测元素变为基态原子蒸汽。保护气控制系统是控制保护气的，仪器启动，保护气 Ar 气流通，空烧完毕，切断 Ar 气流。外气路中的 Ar 气沿石墨管外壁流动，以保护石墨管不被烧蚀，内路的 Ar 气从管两端流向管中心，由管中心孔流出，以有效地除去在干燥和灰化过程中产生的基体蒸汽，同时保护已经原子化的原子不再被氧化。

在原子化阶段，停止通气，以延长原子在吸收区内的平均停留时间，避免对原子蒸汽的稀释。在石墨炉原子化系统中，火焰被置于氩气环境下的电加热石墨管所代替。氩气可防止石墨管在高温状态下迅速氧化并在干燥、灰化阶段将基体组分及其他干扰物质从光路中除去。少量样品(1～70 mL，通常在 20 mL 左右)被加入热解涂层石墨管中。石墨管上的热解涂层可有效防止石墨管的氧化，从而延长石墨管的使用寿命。同时，涂层也可防止样品侵入石墨管从而提高灵敏度和重复性。石墨管被电流加热，电流的大小由可编程控制电路控制，从而在加热过程中可按一系列升温步骤对石墨管中的样品进行加热，达到除去溶剂和大多数基体组分然后将样品原子化产生基态自由原子。分子的分解情况取决于原子化温度、加热速率及热石墨管管壁周围环境等因素。

石墨管中的样品得以完全原子化，并在光路中滞留较长时间(相对于火焰法而言)。因而该方法可使灵敏度大大提高，使检出限降低到 ppb 级。主要原因是在测量时，溶剂不复存在，也没有火焰原子化系统那样样品被气体稀释的情况出现。虽然基态自由原子仍然会被干扰，但呈现出与火焰原子化系统所不同的特性。通过正确地选择分析条件，化学基体改进剂更易于控制石墨炉原子化过程。由于采用石墨炉技术可对众多基体类型的样品进行直接分析，从而可减少样品制备过程所带来的误差。同时，石墨炉技术可实现无人监管全自动分析。

7.3.2　仪器装置

石墨炉原子吸收光谱仪与火焰原子吸收光度计都属于原子吸收光谱仪，由光源、原子化系统、分光系统和检测系统组成，主要区别在于：

(1)原子化器不同。火焰原子化器由喷雾器、预混合室、燃烧器三部分组成，特点是操作简便、重现性好。石墨炉原子化器是一类将试样放置在石墨管壁、石墨平台、碳棒盛样小孔或石墨坩埚内用电加热至高温实现原子化的系统(图 7-4)。其中管式石墨炉是最常用的原子化器。原子化程序分为干燥、灰化、原子化、高温净化。原子化效率高：在可调的高温下试样利用率达 100%。灵敏度高：其检出限达 10^{-6}～10^{-14}。试样用量少：适合难熔元素的测定。

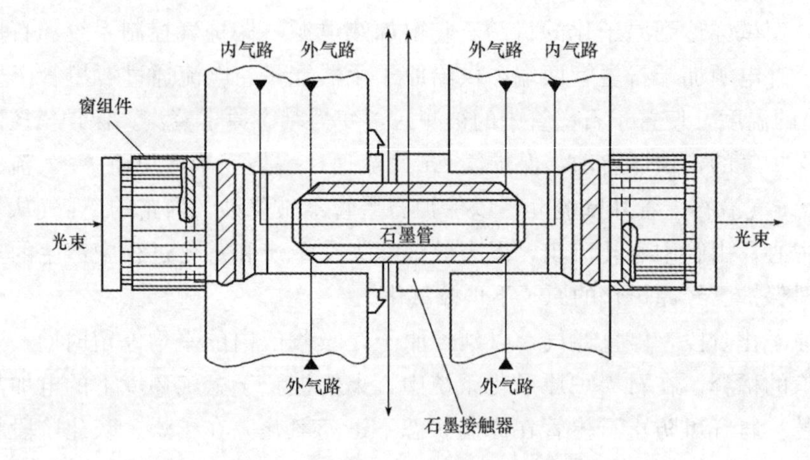

图 7-4　石墨炉原子化器组成示意图

(2)操作条件不同。火焰燃烧器操作条件的选择：试液提升量、火焰类型、燃烧器的高度。石墨炉最佳操作条件的选择：惰性气体最佳原子化温度。

(3)精确度不同。火焰原子吸收光谱法可测到 10^{-9} g/mL 数量级，石墨炉原子吸收法可测到 10^{-13} g/mL 数量级。火焰原子吸收除了其优异的性能之外，更添加了在线稀释装置和可切换的真实单、双光路光学系统。石墨炉原子吸收采用横向加热石墨管，加热速度可高达 3 800 K/s，可设置多达 30 个加热步骤以适合各种应用。

7.3.3　应用前景

1. 石墨炉原子吸收分析技术(AAS)的优点

(1)试样原子化是在惰性气体保护下，于强还原性的石墨介质中进行的，有利于形成难熔氧化物的元素的原子化。

(2)取样量少。通常为固体样品 0.1～10 mg，液体样品 1～50 μL。

(3)试样全部蒸发，原子在测定区的平均滞留时间长，几乎全部样品参与光吸收，绝对灵敏度高达 10^{-9}～10^{-13} g。一般比火焰原子化法提高几个数量级。

(4)测定结果受样品组成的影响小。

(5)化学干扰小。

2. 石墨炉原子吸收分析技术(AAS)的不足之处

(1)精密度较火焰法差(记忆效应)，相对偏差为 4%～12%(加样量少)。

(2)有背景吸收(共存化合物分子吸收)，往往需要扣背景。

火焰原子化法与石墨炉原子化法比较见表 7-1。

表 7-1　火焰原子化法与石墨炉原子化法比较

方法	原子化热源	原子化温度	原子化效率	进样体积	检出限	重现性	基体效应
火焰	化学火焰能	相对较低	较低(<15%)	较多(100 mL)	高	较好	较小
石墨炉	电热能	相对较高	较高(>90%)	较少(1~50 μL)	低	较差	较大

7.4　原子荧光光谱法(AFS)

7.4.1　原子荧光光谱法概述

原子荧光光谱法(AFS)是介于原子发射光谱(AES)和原子吸收光谱(AAS)之间的光谱分析技术。它是通过测量待测元素的原子蒸汽在一定波长的辐射能激发下发射的荧光强度进行定量分析的方法。

原子荧光是光致发光，其波长在紫外、可见光区。气态自由原子吸收特征波长的辐射后，原子的外层电子从基态或低能态跃迁到高能态，经 8~10 秒，又跃迁至基态或低能态，同时发射出荧光。若原子荧光的波长与吸收线波长相同，称为共振荧光；若不同，则称为非共振荧光。共振荧光强度大，分析中应用最多。

原子荧光光谱和原子发射光谱都是被激发的原子(激发态原子)发射的线光谱，但激发机理不同。原子受热运动粒子非弹性碰撞而被激发，各能级不同激发态的原子数遵守 Boltzmann 分布规律，再辐射可得到原子发射光谱。而原子吸收光子而被光致激发，其吸收具有选择性，各能级激发态原子数不遵守 Boltzmann 分布规律，再辐射可得原子荧光光谱。原子荧光光谱要比原子发射光谱简单。

在一定条件下，原子荧光强度(共振荧光)与样品中某元素的浓度成正比，所以，可以用于定量分析。该分析方法的优点是：

(1)有较低的检出限，灵敏度高。目前已有 20 多种元素的检出限优于原子吸收光谱法和原子发射光谱法。由于原子荧光的辐射强度与激发光源成比例，采用新的高强度光源可进一步降低其检出限。

(2)干扰较少，谱线比较简单。采用一些装置，可以制成非色散原子荧光分析仪。

(3)在低浓度时校准曲线的线性范围宽，可达 3~5 个数量级，特别是用激光作激发光源时更佳。

(4)能实现多元素同时测定。由于原子荧光是向空间各个方向发射的，比较容易制作多道仪器，因而能实现多元素同时测定。

该方法主要用于金属元素的测定，在环境科学、高纯物质、矿物、水质监控、生物制品和医学分析等方面有着广泛的应用。

7.4.2 原子荧光光谱法的基本原理

对于某一元素来说，原子吸收了光辐射之后，根据跃迁过程中所涉及的能级不同，将发射出一组特征荧光谱线。由于在原子荧光光谱分析的实验条件下，大部分原子处于基态，而且能够激发的能级又取决于光源所发射的谱线，因而各元素的原子荧光谱线十分简单。根据所记录的荧光谱线的波长即可判断有哪些元素存在，这是定性分析的基础。

原子对激发光的吸收遵守 Lambert－Beer 定律：

$$I_A = I_0(1 - e^{-abc}) \tag{7-1}$$

式中，I_A 是原子吸收的光强，I_0 是激发光光强，a、b、c 的意义同分光光度分析，即 a 是吸光系数，b 是光程长，c 是吸光原子的浓度。式(7-1)括号内式子可按 Taylor 级数展开：

$$1 - e^{-abc} = abc - \frac{(abc)^2}{2!} + \frac{(abc)^3}{3!} \cdots \tag{7-2}$$

在弱原子吸收条件下，式中高次项可略去，近似为

$$1 - e^{-abc} \approx abc \tag{7-3}$$

同样，原子荧光的再辐射强度正比于原子吸收的光强：

$$I_F = yI_A = yI_0 \cdot abc = ykI_0c \tag{7-4}$$

式(7-4)中 y 是原子荧光与原子吸收光之间的转换效率，也称荧光产率或荧光产额。表明：

①在弱吸收条件下，原子荧光强度与被测元素原子浓度成正比，工作曲线呈线性。这就是原子荧光定量分析的基础。

②原子荧光强度与激发光光强成正比，增强激发光光强可正比于改善检测灵敏度。

相比而言，原子吸收光谱中增强入射光光强不增加原子吸收的吸光度，也不改善灵敏度。原子吸收光谱测量吸光度的实质是测量透光率，即透射光与入射光的强度比。入射光强度能满足满度($T=100\%$，$A=0$)调节即可。

③由于荧光在垂直于激发光入射方向进行测量以避开透射光的影响，因此激发光可以不必是锐线光源。当用连续光源激发原子荧光时，仅共振线波长的光子

被吸收，或更确切地说，在吸收线物理轮廓的波长(频率)范围内的光子被吸收，光源中其他波长(频率)的光不被基态原子吸收参与光致激发。在垂直于入射方向检测原子荧光时，这些波长的光理论上不被检测器检测。

④系数 K 包括光致激发过程中对激发光的吸光系数和光程长，系数 y 荧光产率受到共存物淬灭和荧光传播途径被重新吸收的影响。这些因素对原子荧光的影响要比光度法和分子荧光的影响更为复杂。

也就是说，在一定的实验条件下，原子浓度十分稀薄，光源强度一定时，原子荧光的强度与溶液中被测元素浓度 c 成正比：

$$I_F = K \cdot c \tag{7-5}$$

式(7-5)为原子荧光定量分析的基本关系式，所以，通过测量待测元素原子的荧光强度，就可以确定待测元素的含量。

7.4.3　原子荧光光谱仪

原子荧光光谱法是一种发射光谱分析方法，但它和原子吸收光谱分析方法有密切的联系。原子荧光光谱仪与原子吸收光谱仪也非常相似，也是由光源、原子化器、单色器和检测系统四大主要部分构成(图 7-5)。二者的主要区别是原子荧光光谱仪采用的是高强度光源，并且光源和单色器呈 90°夹角。

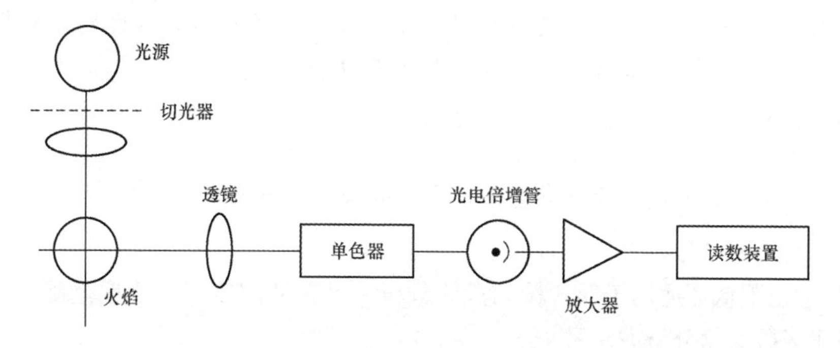

图 7-5　原子荧光光谱仪结构图

1. 光源

光源的作用是使待测元素的原子激发而发射荧光。光源垂直于单色器和检测系统是为了避免光源发射线进入单色器干扰荧光测定。原子荧光分析对激发光源的主要要求是：

(1)光源强度大。因为荧光强度与激发光源强度成正比关系，所以欲提高测量灵敏度，必须采用高强度的光源为激发光源。

(2)稳定。以保证荧光分析具有较高的精密度。

与原子吸收比较起来，光源发射线宽度对原子荧光是不重要的。因此原子荧光分析既可以用线光源，也可以用连续光源。线光源的优点是谱线强度大，光谱干扰少，波长容易调节，高强度的空心阴极灯和无极放电灯是常用的线光源。连续光源的特点是稳定性好，适用于多元素分析，氙弧灯是常用的连续光源。为消除因待测元素热激发产生的发射光谱的影响，必须对光源进行调制。

2. 原子化器

原子荧光光谱仪的原子化装置与原子吸收光谱仪分析法相同。火焰原子化器具有结构简单、操作简便、稳定性好等特点，广泛用于原子荧光分析。原子荧光分析对于火焰的要求与原子吸收分析有所不同。为了获得低的检出限，原子荧光分析力求降低火焰发射和“闪烁”引起的噪声；为了获得较高的荧光效率，要求火焰气体的荧光猝灭效应小。

受激发的原子和其他粒子碰撞，把一部分能量变成热运动和其他形式的能量，因而发生无辐射的去激发过程，这种现象称为荧光猝灭。荧光猝灭会使荧光的量子效率降低，荧光强度减弱。火焰中主要的荧光猝灭剂有 CO、CO_2、N_2 等，因此原子荧光分析尽量不用含碳的燃料气体，而用氢-氩或氩稀释的氢-氧火焰。

3. 单色器与检测系统

光栅是原子荧光光谱仪最常用的单色器，其作用是将待测元素的荧光分析线与其他谱线分开。由于原子荧光光谱比较简单，谱线干扰少，因此对单色器分辨率要求不高。但是原子荧光分析要求仪器有较强的聚光能力，以提高荧光测量强度，因而有的原子荧光光谱分析商品仪器采用色散率、分辨率都较小，相对孔径较大的分光系统。

原子荧光分析对检测系统的要求是灵敏度高，噪声小，以提高信噪比。

原子荧光光谱分析方法具有以下优点：

(1)检出限低，适用于低含量元素的分析，且在低浓度区，线性范围比原子发射和原子吸收光谱分析方法宽。

(2)可同时进行多元素测定，原子荧光可同时向各个方向辐射，便于制造多通道仪器。

(3)可使用连续光源，不一定采用锐线光源。

(4)谱线简单，光谱干扰小，对单色器分辨率要求不高。

原子荧光光谱分析方法也存在一定的局限性：

(1)不适用于高含量元素分析，在较高浓度时会产生自吸，导致非线性的校正曲线。

(2)某些情况下，由于存在荧光猝灭效应，使荧光量子效率降低，从而降低了测量灵敏度。

(3)由于荧光效率受火焰气体成分影响较大，因此原子荧光分析对于火焰的要求比原子吸收分析苛刻。

7.4.4　氢化物发生-原子荧光光谱分析

1. 氢化物发生-原子荧光光谱法的原理

碳、氮、氧族元素的氢化物是共价化合物，其中 As、Sb、Bi、Ge、Sn、Pb、Se、Te 八种元素的氢化物具有挥发性，通常为气态。借助载气流可以方便地将其导入原子光谱分析系统的原子化器或激发光源之中，进行定量光谱测量。但工作波段在近紫外及可见光区的常规原子光谱分析系统测量这些元素有很大的困难。首先是这些元素的灵敏线大都落在远紫外光谱区，因此测量灵敏度较低。其次，常规火焰产生的强烈的背景干扰，导致测量信噪比变坏。所以，一般火焰原子吸收、石墨炉原子吸收和 ICP 发射光谱分析对 As、Sb、Bi、Ge、Sn、Pb、Se 以及 Te 的检出限都无法满足一般样品中这些元素测量的需要。

氢化物发生进样方法，是将样品溶液中的 As、Sb、Bi、Ge、Sn、Pb、Se、Te 等分析元素还原为挥发性共价氢化物，然后借助载气流将其导入原子光谱分析系统进行测量，这样就可以极大地提高进样效率，从而降低了检出限，而且待分析元素变成气态与溶液中的基体和主量元素实现了分离，减少了干扰，有助于进一步降低检出限。

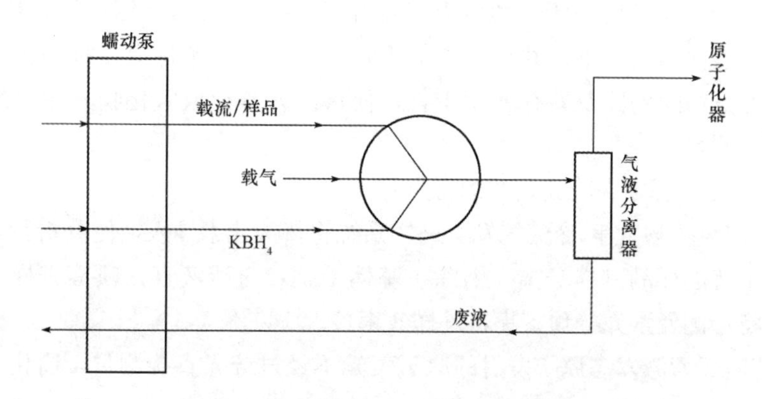

图 7-6　氢化物发生断续流动法进样原理

实现氢化物发生的方法有多种，目前主要采用硼氢化钠(钾)-酸体系来实现，用硼氢化钠发生砷、锑、铋、硒的氢化物，反应过程如下：

$$NaBH_4 + 3H_2O + H^+ \longrightarrow H_3BO + Na^+ + 8H^+ \quad (7\text{-}6)$$

$$(m+n)H\cdot + E^+ \longrightarrow EHn + mH^+ \quad (7\text{-}7)$$

硼氢化钠作为还原剂与砷、锑、铋、硒等元素反应生成气态氢化物，硼氢化物的形成取决于两个因素：一是被测元素与氢化合的速度，二是硼氢化钠在酸性溶液中分解的速率。

$$BH_4^- + 3H_2O + H^+ \longrightarrow H_3BO_3 + 4H_2 \quad (7\text{-}8)$$

经计算，在 pH 值=0 时，硼氢化钠按上述反应生成 H_2 仅需 4.3 μs。

在进行氢化物反应时，必须保持反应溶液有一定的酸度，被测元素也必须以一定的价态存在。这些条件有可能随着氢化物发生的方式不同而有所不同。利用还原剂硼氢化钠将样品溶液中的待测组分还原为挥发性氢化物，然后借助载气流将其导入原子荧光光谱仪的氩-氢焰原子化器中。氢化物可以在氩-氢焰中得到充分的原子化，气态自由原子处于基态，吸收外部光源特定波长(或频率)的光辐射能量后，原子外层电子由基态跃迁至高能态(激发态)，处于激发态的原子很不稳定，在极短的时间内会自发地释放出能量回到基态，以辐射的形式释放能量，所发射的特征光谱即为原子荧光光谱。

原子荧光的发射强度与样品中参与形成气态氢化物的原子浓度，即待测元素的浓度成正比关系。因此，氢化物发生原子荧光光谱分析通过测量原子荧光的强度即可求得待测样品中该元素的含量。

2. 氢化物发生-原子荧光光谱法的应用

氢化物发生-原子荧光光谱法(HG-AFS)测定环境样品中 As、Sb、Bi、Ge、Sn、Pb、Se、Te 等的研究有了一定的进展。

将这一分析技术应用于环境复杂样品中低熔点元素的测定，研究样品纯化、酸度控制、还原剂加入量及共存元素的干扰、仪器工作条件等多种因素，在氢化物发生条件下消除基体及共存元素干扰，使待测元素形成氢化物并稳定地释放出来，并进行测量。

氢化物发生-原子荧光光谱法的特点：

(1)采用氢化物发生-冷蒸气发生进样系统将待测元素导入，使分析元素能够与可能引起干扰的样品基体分离，消除了基体干扰，与溶液直接喷雾进样相比，氢化物法能将待测元素充分预富集，进样效率接近 100%。

(2)待测元素激发态原子发射的原子荧光不经过分光直接测量，简化了仪器装置，提高了测量灵敏度。连续氢化物发生装置易于实现自动化。不同价态的元素氢化物发生的条件不同，可进行价态分析。

氢化物发生-原子荧光光谱法使用范围：

(1)采用氢化物发生-原子荧光光谱法分析时，待测元素必须能够生成氢化物或挥发性化合物，且生成物的稳定性必须满足能够被送入原子化器，还能在原子化器中原子化。

(2)采用无色散检测方法(ND)要求用于检测的光谱带必须避开原子化器和日光

的背景谱带，日盲区光谱波段(190～310 nm)正好能满足这一要求，所以此方法可测元素必须在这区间有较强的原子荧光光谱线。

As、Sb、Bi、Ge、Sn、Pb、Se、Te 等元素可生成挥发性的共价氢化物，借助载气流可以方便地将其导入原子化器中，而且这些氢化物的生成热为正值，稳定性较差，非常适宜用低温氩氢火焰原子化，这些元素都有落在日盲区光谱波段(190～310 nm)的原子荧光谱线，因此适合采用原子荧光光谱法进行分析。

7.4.5　原子荧光光谱法的应用

1. 分析样品的形式

在多数情况下，原子荧光光谱法的灵敏度比原子吸收光谱法高。原子荧光光谱法发展迅速，现已成为一种优良的痕量分析技术，广泛应用于地质矿产、冶金、环境、卫生、食品、药物、材料科学等领域。

原子荧光分析法一般采用液体进样，所以，其他样品形式，诸如无机固体、悬浮液、胶体、有机固体、有机液体等，都需要先将它们制备成水溶液的形式。而且，在样品制备过程中，还要保证被测组分不损失、不被污染、全部转化为适宜测定的形式。选用的样品前处理方法应该可以让被测组分元素快速完全溶解，被测组分无挥发损失、不生成不溶物、试液黏度小、不应损伤试样溶解过程中的器具及进样装置。如果进行元素的形态分析，还应当确保不改变样品中的元素形态。

主要的处理方法有：

(1)湿法-酸处理。多用于无机盐类、金属及合金等样品的处理。

(2)干法-碱处理。碱熔法可处理一些氧化物材料、矿物、无机材料、地质样品等。

(3)灰化法处理。有机基体的样品一般可以预先灰化处理，破坏样品中的有机质之后，再用酸处理。

样品预处理时，应该同时处理两个平行样品，并且要有一个空白样品，用以检查样品处理过程中是否存在问题。对于易污染的样品要同时制备两个空白样品。

2. 原子荧光光谱法的应用

原子荧光光谱法的定量方法主要有标准曲线法和标准加入法。

(1)环境样品的分析。原子荧光光谱法所分析的环境样品中水分析占主要地位，有矿泉水、江河水、海洋水、地面水、地下水、工业废水、酸雨及冰雪样品等。另外还有空气、大气粉尘、工业炉气、海洋沉积物、江河沉积物、工业废渣等。涉及的元素有 30 多种。

与其他方法相比，氢化物发生-原子荧光光谱法对于痕量砷、汞、锑、硒等元素的测量，无论在方法的简单性、灵敏性还是线性范围等方面，都具有明显的优势。因此，该法被确定为饮用天然矿泉水中砷、汞、锑、硒等元素的国家标准检验方法。

(2)生物、食品样品的分析。原子荧光光谱法可以用以分析生物样品(如血浆、血清、体液)和食品样品(如酒类、乳制品、饮料等)中的微量元素。

(3)植物灰分组成的分析。植物样品经过灰化处理之后，可以通过原子荧光光谱法进行元素成分分析。

(4)土壤元素的分析。土壤样品经过浸提或者湿法-酸处理之后，可以通过原子荧光光谱法进行其中的元素分析。

(5)元素的形态分析及其连用技术。采用原子荧光光谱法可以进行相关样品中的元素形态分析，尤其是随着各种联用技术的发展，有机金属化合物形态分析研究取得了很大进展。如 HPLC-AFS 的联用不仅能进行元素的总量分析，更能实现元素的形态分析。该联用技术已经在许多种类的样品分析中得以应用。

7.5 电感耦合等离子体质谱法(ICP-MS)

7.5.1 原理

电感耦合等离子体质谱法是以电感耦合等离子体为离子源，以质谱计进行检测的无机多元素分析技术。被分析样品通常以水溶液的气溶胶形式引入氩气流中，然后进入由射频能量激发的处于大气压下的氩等离子体中心区，等离子体的高温使样品去溶剂化、汽化解离和电离。部分等离子体经过不同的压力进入真空系统，在真空系统内，正离子被拉出并按照其质荷比分离。检测器将离子转换成电子脉冲，然后由积分测量线路计数。电子脉冲的大小与样品中分析离子的浓度有关。通过与已知的标准或参考物质比较，实现未知样品的痕量元素定量分析。自然界出现的每种元素都有一个简单的或几个同位素，每个特定同位素离子给出的信号与该元素在样品中的浓度呈线性关系。

7.5.2 仪器装置

电感耦合等离子体质谱法系统组成示意图如图 7-7 所示。

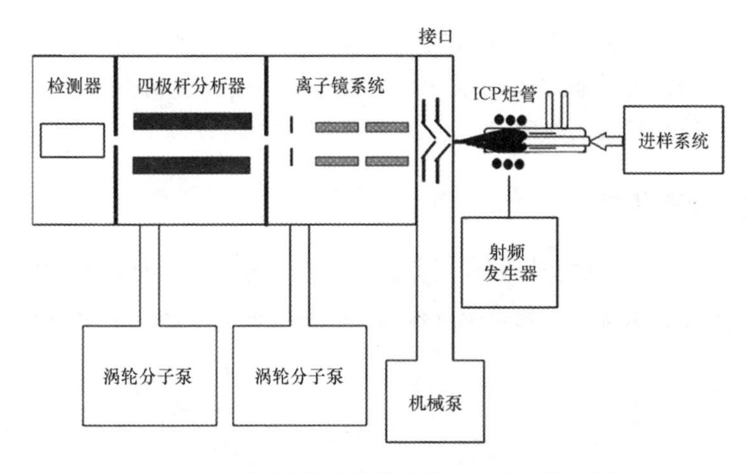

图 7-7　电感耦合等离子体质谱法系统组成示意图

7.5.3　应用前景

1. 地质样品分析中的应用

ICP-MS 以独特的接口技术将杰出的 ICP 离子源与质谱仪所具有的灵敏、快速扫描以及干扰较少的优点相结合，形成一种元素和同位素分析技术。其不但灵敏度高、可测定元素多，而且可进行同位素分析，因此最早也最为广泛地应用于地质样品分析。当前，地学研究和正在开展的多目标地质调查对分析技术提出越来越高的要求，要求测定的元素越来越多，测定限越来越低。目前，ICP-MS 主要用来测定岩矿、痕量稀土、贵金属、水质、土壤、水系沉积物、环境地质等样品中的微量、痕量元素。

2. ICP-MS 用于大气颗粒物中金属元素的分析

大气中的超细颗粒物具有能够强烈吸附多种无机、有机污染物，极易被人体吸入肺部甚至进入血液的特征，也是影响城市大气能见度的重要因素之一，严重地危害人类的健康和生态环境，已成为大气环境污染的突出问题。近些年来，ICP-MS 成为常用的分析颗粒物中痕量金属元素的重要方法。

7.6　火焰原子吸收法

7.6.1　原理

将含有待测元素的样品溶液通过原子化系统喷成细雾，随载气进入火焰，并在火焰中解离成基态原子。当空心阴极灯辐射出待测元素的特征光通过火焰时，因被火焰中待测元素的基态原子吸收而减弱。在一定试验条件下，特征光强的变化与火焰中待测元素基态原子的浓度有定量关系，故只要测得吸光度，就可以求出样品溶液中待测元素的浓度。

7.6.2 仪器装置

用于原子吸收光谱法分析的仪器称为原子吸收分光光度计或原子吸收光谱仪。它由光源、原子化系统、分光系统及检测系统四个主要部分组成(图 7-8)。

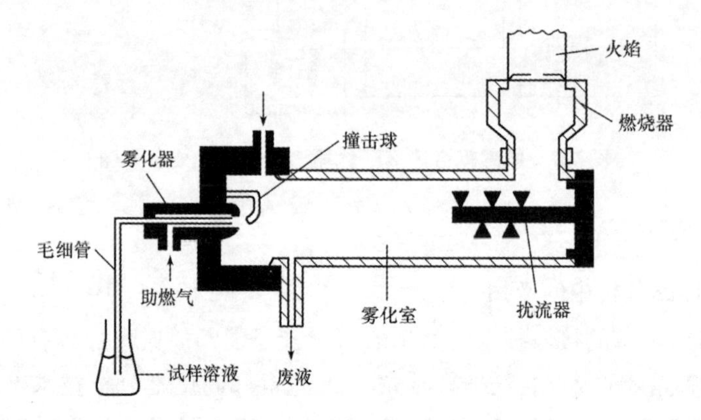

图 7-8　原子吸收光谱仪组成示意图

空心阴极灯是原子吸收分光光度计最常用的光源，由封闭于玻璃灯壳内的空心圆筒形阴极和阳极组成，阴极由被测元素纯金属或其合金制成，阳极由钛、钽、锆等金属制成；灯内充入氖气或氩气。当两极间加上一定电压时，因阴极表面溅射出来的待测金属原子被激发，便发射出特征光。这种特征光谱线宽度窄，干扰少，故称之为锐线光源。

原子化系统是将被测元素转变成原子蒸汽的装置，可分为火焰原子化系统和无火焰原子化系统。火焰原子化系统包括喷雾器、雾化室、燃烧器、火焰及其气体供给部分。火焰是将样品雾滴蒸发、干燥并经过热解离或还原作用产生大量基态原子的能源，常用的火焰是空气-乙炔火焰。对用空气-乙炔火焰难以解离的元素，如 Al、Be、V、Ti 等，可用氧化亚氮-乙炔(最高温度可达 3 300 K)。常用的无火焰原子化系统是电热高温石墨原子化器，其原子化效率比火焰原子化系统高得多，因此可大大提高测定灵敏度。此外，还有氢化物原子化器等。

分光系统又称单色器，主要由色散元件、凹面镜、狭缝等组成。在原子吸收分光光度计中，分光系统放在原子化系统之后，用于将被测元素的特征谱线与近谱线分开。

检测系统由光电倍增管、放大器、对数转换器、指示器(表头、数显器、记录仪及打印机等)和自动调节、自动校准等装置组成，是将光信号转换成电信号并进行测量的装置。中、高档原子吸收分光光度计都配有微型计算机，用于控制仪器操作和进行数据处理。

7.6.3　应用前景

1. 原子吸收方法的优点

(1)选择性强。这是因为原子吸收带宽很窄，因此测定比较快速简便，并有条件实现自动化操作。

在发射光谱分析中，当共存元素的辐射线或分子辐射线不能和待测元素的辐射线相分离时，会引起表观强度的变化。而对原子吸收光谱分析来说：谱线干扰的概率小，由于谱线仅发生在主线系，而且谱线很窄，线重叠概率较发射光谱要小得多，所以光谱干扰较小。即便是和邻近线分离得不完全，由于空心阴极灯不发射那种波长的辐射线，所以辐射线干扰少，容易克服。在大多数情况下，共存元素不对原子吸收光谱分析产生干扰。在石墨炉原子吸收法中，有时甚至可以用纯标准溶液制作的校正曲线来分析不同试样。

(2)灵敏度高。原子吸收光谱分析法是目前最灵敏的方法之一。火焰原子吸收法的灵敏度是 ppm 级到 ppb 级，石墨炉原子吸收法绝对灵敏度可达到 10^{-10}～10^{-14} g。常规分析中大多数元素均能达到 ppm 数量级。如果采用特殊手段，例如预富集，还可进行 ppb 数量级浓度范围测定。由于该方法的灵敏度高，使分析手续简化可直接测定，缩短了分析周期，加快了测量进程；由于灵敏度高，需要进样量少。无火焰原子吸收分析的试样用量仅需试液 5～100 μL。固体直接进样石墨炉原子吸收法仅需 0.05～30 mg。这对于试样来源困难的分析是极为有利的，例如，测定小儿血清中的铅，取样只需 10 μL 即可。

(3)分析范围广。发射光谱分析和元素的激发能有关，故对发射谱线处在短波区域的元素难以进行测定。另外，火焰发射光度分析仅能对元素的一部分加以测定。例如，钠只有 1%左右的原子被激发，其余的原子则以非激发态存在。

在原子吸收光谱分析中，只要使化合物离解成原子就行了，不必激发，所以测定的是大部分原子。目前应用原子吸收光谱法可测定的元素达 73 种。就含量而言，既可测定低含量和主量元素，又可测定微量、痕量甚至超痕量元素；就元素的性质而言，既可测定金属元素、类金属元素，又可间接测定某些非金属元素，也可间接测定有机物；就样品的状态而言，既可测定液态样品，又可测定气态样品，甚至可以直接测定某些固态样品，这是其他分析技术所不能及的。

(4)抗干扰能力强。第三组分的存在，等离子体温度的变动，对原子发射谱线强度影响比较严重。而原子吸收谱线的强度受温度影响相对说来要小得多。和发射光谱法不同，不是测定相对于背景的信号强度，所以背景影响小。在原子吸收光谱分析中，待测元素只需从它的化合物中离解出来，而不必激发，故化学干扰也比发射光谱法少得多。

(5)精密度。火焰原子吸收法的精密度较好。在日常的一般低含量测定中，精密度为1%～3%。如果仪器性能好，采用高精度测量方法，精密度<1%。无火焰原子吸收法较火焰法的精密度低，目前一般可控制在15%之内。若采用自动进样技术，则可改善测定的精密度。火焰法RSD<1%，石墨炉则为3%～5%。

2. 原子吸收光谱分析法的不足之处

原则上讲，不能多元素同时分析。测定元素不同，必须更换光源灯，这是它的不便之处。原子吸收光谱法测定难熔元素的灵敏度还不怎么令人满意。在可以进行测定的70多种元素中，比较常用的仅30多种。

当采用将试样溶液喷雾到火焰的方法实现原子化时，会产生一些变化因素，因此精密度比分光光度法差。

现在还不能测定共振线处于真空紫外区域的元素，如磷、硫等。

标准工作曲线的线性范围窄(一般在一个数量级范围)，这给实际分析工作带来不便。

对于某些基体复杂的样品分析，尚存某些干扰问题需要解决。在高背景低含量样品测定任务中，精密度下降。

7.7 毛细管电泳法(CE)

7.7.1 原理

毛细管电泳所用的石英毛细管柱，在pH值>3的情况下，其内表面带负电，与缓冲液接触时形成双电层，在高压电场作用下，形成双电层一侧的缓冲液由于带正电而向负极方向移动，从而形成电渗流。同时，在缓冲溶液中，带电粒子在电场作用下，以各自不同的速度向其所带电荷极性相反方向移动，形成电泳。带电粒子在毛细管缓冲液中的迁移速度等于电泳和电渗流的矢量和。各种粒子由于所带电荷多少、质量、体积以及形状不同等因素引起迁移速度不同而实现分离。

7.7.2 仪器装置

毛细管电泳法是以弹性石英毛细管为分离通道，以高压直流电场为驱动力，依据样品中各组分之间淌度和分配行为上的差异而实现分离的电泳分离分析方法。毛细管电泳仪的基本组成如图 7-9 所示。

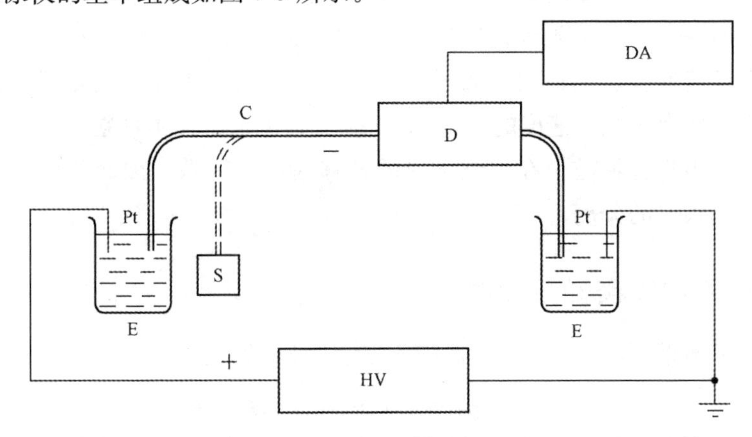

图 7-9　毛细管电泳仪组成示意图

HV：高压电源（0～30 kV）；C：毛细管；E：电极槽；

Pt：铂电极；D：检测器；S：样品；DA：数据采集处理系统

熔融石英毛细管的两端分别浸在含有电解缓冲液的贮液瓶中，毛细管内也充满同样的电解缓冲液，毛细管接收端之前安装在线检测系统。被分析样品可以从进样系统采用重力法、电迁移法、抽真空法等多种进样方式引入毛细管的进样端。当样品被引入后，便开始在毛细管两端施加电压。样品溶液中溶质的带电组分在电场的作用下根据各自的质荷比向检测系统方向定向迁移。CE 中的毛细管目前大多是石英材料。当石英毛细管中充入 pH 值大于 3 的电解质溶液时，管壁的硅羟基(—SiOH)便部分离解成硅羟基负离子(—SiO)，使管壁带负电荷。在静电引力下，—SiO 会把电解质溶液中的阳离子吸引到管壁附近，并在一定距离内形成阳离子相对过剩的扩散双电层(图 7-10)。

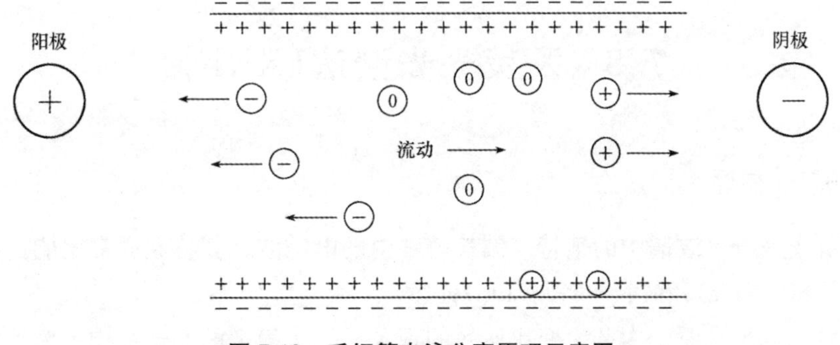

图 7-10　毛细管电泳分离原理示意图

在外电场作用下，上述阳离子会向阴极移动。由于这些阳离子实际上是溶剂化的(水化的)，它们将带着毛细管中的液体一起向阴极移动，这就是 CE 中的电渗流(EOF)。电渗流的强度很高，以至于所有进入毛细管中的样品，不管是阴离子、阳离子或中性分子，都会随着液体向阴极移动。因待测样品中正离子的电泳方向与电渗流方向一致，故最先到达毛细管的阴极端；中性粒子的电泳速度为零，迁移速度与电渗流速度相当；而负离子的电泳方向则与电渗流方向相反，但因电渗流速度等于一般离子电泳速度的5～7倍，故负离子也将在中性粒子之后到达毛细管的阴极端。由于各种粒子在毛细管内的迁移速度不一致，因而各种粒子在毛细管内能够达到很好的分离。

7.7.3 毛细管电泳的分离模式

根据分离原理不同，CE分离基本模式有六种，见表7-2。

表7-2 毛细管电泳的分离模式和应用

分类	简称	原理	应用
毛细管区带电泳	CZE；FSCE	离子电泳淌度差异	离子分离
胶束电动毛细管色谱	MECC；MEKC	疏水性/离子性差异	中性/离子型物质
毛细管凝胶电泳	CGE	净电荷性质/分子大小	蛋白质
毛细管等电聚焦	CIEF	等电点差异	蛋白质、多肽
毛细管等速电泳	CITP	组分淌度不同	浓缩
毛细管电色谱	CEC	色谱原理	CE-HPLC结合

以上各模式以毛细管区带电泳、毛细管凝胶电泳、胶束电动毛细管色谱这三种应用较多。

7.8 X荧光光谱法(XRF)

7.8.1 原理

X射线是电磁波谱中的某特定波长范围内的电磁波，其特性通常用能量(单位：千电子伏特，keV)和波长(单位：nm)描述。

X射线荧光是原子内产生变化所致的现象。一个稳定的原子结构由原子核及核外电子组成。其核外电子都以各自特有的能量在各自的固定轨道上运行，内层电子(如K层)在足够能量的X射线照射下脱离原子的束缚，释放出的电子会导致该电子壳层出现相应的电子空位。这时处于高能量电子壳层的电子(如L层)会跃迁到该低能量电子壳层来填补相应的电子空位。由于不同电子壳层之间存在着能量差距，这些能量上的差以二次 X 射线的形式释放出来，不同的元素所释放出来的二次 X 射线具有特定的能量特性。这个过程就是我们所说的 X 射线荧光(XRF)。

元素的原子受到高能辐射激发而引起内层电子的跃迁，同时发射出具有一定特殊性波长的 X 射线，根据莫斯莱定律，荧光 X 射线的波长 λ 与元素的原子序数 Z 有关，其数学关系如下：

$$\lambda=K(Z-S)^{-2}$$

式中 K 和 S 是常数。

而根据量子理论，X 射线可以看成由一种量子或光子组成的粒子流，每个光具有的能量为

$$E=h\nu=h\cdot C/\lambda$$

式中：E 为 X 射线光子的能量，单位为 keV；h 为普朗克常数；ν 为光波的频率；C 为光速。

因此，只要测出荧光 X 射线的波长或者能量，就可以知道元素的种类，这就是荧光 X 射线定性分析的基础。此外，荧光 X 射线的强度与相应元素的含量有一定的关系，据此可以进行元素定量分析。这就是 X 射线荧光分析的基本原理。

X 射线用于元素分析是一种新的分析技术，但经过二十多年的探索，现在已完全成熟，已广泛应用于冶金、地质、建材、商检、环保、卫生等各个领域。

7.8.2　XRF 分析仪的环境应用

过去，对环境的评估只能依赖于在实验室对从现场采集并运送到实验室的样件所做的分析，这种方法既浪费金钱又耗用时间。如今有了便携式 XRF 分析仪，检测人员可以在现场直接对环境进行评估。DELTA 手持式 XRF 分析仪可进行经济、有效、及时的实时数据分析，并快速得出全面的调查结论，从而决定所要采取的下一步措施。

1. 发展中国家危险的高含量有毒金属

在发展中国家的居民区和娱乐区可能会发现危险的高含量铅、砷、汞、铬、镉及其他有毒金属。在这些国家和地区，这些金属的危险性可能还不为当地人所知，或者还没有施行有关限制这些金属的法律法规。手持式 X 射线荧光分析仪可快速判断是否存在这些污染物并辨别其含量，从而可使世界卫生倡导组织依据检测结果出台纠正措施，以帮助发展中国家利用当地资源，通过安全的工作实现提高人们的生活水平，并使这些国家和地区得到持续的发展。

2. 城市周边地区的农业及农艺学

随着世界人口的增长，食物来源的安全性也变得越来越重要。随着人们对食

物安全性的要求不断提高，城市周边的农业发展越来越受到欢迎。但是，在工业区和其他城市设施附近发展农业会增加农作物受到有害物质侵害的危险，因为种植庄稼的土壤及用于灌溉的水源可能会有高含量的砷、汞、镉、铬、铅等污染物质。DELTA 手持式 XRF 分析仪不仅可以快速探测出这些有毒金属，还可以确定诸如钙、镁、磷、钾等营养物质和肥料的存在。

3. 危险的废料筛检和可持续产业

目前，大多数行业都面临着必须实施可持续发展计划的压力。这个计划有助于降低各个行业在制造和包装产品的过程中对周边环境和人们的健康造成的有害影响。各种工业、工程公司及监管机构都可在生产现场使用手持式 XRF 系统进行检测，以确保快速识别出任何重金属污染物质，并采取有效的补救措施。

4. 社区与居住区域的发展

DELTA 手持式 XRF 分析仪可以在瞬间辨别出土壤中重金属极低的百万分率含量，在开发或整修学校、社区中心、住宅、游乐场及运动场之前，这款分析仪是有助于保障环境安全的重要工具。如果要在以前是垃圾填埋场、工业场址、果园、饲养场、闲置的污染土地以及其他会发现高含量有毒金属的地区开发房地产，DELTA 手持式 XRF 分析仪无疑是一件必不可少的工具。此外，在对建筑物及旧房屋进行翻修、重建、恢复及涂漆的过程中，DELTA 手持式 XRF 分析仪可以迅速探测出土壤和尘埃、建筑物表面、含铅颜料中的铅(Pb)元素，从而有助于减少在分析工程是否符合环境管理规定的过程中所耗用的资金和时间。

7.8.3 仪器装置

X 射线荧光光谱仪种类包括：①波长色散型(图 7-11)：分光元件(分光晶体＋狭缝)；分辨率好，定性分析容易(谱线重叠少)；分析元素为^{5}B→^{92}U，灵敏度低。②能量色散型(图 7-12)：半导体检测器；分辨率差，定性较难(谱线重叠多)；分析元素为^{11}Na→^{92}U，灵敏度高；需液氮冷却。

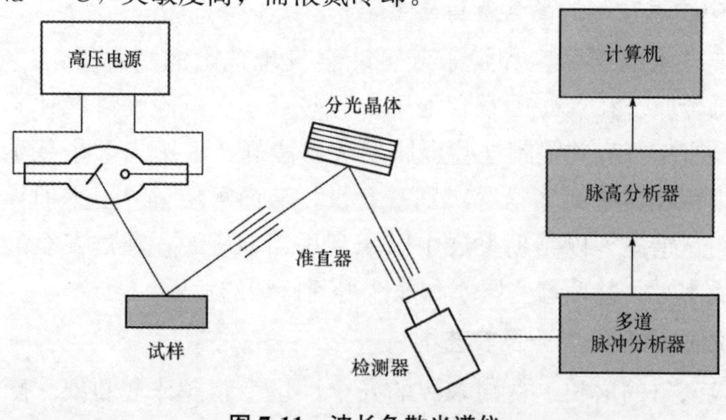

图 7-11 波长色散光谱仪

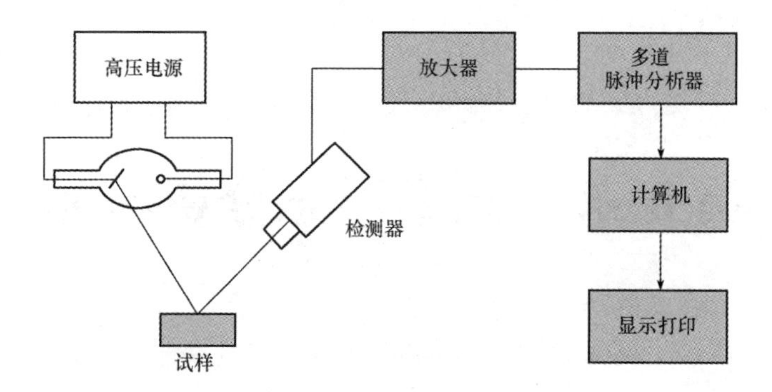

图 7-12　能量色散光谱仪

X 射线荧光光谱仪组成包括：

(1)X 射线发生系统：产生初级高强 X 射线，用于激发样品。

(2)冷却系统：用于冷却产生大量热的 X 射线管。

(3)样品传输系统：将放置在样品盘中的样品传输到测定位置。

(4)分光检测系统：把样品产生的 X 射线荧光用分光原件和检测器进行分光、检测。

(5)计数系统：统计，测量由检测器测出的信号，同时也可以除去过强的信号和干扰线。

(6)真空系统：将样品传输系统和分光检测系统抽成真空，使检测在真空中进行(避免强度的吸收损失)。

(7)控制和数据处理系统：对各部分进行控制，并处理统计测量的数据，进行定性、定量分析。

第8章 元素形态分析技术

8.1 概 述

8.1.1 形态及形态分析的定义

什么是元素的化学形态(chemical species)和形态分析(speciation analysis)？这是首先应该搞清楚的。“化学形态”这一术语最早被理解为某一元素在真实试样中可能存在的特定状态和结构。而关于“形态分析”的确切含义，在相当长的一段时间里，人们提出过不同的定义，而且在文中交替使用过，但模糊不清，众说纷纭。本书采用“形态分析是指某一待测物的原子或分子状态获得证实的过程”这一定义。即形态分析是指某一待测物(元素)在真实试样中的原子和分子状态获得证实的过程。也可表述为：表征和测定某个元素在生物样品或环境中存在的不同化学形态和物理形态的过程。

8.1.2 形态分析的重要性和必要性

元素的形态分析在环境和生物分析中特别重要，因为元素在环境中的迁移、转化规律及最终归宿，元素的毒性、有益作用及其在生物体内的代谢行为在相当大的程度上取决于该元素存在的化学形态，也在一定程度上与相关形态物质的溶解性和挥发性有关。

(1)在污染物迁移转化规律研究中具有的意义及重要性。污染物在环境中的迁移转化规律并不取决于污染物的总浓度，而是取决于它们化学形态的本性。如在森林土壤中，2价的阳离子铅很少由于降水作用被淋溶而迁移，而4价的铅则容易流失，显然仅以铅的总量来研究森林土壤中铅的迁移行为是不科学的。此外，土壤中3价砷比5价砷易溶4～10倍。金属的有机化合物使金属的挥发性增加，提高了金属扩散(迁移)到大气圈的可能。

(2)在环境毒理学、环境医学及生命科学研究中具有的意义及重要性。从20世纪80年代开始，环境科学家和生命科学家就认识到无机元素，特别是痕量重金属的环境效应和微量元素的生物活性不仅与其总量有关，更大程度上由其形态决定，不同的形态其环境效应或可利用性不同。

不同化学形态的重金属，其毒理特性的一般规律为：①重金属以自然状态转化为非自然状态时，毒性增加；②离子态毒性常大于络和态；③金属有机态毒性大于无机态；④价态不同，毒性不同；⑤金属羰基化合物常常有剧毒。

8.1.3　形态分析的特点

形态分析的总体特点及要求是形态分析为超痕量分析，需要灵敏度高、检出限低的分析方法。由于环境中存在的这些被测组分元素含量低，必须使用一些测量灵敏度高、检出限低的仪器或者方法进行测量才能得到我们所需要的准确的结果。

完整的痕量元素分析方法包括：采样和试样的制备，分离、预富集同，鉴定、定量，分析数据的评价。痕量元素的分离和富集是非常有必要的，当测定环境中痕量元素组分时，有时直接利用测试技术是不可行的。比如：①待测物浓度低于测定方法的检出限；②样品中存在干扰物质，阻碍待测组分的测定。

在取样和分析的过程中，要尽可能避免样品原有的形态平衡的破坏和变动，具体可分为七个方面，分别为：

(1)要求待测形态在试样采集及制备过程中保持其存在形式及分布不发生变化。

(2)在试样的前处理步骤中，常伴随目标物的提取或衍生化，尽管衍生化并不是不可避免的。

(3)对分析人员操作技术有更高、更严格的要求。

(4)比常规的成分分析需要更长的时间和更复杂的分析步骤。

(5)需要使用灵敏度极高的现代分析仪器，其结构复杂，运行成本较高。

(6)一般要求将高选择的分离技术与高灵敏度的检测技术相结合。

(7)用于形态分析的标准参考物质，往往更难于获得。

8.2　形态分析中的试样前处理技术

8.2.1　概述

环境中金属及其化合物大量存在，它们大多数是不能直接被生物降解的，大部分在生物圈中经过食物链富集在人体中，而危害人类的身体健康。因此，测定环境和生物样品中的金属含量及其存在形态是环境化学或者生态毒理学研究的重要内容之一。

环境和生物样品根据它的存在形态可分为气态样品、液态样品和固态样品。

对于金属含量足够大的气态样品可直接进行测定，对于含量较低的金属蒸汽用溶液吸收法采集并富集后可用光谱法直接测定；对于气态颗粒物和气溶胶，可用固体阻留法，采用过滤材料和吸附剂采集和浓缩，样品经溶剂洗脱或热解吸后可用光谱法测定其中的金属。

形态分析对试样前处理过程有更为严格的要求，而且这一要求贯穿在后续的分离、分析全过程中。

在形态分析中的试样前处理一般应有以下步骤：

(1)制样及试样的储存。

(2)目标形态物的选择性提取。

(3)必要时，形态分离前的衍生化。

8.2.2 试样的采集和储存

环境中存在多种不同的物质，在采集某一物质的某一元素时，前处理、采集的方法也是不同的。在采集和储存的过程中需要注意的问题归纳如下：

(1)在采集的过程中由于酸化有可能引起形态的变化及形态平衡的移动，所以形态分析要避免样品的酸化和长途运输，最好在现场分析或采集后立即分析，即使贮存，贮存周期也不能过长，这样才能保证试验数据的正确性以及实效性。

(2)注意容器材料的不纯或不洁净。为保证数据的正确性，在采集的过程中防止加入原先没有的元素。在整个采集过程中一定要注意干净性，避免破坏原有的平衡或者造成错误。

(3)低温保存。如含有机锡的沉积物标样在－20 ℃下可贮存 18 个月，未发现有物质形态的变化。

8.2.3 常见有毒金属元素形态分析的样品前处理技术

常见的金属元素有汞、砷、铅、镉、铬、铝等，下面分别介绍这些金属元素形态分析的样品前处理技术。

1. 汞

在环境样品特别是天然水体中汞的含量是超痕量的，各形态汞化合物的含量更低，因此分离富集手段是必不可少的。在汞的形态分析中常用的分离富集方法包括酸解溶剂萃取、碱消化萃取、酸挥发预富集等。在进行形态分析时不能直接用简单的方法处理样品，无论是干灰化还是湿消解，通常是在氧化条件下进行的。在湿法消解时，砷还会随着加热冒烟的 $HClO_4$-HF 而损失。需要用浸提、萃取等方法将待测形态与基体分离来分解处理样品。

(1)酸解溶剂萃取。这种萃取技术以在HCl介质中用苯从鱼肉中萃取甲基汞为代表，这一萃取过程需要分几次进行才能得到纯净的甲基汞苯溶液。后来经过研究，在此基础上分别在HCl中加入了NaCl、KBr、碘乙酸，再用苯、甲苯、氯仿或二氯甲烷等有机溶剂连续萃取，可从样品中选择性地萃取甲基汞。

(2)碱消化萃取。KOH-甲醇和NaOH-半胱氨酸溶液均可将甲基汞从底泥中萃取出来，而不破坏其Hg-C键。但与酸相比，由于不易获得较纯的碱溶液，此方法易导致样品的沾污。此外，碱消化萃取还会导致样品基体中的有机物、硫化物或有色金属离子与汞化合物的共萃取，给后续的预富集、分离和测定带来严重的干扰。

(3)酸挥发预富集。这是一种将待测的汞化合物形态转化成挥发性的衍生物，从而避免用有机溶剂萃取的分离富集方法。将均化的固体样品溶于含过量NaCl的稀H_2SO_4中，用150 ℃的空气或氮气流蒸馏是分离Hg(Ⅱ)和甲基汞的有效方法。所形成的CH_3HgCl被蒸馏出来并收集于一密闭试管中，经水冷后储存于黑暗之处以防甲基汞的降解，然后再用原子光谱检测器测定。根据样品基底的不同，分离的手段也各不相同。GC常用于大气中汞的形态分析。在GC分离中，采样后汞化合物经加热被释放出来，被苯、甲苯等有机溶剂吸收富集，再注入GC进行分离测定，也可直接导入控温GC柱中，经分离后用AAS、AFS或AES测定。根据其在气、液两相的分配系数，当含甲基汞的大气样品被吹入纯水中，部分甲基汞会溶解在水中，其含量可用GC-AFS测定。

(4)连续萃取。连续萃取常用于无机汞的形态分析。CH_3Hg^+可用氯仿萃取，HgO用0.05 mol/L H_2SO_4萃取，最后用含3%(质量分数)的NaCl和少量$CaCl_2$的1 mol/L HCl萃取HgS。

(5)其他方法。树脂吸附、金或银汞齐化或液液萃取是水环境中痕量和亚痕量级必不可少的预富集手段。有人将金汞齐化直接用于野外采样，富集Hg^{2+}、甲基汞、苯基汞。水样中的有机键合态汞可用土壤渗滤浸析法萃取。底泥中有机汞形态分析最常用的方法是GC-ECD。无论用何种测定方法，底泥样品均需经HCl酸化后用苯或者甲苯等有机溶剂将有机汞以氯化有机汞的形式进行萃取富集。蒸汽蒸馏法也可用于底泥中无机和有机汞的萃取。

2. 砷

当对砷进行形态分析时不能用简单的样品分解法处理样品，而需用浸提、萃取等方法将待测形态与基体分离。对生物样品可加入水-甲醇(1∶1)进行超声萃取，萃取液经离心分离，连续萃取5次，合并萃取液并蒸发至近干，加水定容后加入乙醚除去萃取液中的有机质，纯化后的水相经LC-原子光谱联用技术分离测定可对As(Ⅲ)、As(Ⅴ)以及有机砷进行形态分析。

用气相色谱分离砷化物，首先进行衍生化反应，生成的衍生物必须具备良好的挥发性、化学稳定性及热稳定性，而且衍生反应能适应于多种砷形态。液相色谱也可用于不同形态砷化物的分离。在适宜的条件下，As(Ⅲ)、As(Ⅴ)、MMA和DMA均以阴离子形态存在，AsB可同时以阴、阳离子形态存在，这些形态的化合物均可用离子交换进行分离。

砷的形态有好多种。无机砷可用砷溶液进行预富集。用APDC、DDTC和二硫腙是分离Se(Ⅳ)常用的络合物，$CHCl_3$、CCl_4和MIBK是常用的萃取剂。氢化物衍生冷阱捕集技术可用于分离富集环境样品中的痕量砷，捕集管中需加入NaOH、$CaSO_4$、$CaCl_2$、$Mg(ClO_4)_2$和H_2SO_4等干燥剂以除去冷凝的水汽。

3. 铅

四乙基铅的有机物特性使得其可以采用经典的液液萃取方法进行分离富集。文献中多使用三氯甲烷和二氯甲烷对水中的四乙基铅进行多次萃取。离子烷基铅若采用液液萃取的方法，需经衍生化进程转化为四烷基铅化物后再选用合适的溶剂进行萃取。分离环境样品中的有机铅化合物可以用固相萃取。目前用于分析有机铅常用的吸附剂有C18、硅胶和活性炭。

4. 镉

镉在环境中存在着多种形态，相互之间可以转化。在土壤、沉积物样品中，传统的分步溶剂萃取是最常用的提取方法，常用的提取剂有水、盐酸、磷酸和磷酸盐、盐酸羟胺、有机溶剂以及它们之间的组合。在水样中目前大部分的现代仪器都是以液态样品的方式进样分析砷形态，故水样中的砷形态分析大多不需提取剂，可直接进行形态分析。对浊度高的水需过滤后再分析。但对于海水或含盐度较高的水例外，因为其中的氯化物会干扰砷形态的分离，影响砷的氢化物形成。海水的砷形态分析是通过氧化钴粉末收集水中的As(Ⅲ)和As(Ⅴ)后，用碘化钾和苯提取出DMA(二甲基砷酸)，剩余在样品中的AsB用混酸消解成无机砷后测定。

5. 铬

美国环保局建议使用的分离富集Cr(Ⅲ)和Cr(Ⅵ)常用的方法是基于Cr(Ⅵ)与吡啶二硫代氨基甲酸铵-甲基异丁基酮或二乙基二硫代氨基甲酸盐-甲基异丁基酮的络合作用来进行分离富集的。溶剂萃取是一种常用的分离方法，较早地用于铬形态分析。液膜萃取是一种新型的样品富集技术，有支撑式液膜萃取(SLME)和微孔膜液-液萃取(MM-LLE)之分。

6. 铝

铝在环境中存在着多种形态，其中形态分析进行预处理可以用物理分离、化学处理、化学交换反应。其中物理分离包括离子交换、渗析过滤、超滤；化学处理包括酸降解或氧化降解、紫外光降解、溶剂萃取。

8.3　常见金属元素的性质及其存在形态

下面分别介绍汞、砷、铅、镉、铬、铝等常见金属元素的性质及其在环境中存在的形态。

8.3.1　汞

汞在空气中稳定，微溶于水，在有空气存在时溶解度增大，溶于硝酸和热浓硫酸，能和稀盐酸作用在其表面产生氯化亚汞膜，但与稀硫酸、盐酸、碱都不起作用。能溶解许多金属(包括金和银，但不包括铁)，形成合金，合金叫作汞齐。汞(Hg)及其化合物都是高毒性的，是一种常见的典型污染元素。在天然条件下，汞可能以以下形式存在：单质汞(Hg)、无机汞(Hg^{2+})、单甲基汞($MeHg^{+}$)、二甲基汞(Me_2Hg)及其他有机汞化合物。在所有汞的形态中，单甲基汞是最具毒性的形态。有机汞(特别是甲基汞)比无机汞的毒性强，这与有机汞化合物的高亲脂性使汞通过细胞膜的迁移能力增强有关。

8.3.2　砷

砷(As)是一种有毒元素，其毒性大小强烈依赖于其在试样中存在的化学形态。人们之所以对砷形态给予特别的关注，是因为它在生物体中有着十分丰富的化学形态，而且砷形态与生态环境的关系也十分密切。

在自然环境(水、大气、土壤、沉积物)中，砷主要以无机砷(砷酸和亚砷酸)的形式存在，而在有机体中，由于生物甲基化过程，在生物体内产生了许多毒性较低或无毒的砷形态，主要有MMA(单甲基砷酸)、DMA(二甲基砷酸)及砷的氨基酸衍生物，如AsB(甜菜碱砷)、AsC(胆碱砷)，特别是后两个，作为新陈代谢过程的产物，存在于生物(特别是海产品)的组织中，现已确认它们是无毒的物质。亚砷酸盐[As(Ⅲ)]的高毒性与其对一些生物酶中的硫代基的高亲和性有关，这一结果导致酶失去生物活性和堵塞生化过程，而砷酸盐[As(Ⅴ)]的毒性比亚砷酸盐要小，但两者都被认为是致癌物质。砷中毒可诱发肺癌、膀胱癌和皮肤癌。通过生物体内的甲基化过程，可以降低无机砷的毒性，这是因为甲基化过程的产物是中等毒性或无毒性的有机络合物。

8.3.3　铅

铅(Pb)是一种分布广泛的、有毒的重金属元素。慢性铅中毒可诱发不育症、神经狂躁及夜盲症等多种疾病。铅的化学形态分为可交换态、硫酸铅、碳酸盐结合态、弱有机结合态、硫化铅、强有机结合态、残渣态。

铅主要用于生产石油产品中的抗爆剂和蓄电池。四乙基铅(TEL)作为汽油中的抗爆剂，对环境可造成严重危害。现在许多国家对汽油中的添加剂含量均有严格限制，从原来的0.3～1.5 mg/L(含铅汽油)降低至现在的几微克每升或更低(无铅汽油)。

四乙基铅的化学稳定性差，容易降解生成离子型的烷基化合物。大量研究表明，带电荷的烷基铅化合物具有更大的毒性。当中性的烷基铅分子失去一个有机基团时，即得到带正电荷的烷基铅(如 R_3Pb^+)。一般说来，烷基铅的毒性比同类的芳基铅要大。

8.3.4 镉

镉(Cd)是一种有毒元素，对生物体具有严重的毒害作用。镉在工业中的主要应用是在电池、染料及聚合物的合成方面，这正成为重要的环境污染源。

在天然水中，镉可以多种化学形态存在，而且在不同的配体与金属离子之间存在着复杂而多变的化学平衡。但与相关的金属离子比较，Cd^{2+} 具有相对较弱的络合能力。在各种镉的形态中，游离的 Cd^{2+} 更具毒性。镉化合物的毒性及生物累积性在很大程度上取决于其自由离子的活性。研究结果显示，在水体中，镉可以游离态金属离子、弱金属络合物和稳定的有机金属络合物三种形式存在。镉的金属络合物是生物可利用的，但其化学组成不稳定；镉的金属有机络合物则是非生物累积的和惰性的。

8.3.5 铬

环境中的铬主要以无机铬和有机铬两种形态存在，但其中无机铬的含量远比有机铬大得多。在环境样品中，Cr(Ⅲ)和Cr(Ⅵ)的分布取决于介质的pH值及氧化还原电位，在相对高的pH值和电位的介质中，Cr(Ⅵ)是热力学稳定状态，而Cr(Ⅲ)则于相对较低的pH值和电位的介质中比较稳定。

研究证实，Cr(Ⅲ)是对生物体有益的营养成分，可以改善体内葡萄糖、脂肪和蛋白质的代谢过程；相反，Cr(Ⅵ)则被公认为致变物和致癌物。Cr(Ⅵ)的深度中毒已成为诱发呼吸道癌、肺癌和皮肤癌的重要原因。在水体中，Cr(Ⅲ)的性质十分稳定，表现为化学惰性，而且其形成的水-羟基络合物体积的阻碍作用，使之难以通过细胞膜渗透，不易被肠胃吸收。Cr(Ⅵ)之所以具有高毒性，一方面，归因于它的强氧化性，使生物大分子氧化；另一方面，Cr(Ⅵ)离子体积小，流动性大，从而可以顺畅地穿透细胞膜。另外，与Cr(Ⅲ)相比，Cr(Ⅵ)具有更高的化学活性与迁移性，导致它在土壤和水体之间发生流动。

8.3.6　铝

铝是亲氧元素，又是典型的两性元素。与空气或氧气接触，其表面就立即被氧化而形成一层致密的氧化膜。这层膜可阻止内层的铝继续被氧化，它也不溶于水，所以铝在空气和水中都很稳定。金属铝、氧化铝和氢氧化铝都能与酸、碱反应。高纯度的铝不与一般的酸作用，只溶于王水。普通的铝能溶于稀盐酸或稀硫酸，能同热的浓硫酸反应，却被冷的浓硫酸或浓、稀硝酸钝化。

铝在天然水体中的形态十分复杂，主要有自由铝(Al^{3+})、单核羟基铝[$Al(OH)^{2+}$、$Al(OH)_3$、$Al(OH)^{4-}$]、单核氟化铝(AlF^{2+}、AlF_2^+、AlF_3)、单核硫酸铝($Al\text{-}SO_4^{\ +}$)以及与有机配体形成的络合铝(Al-Org)和聚合铝(Al-Poly)。

铝是一种无处不在的金属元素，以前人们一直把铝视为一种无毒的元素，但近20多年来，这种观点却发生了很大的变化。已经确认，铝在人体中的存在与积累是诱发一些疾病的重要因素。据称，过量铝的摄入可以导致肾功能的衰竭或进入人的脑部引起脑神经方面的疾病。一定形态的铝对许多生物体来说都是高毒性的。

在天然水中，铝的浓度一般在 ng/mL 级或更低。在铝矿石和土壤中的铝以难溶性状态存在，故大气环境中酸雨的增加，将有利于该元素从上述试样中释放出来。因此天然水中铝浓度的增加将成为水生生物或植物的重要污染源。

一些研究表明，水体中带正电荷的无机单核铝离子[Al^{3+}、$Al(OH)^+$、$Al(OH)^{2+}$]是毒性最大、活性最强和最不稳定的化学形态。由于水溶液中的氟离子、磷酸根离子及其他有机络合离子(如柠檬酸根)均可能与铝作用，形成稳定的小分子络合物，这一结果将导致铝的形态改变和毒性降低。已经证实，在生物流体(如血清)中，大部分的铝是与转移酶化学键结合的，而剩余的则是键合到低相对分子质量的配体(如柠檬酸盐、磷酸盐)中。

应当指出，由于在水体系中存在着各种各样的、复杂的动态化学平衡，不同的铝形态之间的相互转化、相互作用和重排不可避免。鉴于这一情况，单一铝的形态的测定是非常困难的。因此，在不少情况下给出的是铝的一组形态的分析结果。总体来说，进行生物体中铝的形态分析存在以下困难：含量很低；试样中复杂基体(特别是有机基体)的干扰影响较大；试验空白值高。

8.4　形态分析技术及其应用

由于单一的仪器检测技术已经不能满足痕量组分分析的要求，近年来，相关分析工作者一直在研究发展多方向分析技术的有机结合，以适应当前工作的需要。现在已经有一些联用技术发展成熟并应用于环境样品的分析。

联用技术是目前元素分析化学领域的研究热点。其中，色谱分离与光谱检测联用技术既发挥了色谱法分离效果好、光谱检测灵敏度高的优点，又可以进行元素形态分析，无疑是未来分析技术领域的主流。它主要是色谱法与紫外可见分光光度法(UV)、等离子体原子发射光谱法(ICP-AES)、原子吸收光谱法(AAS)、质谱法(MS)等的联用。另外，毛细管电泳(CE)用于形态分析也是一个重要的研究方向。在对食品中铅形态的检测中，与 HPLC 的联用技术也是常用的方法。

8.4.1 有机质谱技术

无机质谱(如 ICP-MS)的联用技术具有灵敏度高和分析速度快等优点，缺点是无法给出分析物的结构信息。在缺少标准物质的情况下，其无法鉴定分析物的结构。有机质谱能够得到物质的分子质量和离子碎片的信息，从而有助于推断分析物的结构。将能获得丰富结构信息的 HPLC-MS 与能准确、灵敏定量的 ICP-MS 联机使用，可以完成复杂的形态分析。比如，HPLC 或 CE 结合 ICP-MS 与电喷雾离子化质谱(ESI-MS)平行检测已经成功应用于金属络合物的表征。

8.4.2 电化学分析技术

电化学分析技术具有简单、经济和灵敏等特点，而且便于原位和在线分析，避免了试剂污染和容器吸附所导致的损失。其用于元素形态分析具有以下优点：便于调制且费用低，可开发长期自动监测的常规方法；便于集成为生物分析传感器的检测器；可以高分辨率地记录环境界面(如底泥-水、生物膜-水和空气-水)的变化；可以实现价态分析和多元素同时检测(如伏安法用于金属离子的价态分析)。电化学分析是应用电化学的基本原理和试验技术，依据物质电化学性质来测定物质组成及含量的分析方法。电化学分析法直接通过测定溶液中电流、电位、电导、电量等各种物理量，研究确定参与反应的化学物质的量。依据过程测定的电参数的不同可分别命名各种电化学分析方法，如电位、电导及伏安分析法等。电化学分析法应用于检测重金属主要包括极谱法和伏安法。

伏安法和极谱分析实际上是一种特殊形式的电解方式，它以小面积的工作电极与参比电极组成电解池，电解含有待测物的稀溶液，根据所得的电流-电压(i-E)曲线来进行分析。这种根据电流-电压曲线进行分析的方法可以分为两类：一类是用液态电极作为工作电极，如滴汞电极，其电极表面能够周期性地连续更新，这称为极谱法；另一类是用固定或固态电极作为工作电极，如悬汞电极、石墨电极和铂电极等，这称为伏安法。一般说来，电化学分析法具有设备简单、分析速度快、灵敏度高、选择性好、所需试样量较少及易于控制等特点。目前，在食品元素分析中，溶出伏安法作为一种较为先进的电化学分析方法，将金属元素检出限大幅度地降低，某些金属元素分析的检出限已接近并超越原子吸收光谱法。若采用差分脉冲、方波或相敏交流溶出伏安法，能更好地消除充电电流，使其具有优良的信噪比，成为一种更加灵敏的分析方法，能分析 10^{-10}～10^{-11} mol/L 的微量元素。因此该法被广泛应用于微量元素和超微量元素分析中。

伏安法和极谱法都是通过电解过程中所得到的电流-电位(电压)或电位-时间曲线进行分析的方法。1922 年，J. Heyrovsky 通过研究滴汞电极在电解时得到的电流 i 与电压 E 的关系曲线，即极化曲线，进行物质的定性及定量分析，所得极化曲线称为极谱，这类分析方法称为极谱法。伏安法是从电化学分析中的极谱法发展起来的。它们的区别在于，伏安法使用的极化电极是固体电极或表面不能更新的液体电极，而极谱法使用的是表面能够周期更新的滴汞电极。近二十年来，由于脉冲极谱法、示波极谱法以及半微积分极谱法的兴起，尤其是极谱催化波、络合吸附波和溶出伏安法的成功应用，极谱法和伏安法在重金属痕量分析方法中占有越来越重要的地位。伏安法的优势在于它极其低的检出限，它的多元素识别能力和它适用于在线、现场运用。伏安法通过激励电压，测量响应电流，记录电流 i 与电压 E 的函数曲线来进行物质分析。在伏安法中作为定量分析的参数一般取有限电流值，电压波形可以是线性、脉冲、正弦或方波等各种复合形式，而激励电压的扫描方向可正可负。伏安法一般包括阳极溶出伏安法、阴极溶出伏安法、吸附溶出伏安法等。

1. 阳极溶出伏安法

阳极溶出伏安法的原理为被测物质在恒电位及搅拌条件下预电解数分钟后让溶液静止 30～60 s，然后从负电位扫描到较正的电位，使富集在电极上的物质发生氧化反应而重新溶出。它是一种很灵敏的分析方法，检出限可达 10^{-11} mol/L。C. Locatelli 采用方波阳极溶出伏安法，汞电极为工作电极，检测肉类、谷类植物和土壤中的 Cu(Ⅱ)、Cr(Ⅵ)、Ta(Ⅰ)、Pb(Ⅱ)、Ti(Ⅱ)、Sb(Ⅲ)、Zn(Ⅱ)各种离子；利用 HCl-HNO_3-H_2SO_4 酸化法消解肉类和谷类植物，HCl-HNO_3 用作消解土壤，pH 值=6.2 或 8.3 的二盐基柠檬酸铵为电解质；该方法应用于检测实际样品具有非常好的准确度和重现性，相对标准偏差均在 3%～5%，检出限为 0.011～0.103 μg/g，结果令人满意。

2. 阴极溶出伏安法

阴极溶出伏安法预电解时，在恒电位下，工作电极 M 本身发生氧化还原反应，从而使被测阴离子形成难溶化合物，富集在电极上，预电解一定时间后，电极电位向较负的方向扫描，电极上发生还原反应。N. Yukio 等人报道了以秘膜修饰热解石墨电极为工作电极，采用方波阴极吸附溶出伏安法检出痕量 As(Ⅲ)，As(Ⅲ)的存在有利于增强由 Se(Ⅳ)引起的催化氢波，根据氢波电流计算 As(Ⅲ)的浓度。在沉积时间

30 s和10 s时，检测As(Ⅲ)浓度范围分别为0.01～1.0 μg/L和1.0～12.0 μg/L，检出限低至0.7 ng/L，该方法成功应用于天然水中痕量As(Ⅲ)的检测。

3. 吸附溶出伏安法

吸附溶出伏安法是高灵敏度的电分析方法，原理是待测离子与配合剂形成配合物，吸附在工作电极表面，从而起到富集作用，然后用氧化或还原的伏安方式测定该待测离子。吸附溶出伏安法具有多样性，连同电极设计处理方面的改进，以及计算机实现的自动控制，使得吸附溶出伏安法在痕量元素分析方面得到了广泛的应用。

4. 电位分析法

电位分析法是在通过电池的电流为零的条件下测定电池的电动势或电极电位，从而利用电极电位与浓度的关系来测定物质浓度的一种电化学分析方法。电位分析法具有许多优点，如选择性好，所需试样少，且可不破坏试液，故适用于珍贵试样的分析。它的测定速度快，操作简单，容易实现自动化和连续化。

5. 电导分析法

电导分析法是通过测量溶液的电导值以求得溶液中离子浓度的方法，分为直接电导法和电导滴定法。其优点是简单、快速，还具有很高的灵敏度，缺点是它所测定的电导值是试样中全部离子电导的总和，而不能区分和测定其中某一种离子的含量，因此选择性很差。

6. 电化学分析技术

目前在重金属检测方面主要有原子吸收方法检测、电感等离子质谱法、电化学方法。原子吸收方法检测、电感等离子质谱法主要适用于实验室检测，因取样、分析时间长，仪器昂贵导致难以得到普遍应用。电化学方法以其低成本、高灵敏度的特点，成为快速、简便测定重金属的方法，大量应用于医药、生物和环境分析中，在在线检测和野外现场检测方面有很大的开发空间。目前常用的阳极溶出伏安法存在三个主要问题：第一，采用汞基体传感器作为工作电极，在检测中会造成二次污染，而且汞基体电极存在电极处理等技术问题，难以发展成为在线检测技术。第二，电化学的电位窗口较窄，一般只有2 V电压范围，多种重金属检测时容易出现重叠峰现象。第三，多种重金属检测时存在相互干扰现象。

电化学检测重金属方法有以下三点展望：第一，探索新的检测技术，向多维检测方向发展，获取更多的检测信息，解决干扰和重叠峰现象。第二，利用新材料技术，研究高灵敏度的离子选择性电极、化学修饰电极、超微电极，应用于重金属离子检测中。第三，针对检测数据，发展化学计量学方法在数据平滑去噪、重叠峰分离、多组分检测方面发挥更好的作用。

8.4.3　直接形态分析技术(固体形态分析技术)

固体样品中的原子核、原子、分子和晶格吸收的特定能量可以在原子水平上反映物质结构，因此利用微区和表面分析技术可以实现固体样品的直接元素形态分析，获得样品的分子结构和元素组成信息。

具体有：活化分析，如中子活化分析；X 射线法，如 X 射线荧光、X 射线吸收光谱、X 射线衍射、X 射线光电子能谱、X 射线散射；磁波谱类方法，如核磁共振技术、电子顺磁自旋共振、穆斯堡尔谱；电子技术，如扫描电镜-X 射线能量散射、扫描透射电镜；振动光谱，如红外、拉曼光谱；激光烧蚀 ICP-MS。

8.4.4　气相色谱、超临界流体色谱与原子光谱、质谱联用技术及元素形态分析

1. 概述

气相色谱技术可以解决液相色谱技术所不能解决的分离问题。这是因为，在 GC 中所用的流动相不与试样分析物相互作用，它的作用仅仅是从色谱柱中传输分析物。气相色谱可以分为气固色谱和气液色谱两种类型，而在本节中所指的气相色谱均为气液色谱。在这里分析物在流动相(气体)和负载在惰性固体支持体(如硅藻土)上的液相(固定相)两相中分配。理想的固定相应具有低挥发性、热稳定性、化学惰性和良好的溶剂特性。流动相气体必须是化学惰性的，以避免与分析物之间发生相互作用，常用的流动相气体有 He、Ar、N_2 和 CO_2。

在联用技术中一般可采用两种 GC 柱，即填充柱和毛细管柱，但常用的是毛细管柱。在形态分析中填充柱因其离理想的分辨率相差较远，所以应用较少。而毛细管柱因其提供高分辨率，更尖、更集中的峰带，具有灵活、易于使用和可用涂层种类多的优点而变得使用越来越广泛。

常规的气相色谱检测器(如电子捕获等)对金属无选择性，而原子光谱-质谱检测器对金属则是高选择性的，利用这类检测器可以消除许多干扰、简化分离步骤及提高分析的准确度。对于挥发性金属烷基化合物(如四烷基铅、二烷基汞和四甲基锡)等可以直接用 GC 进行分离，不需要分离前的预处理步骤；但对难挥发的金属离子型化合物则需要经过衍生化反应生成挥发性化合物后才能用 GC 分离。

2. GC 形态分析中的衍生化技术

GC 形态分析中的目标分析物包括那些本质上是挥发性的和热稳定性的粒子或那些可以通过衍生化反应转变成挥发性的和热稳定性的粒子。GC 形态分析中感兴趣的粒子见表 8-1。

表 8-1　GC 形态分析中感兴趣的粒子

氧化还原态	氢化物	烷基元素粒子	其他
Se(Ⅳ)、Se(Ⅵ) As(Ⅲ)、As(Ⅴ) Sb(Ⅲ)、Sb(Ⅴ)	AsH_3、PH_3、BiH、SbH_3、SnH、GeH_4、SeH_4	$MenEtmPb^{(4-m-n)}$、$MenSn^{(3-n)+}$、$BunSn^{(3-n)+}$、$PhnSn^{(3-n)+}$、Me_2Hg、Et_2Hg、$MeHg^+$、$MeCd^+$、Me_2Cd、$MenGe^{(4-n)+}$、DMSe、DMDSe、DEt_2Se、DEtDSe、甲基砷酸、甲基异丙基苯衍生物、有机硅化合物	硒氨基酸、金属卟啉、二茂铁衍生物

但是，在相当多的情况下，分析的是强极性或离子型及缺乏挥发性和稳定性的分析物，所以需要将它们通过衍生化转变为非极性、挥发性和热稳定性的粒子。衍生化方法的原则是必须保留元素-碳键结构以确保待测物在试样中原来部分的完整性。也可以尽量减少在后续测定中可能发生的干扰。

常见的衍生化方法有 As、Sb、Bi、Ge、Sn、Pb、Se、Te、Hg、Cd 这些离子通过适当的化学反应可以转化成相应的氢化物来实现；Grignard 试剂烷基化；四烷基硼纳烷基化等。

3. 气相色谱-原子光谱-质谱联用技术及元素形态分析的应用

目前公认的金属元素形态分析的最有效的方法是气相色谱与原子光谱-质谱联用技术。

(1)气相色谱-原子吸收光谱法。原子吸收光谱法(AAS)由于其自身特点：选择性高、灵敏度较好、与 GC 之间联用接口简单，在早期的元素形态分析中得到广泛应用。主要有三种联用方式：GC-火焰原子吸收(FAAS)、GC-石英炉原子吸收(QFAAS)、GC-石墨炉原子吸收(GFAAS)。表 8-2 给出了 GC-AAS 在环境中元素形态分析中的应用。

表 8-2　GC-AAS 在环境中元素形态分析中的应用

元素形态	试样	试样制备、富集	衍生化方法	检出限
As(Ⅲ) As(Ⅴ) MMA DMA TMA	水、沉积物、土壤	土壤和沉积物以水提取	$NaBH_4$	10 ng/L 10 ng/L 2 ng/L 3 ng/L 6 ng/L
TBT TPhT	沉积物	TBT 和 TPhT 与 8-羟基喹啉形成离子缔合物后，环庚三烯酮萃取	—	95 pg/g 145 pg/g

续表

元素形态	试样	试样制备、富集	衍生化方法	检出限
$MeHg^+$ $EtHg^+$ $PhHg^+$	土壤	0.1 mol/L NaAc-HAc(pH4)，提取24 小时，SPME 制样	KBH_4	16 ng 12 ng 7 ng
MMA：甲基砷酸；DMA：二甲基砷酸；TMA：三甲基砷酸；TBT：三丁基锡；TPhT：三苯基锡				

(2)气相色谱-原子荧光光谱法。原子荧光(AF)是原子吸收(AA)的逆过程。与原子吸收相比，原子荧光谱线简单，干扰小，某些元素的灵敏度高于 AAS，仪器简单、价廉；其中冷蒸汽原子荧光分析技术是目前应用最多的测定汞的技术(表 8-3)。GC 与 AFS 之间的连接相对简单，只需在 GC 柱出口端和 AFS 检测器之间连接一电加热热解器，温度为 800～900 ℃。热解器由熔融石英管组成，有机汞在此转变为 Hg^0 然后引入 AFS 检测器。衍生-CT-GC-AFS 联用技术已经被证明是测定不同环境试样中无机汞和甲基汞的最具潜力的技术(图 8-1)。其中氢化物发生适用于表面水样，而乙基化则适用于沉积物样品。

表 8-3　GC-AFS 在环境试样中金属有机化合物元素形态分析中的应用

元素形态	试样	试样制备/富集	衍生方法	检出限
Hg^{2+} $MeHg^+$	水		$NaBH_4$	0.13 ng/L 0.01 ng/L
Hg^{2+} $MeHg^+$	沉积物		$NaBEt_4$	0.22 ng/g 0.02 ng/g
$MeHg^+$	沉积物	蒸汽蒸馏水相	$NaBEt_4$	0.01 ng/g

(3)气相色谱-等离子体原子发射光谱法。该方法研究较少，主要原因是原子发射光谱仪的灵敏度不足以克服等离子气体对分析物的稀释、大的死体积以及对非金属元素的低激发电离能力。但采用固相微萃取与之联用，即 SPME-GC-ICP-AES，则可进一步降低检出限。

(4)气相色谱-辉光放电原子发射光谱法。辉光放电(GD)一直是原子光谱固体样品直接分析的重要光源，具有结构简单、基体效应小、连续背景低、光谱简单、操作和维持费用低等特点，在固体材料元素分析和表面分析中有广泛的应用。随着 GD 技术广泛而深入的研究，人们发现了 GD 作为气相色谱检测器的潜力。GC-GD-AES 联用技术研究主要集中在两个方面：其一是有机卤化物中非金属元素的测定；其二是有机金属化合物形态分析。图 8-2 所示为 GC-rf-HC-GD-AES 联用接口示意图，其中 rf-HC-GD 为射频空心阴极辉光放电。

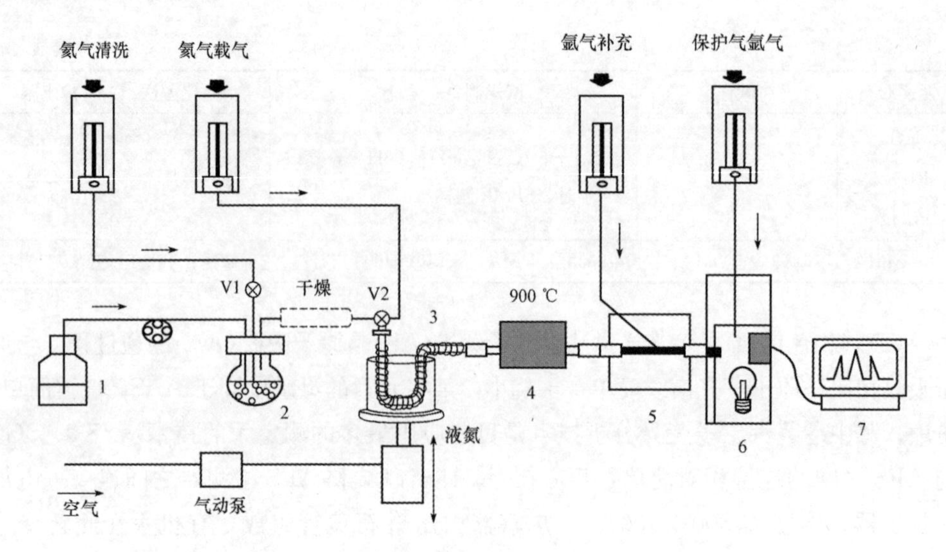

图 8-1　自动化在线衍生冷阱捕获集(GT)-GC-AFS 联用装置示意图

1—衍生溶液；2—反应池；3—色谱柱；4—石英炉；5—PTFE 接口；

6—AFS 检测器；7—计算机；V1 和 V2—电磁阀

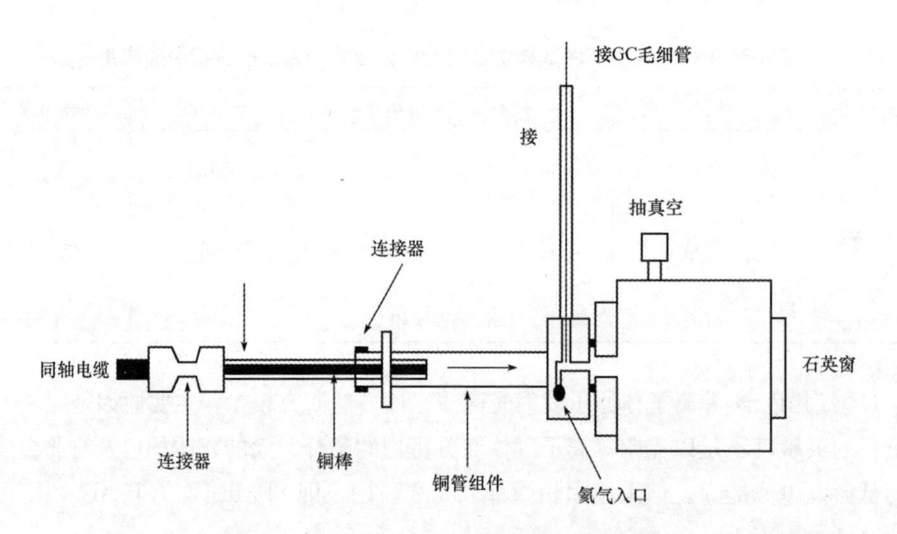

图 8-2　为 GC-rf-HC-GD-AES 联用接口示意图

固相微萃取(SPME)与 GC-rf-HC-GD-AES 联用，$NaBEt_4$ 衍生测定了 TML(三甲基铅)、TEL(三乙基铅)、MBT(单丁基锡)、DBT(二丁基锡)和 TBT(三丁基锡)的检出限分别为 0.15 ng/mL、0.03 ng/mL、0.021 ng/mL、0.026 ng/mL、0.075 ng/mL。该技术分析沉积物标样中的 MBT、DBT 和 TBT 时，其测定值与标准值相符合。

(5)气相色谱-微波等离子体原子发射光谱。微波等离子体是通过微波频率为 2 450 MHz 的电磁场与工作气体(Ar 或 He)的作用而产生的高温等离子体。其可在常压也可在低压下操作。由于微波等离子体是小体积光源，其既能量密度与 ICP 相似，具有成本低、操作简便、高检测能力，特别是当采用 He 作为工作气体时，测定非金属元素具有低检出限等优点，但对溶剂和试样的耐受量有限是它的明显不足。

微波诱导等离子体(MIP)作为 GC 的特效检测器是微波等离子体发射光谱分析最重要的领域之一。与其他的等离子体(如 ICP)相比，MIP 适合于 GC 检测器的主要原因是：MIP 是一种低热能高激发能激发源，它可以在 He、Ar 或其他分子气体中获得和维持，特别是 He-MIP 能更有效地进行能量转换，对非金属的激发和测定非常有利；MIP 放电管的死体积很小，且维持等离子体的气体流速与毛细管 GC 的载气流速相匹配；MIP 仪器设计简单，运行成本低。

目前 GC-MIP-AES 技术不仅用于元素形态分析，而且广泛应用于元素有机分析。表 8-4 列出的是 GC-MIP-AES 应用于铅、锡和汞的有机金属化合物形态分析中的检出限和在环境及生物样品中的典型应用。

表 8-4　GC-MIP-AES 在环境及生物样品中元素形态分析的应用

元素形态	试样	试样制备/富集	衍生方法	检出限
Hg^{2+} $MeHg^{+}$ Me_2Hg	水	正己烷液液萃取	$NaBEt_4$	15 pg 3 pg 0.5 pg
MBT DBT TBT	水	顶空 SPMD	—	5 ng/L 1.5 ng/L 1 ng/L
$MeHg^{+}$	鱼组织	KOH-MeOH 碱提	$NaBPh_4$	0.4 pg
MBT DBT TBT	沉积物	0.2 g 试样加入 5 mL 水和 5 mL 冰醋酸，60 W MAE 2 min，衍生化后溶剂萃取	$NaBEt_4$	0.2 μg/L

(6)气相色谱火焰光度检测。火焰光度检测(FPD)是基于测定各元素在富氢火焰下产生的原子发射光谱线，实现对元素的选择性检测。FPD 在气相色谱中主要用来选择性检测含磷、含硫化合物，也可用于检测含氮、硼、卤素和金属元素化合物。1991 年 Amirav 等提出的脉冲火焰光度检测器(PFPD)，由于脉冲火焰的不连续，可以对发射光谱进行时间分离，从而减少碳信号的干扰，提高了元素检测的选择性和灵敏度。与原子光谱检测法相比，火焰光度检测操作简便、费用低，其中脉冲火焰光度法的检出限可以与原子光谱法相媲美，因而在元素的形态分析

中有着广泛的应用。

(7)气相色谱电感耦合等离子体质谱法。电感耦合等离子体质谱(ICP-MS)作为GC元素特效检测器自1986年Van Loon等和1987年Houk等的开创性工作以来，已经引起分析化学家们的极大关注，成为目前复杂基体试样中有机金属化合物形态分析的一个理想方法。GC-ICP-MS联用技术之所以得到如此迅猛的发展，是由于该联用技术将GC的高分辨率和高分离效率与ICP-MS的高灵敏度(检出限达1 fg)，以及高基体耐受量、同位素比测定能力有机结合在一起。由于引入等离子体中的试样为气态，其试样从GC到等离子体中传输效率近于100%，这导致极低的检出限和好的分析物回收率。由于分析物以气态形式引入ICP中不需去溶和蒸发，分析物的电离更有效。由于不存在水流动相，GC-ICP-MS比液相色谱LC-ICP-MS具有更少的同量异序干扰。在GC中不使用高盐含量的缓冲溶液，因而仪器内部的腐蚀不像在LC-ICP-MS中严重。

常规的ICP-MS多采用四极杆质量分析，这种仪器由于灵敏度高、体积小、成本低，是目前GC-ICP-MS使用最为普遍的元素特效检测器。ICP-TOF-MS的使用，提高了数据获取的速度，可以多同位素测定毫秒范围的色谱峰，改善同位素测定精度。磁扇形多极收集ICP-MS则可以获得更好的精度。这些仪器的发展与GC仪器的微型化(如微柱多毛细管GC)，大大改善了GC-ICP-MS的分析性能，提高了分析效率。

GC-ICP-MS的接口可以简单通过一根短的传输管线连接GC出口端与等离子体炬管底部加以实现。对接口设计的一个基本要求是：分析物从GC柱传输到等离子体的整个过程中必须维持气体形式，避免分析物冷凝。这可以通过两种方式获得：一种是有效加热整个传输管线以避免冷凝；另一种是通过气溶胶载体。不管哪种方式的接口，为了使溶剂峰减少和减小碳累积，必须引入氧气。有关GC-ICP-MS联用技术的接口设计，Lobinski等在他们的相关文章中已做了详细的介绍。

①直接接口。直接接口的优点是没有气溶胶，避免了去溶和蒸发所需的能量，因而提高了灵敏度，且减少了多原子干扰。等离子体操作条件通过以恒质量流速加入载气中的Xe来优化。Xe的质量流速由控制器控制并采用T形接口与载气相连。

室温接口已用于传输冷阱捕集热解吸释放或冷阱捕集毛细管GC分离挥发性化合物(沸点小于200 ℃)。这一类型接口的不同设计中，最本质的区别在于是否需要加热传输管线和如何加热传输管线以及仪器的连接和拆分是否容易实现。图8-3所示为排空、捕集填充柱热解吸-ICP-MS联用的典型装置示意图。采用这种装置，MBT和DBT的氢化物可以获得满意的色谱峰，但对TBT的氢化物则存在明显的拖尾。多毛细管气相色谱柱通过自设计的室温接口与ICP-MS连接用于汞的形态分析已有报道。

De Smaele等报道了通过商品性传输管线和一个自制传输管线将GC和ICP-MS连接的方法。前一传输管线由不锈钢管、PTFE管和熔融石英毛细管组成，

PTFE 管用于避免毛细管断裂。可调电压供能用于加热不锈钢管，其温度通过内装热电偶监测。传输线的一端伸入炬管注入管中离注入管末梢 5 cm 处以避免起弧。通过炬管底部的一个 T 形接口引入的辅助气可通过加热 Ar 气管而被加热。使用这种 T 形接口时，加热不够会导致溶剂冷凝而产生峰扩宽。为了解决这一问题，他们自设计和构造了一个新的传输管线，如图 8-4 所示。该传输管线被设计成一个微型化的 T 形接口，故其受热更均匀。结果显示，这种接口对于弱挥发性三丁基丙基锡化合物也没有明显的峰拖尾。

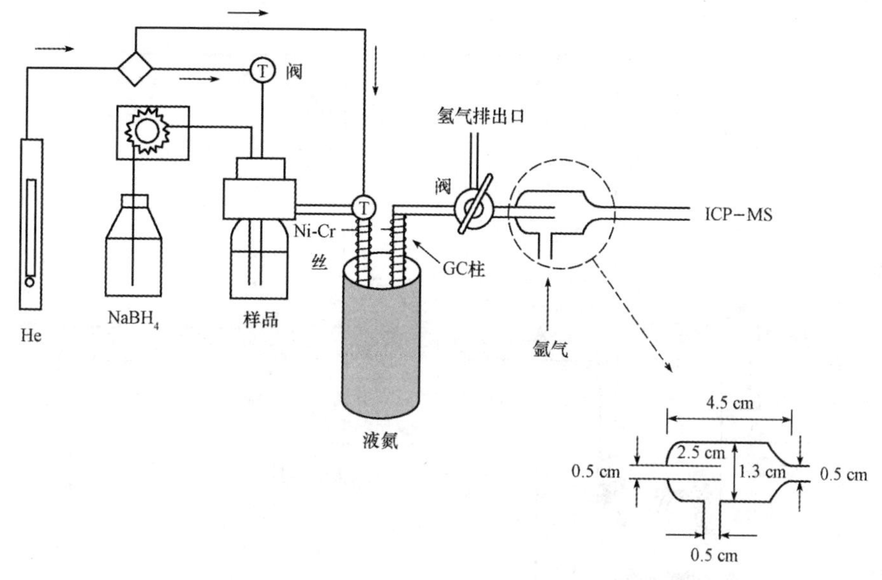

图 8-3　GC-ICP-MS 中氢化物发生接口装置示意图

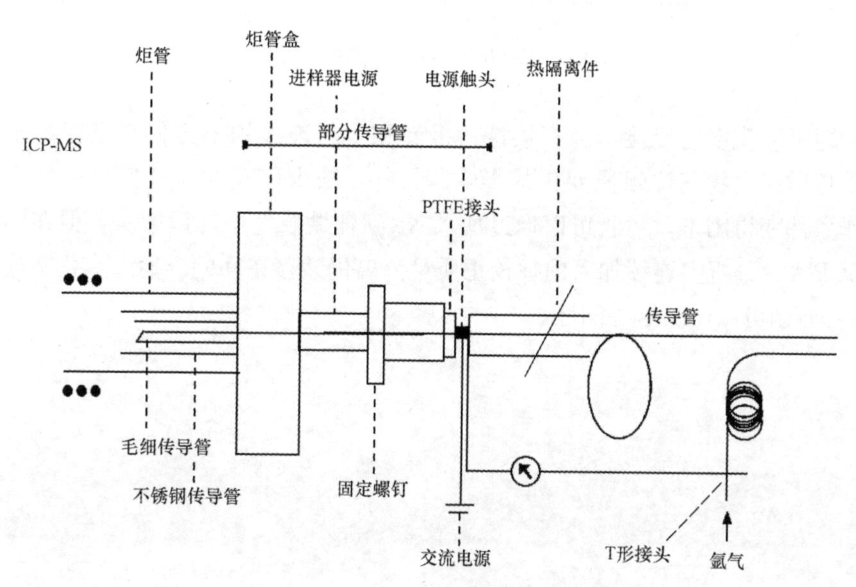

图 8-4　GC-ICP-MS 部分接口示意图

上面讨论的接口设计都有一个共同的特点，即传输管线最后一部分至少是插入 ICP 炬管注入管的部分并没有有效地加热，这可能会导致冷斑的产生，特别是对于高沸点的化合物。因此，有人提出了将毛细管延伸到靠近等离子体，并对连同伸入炬管内部的整个毛细管加热。商品化的接口(Agilent)则采用 1 m 长的电阻加热传输管线(热绝缘)作为毛细管柱外套，10 cm 刚性传输管线插入 ICP 炬管中心通道末端(图 8-5)。传输管线刚性部分密封另一加热器，并以热电偶测量温度；加热器延伸到离毛细管末端 5 cm 处，刚性部分的末端置于 ICP 炬管中心注入管中。

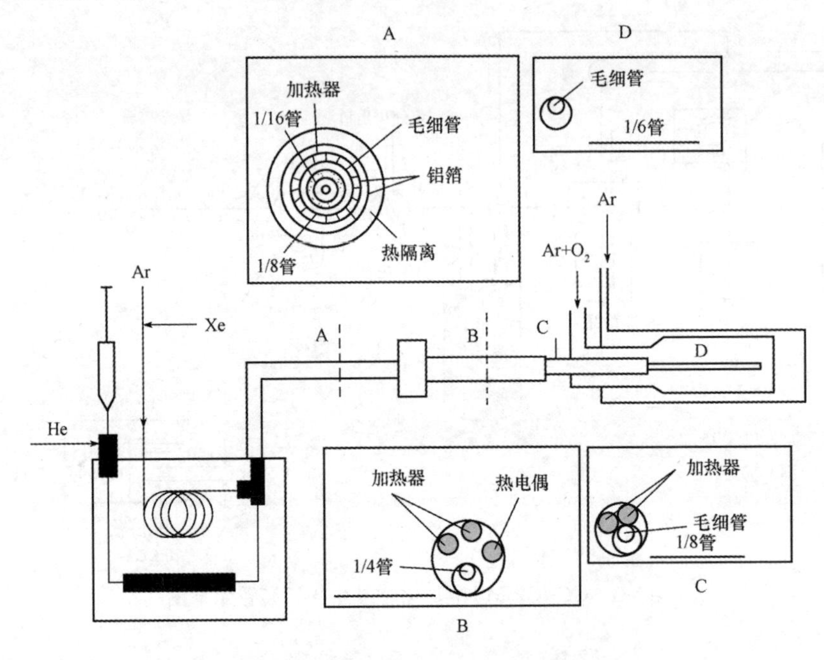

图 8-5　GC-ICP-MS 全加热接口设计

②通过雾化室连接接口。直接接口拆卸和重新连接均不方便，且等离子体条件易受色谱流出物基体组成变化的影响。另外，缺少代表性连续信号也使优化仪器工作条件变得困难，尽管可以通过加入 Xe 到辅助载气中加以解决，但在同位素稀释 ICP-MS 分析中连续加入内标校正质量分离仍然存在问题。通过雾化室连接接口(图 8-6)则可以解决这些问题。

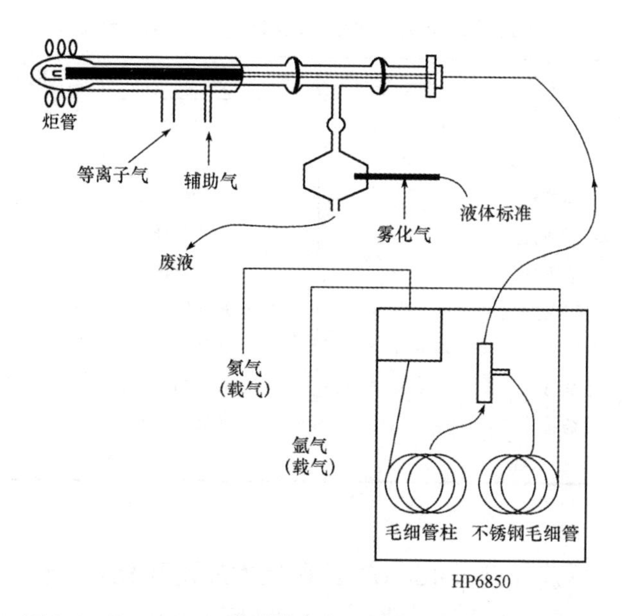

图 8-6　GC-ICP-MS 联用技术中通过雾化室的接口示意图

GC-ICP-MS 联用技术分析有机铅化合物、有机锡化合物，形态分析有机汞化合物的检出限以及与其他 GC 联用技术的比较见表 8-5～表 8-7。

表 8-5　GC-ICP-MS 联用技术分析有机铅化合物的检出限以及与其他 GC 联用技术的比较

联用技术	检出限(以 Pb 计)/pg
GC-FAAS	40～95
GC-QFAAS	1～45
GC-MIP-AED	0.01～1
GC-MS	2～8
GC-ICP-MS	0.01～0.7

表 8-6　GC-ICP-MS 联用技术分析有机锡化合物的检出限以及与其他 GC 联用技术的比较

联用技术	检出限(以 Sn 计)/pg
GC-FPD	0.2～18
GC-QFAAS	10～100
GC-MIP-AED	0.05～5
GC-MS	1～10
GC-ICP-MS	0.015～0.17

表 8-7　GC-ICP-MS 形态分析有机汞化合物的检出限以及与其他 GC 联用技术的比较

GC 分离	检 测	检出限(以 Hg 计)/pg
10% OV-101 Chromosorb 填充柱	QFAAS	4
15% OV-3 Chromosorb 填充柱	AFS	0.6
毛细管柱	HP-MIP-AED	0.6～2.5
多毛细管柱	HP-MIP-AED	0.1
毛细管柱	ICP-AES	3
填充柱	ICP-MS	1
10% Supelco 2100 Chromosorb 填充柱	ICP-MS	0.81
毛细管柱	ICP-MS	0.21
毛细管柱	ICP-MS	0.12
多毛细管柱	ICP-MS	0.08

8.4.5　超临界流体色谱-ICP-MS 联用技术及元素形态分析

超临界流体色谱(SFC)是以超临界流体为流动相，以固体或者液体为固定相的分离技术，其原理与气相色谱和液相色谱一样，即基于各化合物在两相间的分配系数的不同而得到分离。典型的超临界流体是 CO_2，其在温度高于 31.1 ℃和压强高于 72.8 atm 时，以超临界流体存在。这时化合物的单个分子以类似于气体的较小限制性分子间力和分子运动连在一起。超临界流体色谱(SFC)较之 LC 和 GC 具有较大的优点，这些优点是由于超临界流体特殊的溶剂特性。它与 LC 的液体相比有更大的扩散系数和更低的流动相黏度，分离较 LC 快；与 GC 相比，具有增溶热不稳定和非挥发性分析物，可测 GC 不能测定的化合物；除柱的特性条件外，在 GC 中仅仅靠温度梯度的加强来改善分离；LC 中流动相缓冲强度的改变是加强分离的主要变量，而 SFC 可以用一系列梯度来改善分离，如调整压力、温度以及流动相的组成(添加改性剂)等，从而可以获得更好的容量因子和分辨率。在 SFC 中，色谱柱可以是填充柱也可以是开管柱(毛细管)，但后者的柱效高。柱子通常有熔融石英化学键和聚硅氧烷涂层，且比 LC 中使用的柱子要长。CO_2 是 SFC 中最常用的流动相，通常还可通过加入甲醇等改性剂，以帮助改善溶剂化能力。

理论上 SFC 和 ICP 之间的连接简单。由于从限流器流出来的流出物是气体，常规的液体样品引入所用的雾化器和雾室不再需要，代之以 SFC 和 ICP 之间的连接接口。但由于超临界流体在节流器(限流器)出口端变为常压气体，这个过程因节流效应导致冷却，因此必须给节流器出口处提供足够的温度以避免簇的形成和壁冷凝。SFC-ICP-AES-MS 的主要连接方式有两种：第一种用于填充柱，是将节流器引入加热的交叉流雾化器中，雾化的试样由雾化气流引入 ICP 炬管中[图 8-7(a)]；第二种用于毛细管柱，将节流器直接引入 ICP 炬管的中心通道间[图 8-7(b)、(c)]。

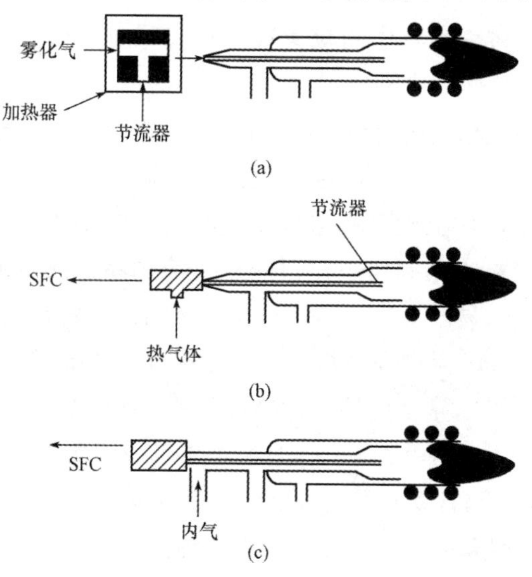

图 8-7　SFC-JCP 接口

(a)填充柱与 ICP 连接；(b)毛细管柱 SFC 和常规 ICP 连接；(c)毛细管柱 SFC 和 DIN 连接

8.4.6　HPLC 与原子光谱-质谱联用技术及元素形态分析

HPLC-ICP-AES-MS 联用技术是元素形态分析的强有力工具，因为它反映了高选择性分离与高灵敏度检测的结合。然而，要实现两者之间真正的有机结合，其接口是一个关键的因素，有时甚至涉及形态分析方法的成败。基于这点，文献中有关接口技术的报道非常多，接口技术已成为痕量分析、形态分析中的研究热点之一。

一个理想的 HPLC-ICP-AES-MS 接口应该具备以下几点：

(1)产生的气溶胶的平均粒径应很小，且分布范围窄。

(2)能在较宽的液流范围内产生稳定的气溶胶。

(3)适用于不同的介质(水及有机溶剂)，由它们形成的气溶胶的性质应相近。

(4)传输效率高，分析信号的损失应尽量小。

(5)在分离柱与雾化器之间的死体积应非常小，在 1～2 μL 级，这样就可以保证不发生色谱峰的变宽现象。

(6)雾化系统与色谱分离体系的溶液流速应相匹配。

(7)操作简便，适合在线检测。

最常用的是气动或超声雾化的接口，其中又分带雾化室的和不带雾化室的两大类，但其共同点是将经液相色谱分离后的待测液先转化为气溶胶，接着传输至 ICP 中，完成原子化或离子化过程。

1. 带雾化室的气动雾化体系

雾化室的作用是将气溶胶中的较大雾滴分离除去，仅容许细小的雾滴进入等离子体(ICP)炬管中。

常规雾化系统将气相色谱分离柱的流出液通过一细孔管连接至一气动雾化器，在气液负压的作用下，于雾化器的喷嘴处产生一高分散的气溶胶。作为引入等离子体之前的湿气溶胶，其粒径大小与分布受雾化室的结构控制。常规雾化系统的缺点：进入 ICP 的分析物比例较小；引入有机溶剂易造成 ICP 的不稳定、碳粒沉积；试剂试样消耗大；易产生“记忆效应”；待测物色谱峰变宽，降低分辨率。

小体积试样分析正成为当今分析化学中的一个重要而令人感兴趣的研究课题，一方面，它是分离/分析方法发展的一种趋势；另一方面，它是实际试样分析时的一种需求。低液体流速(如小于 10 μL/min)的“微型雾化系统”就是 HPLC-ICP-AES-MS 联用技术的发展要求。与常规的雾化器相比，微型雾化器的特色之处在于其尺寸方面明显减小了。属于微型雾化器的类型主要有三种：高效雾化器(HEN)；微型同心雾化器(MCN)；振荡毛细管雾化器(OCN)。下面一一进行介绍。

(1)高效雾化器。研究表明，常规的同心雾化器不可能在液体流速低于 300 μL/min 条件下产生稳定的气溶胶，这是因为，相对较大的液流管直径阻碍了在该条件下生成稳定的液体喷射。HEN 是对常规同心雾化器的一种改进，它具有更小的中心液流管和更小的气孔环。HEN 连接体系如图 8-8 所示。

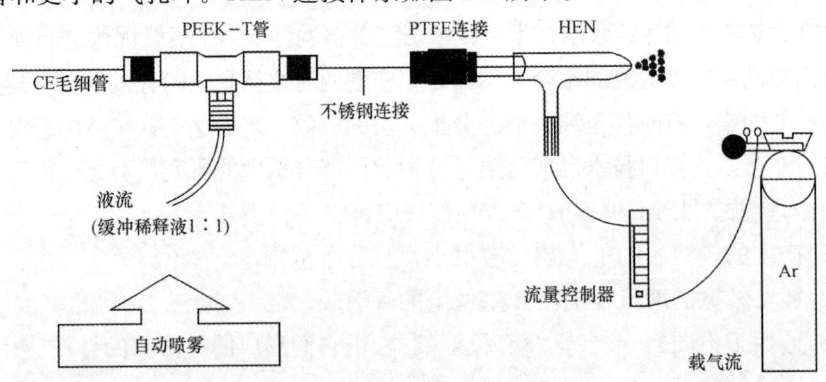

图 8-8　HEN 连接体系示意图

(2)微型同心雾化器。微型同心雾化器是一种为分析高酸度或高盐分试样而设计的微型气动雾化器。其中 MCN-100 雾化器的结构如图 8-9 所示。MCN 已成功用作 HPLC 与 ICP-MS 之间的接口，用于分离、分析痕量元素 As、Se 等的形态。

(3)振荡毛细管雾化器。振荡毛细管雾化器最大的优点就是死体积很小，非常适合于低液流操作时作为 HPLC 的接口。该雾化器由两个同心的微石英管组成，它们被同轴放置。带单通道雾化室的振荡毛细管雾化器(OCN)如图 8-10 所示。

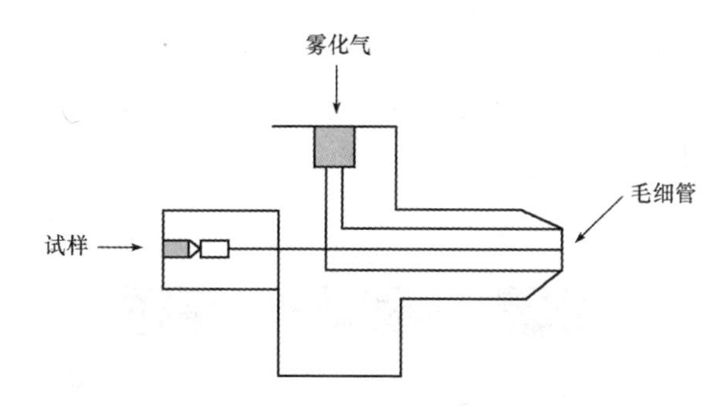

图 8-9 MCN-100 雾化器主体示意图

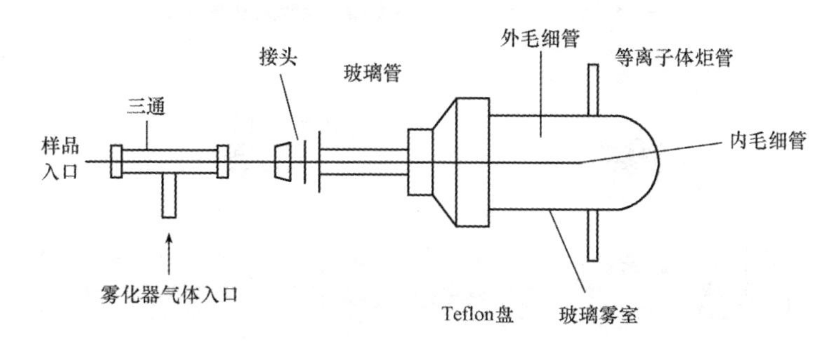

图 8-10 带单通道雾化室的振荡毛细管雾化器(OCN)

2. 超声雾化体系

在超声雾化(USN)体系中，气溶胶的形成基于将超声能传送至被雾化的液体。与气动雾化相比，用超声雾化形成的起始气溶胶具有相对较宽的液滴大小分布；然而，由于其液滴的密度较大，故可产生更多的、细小的雾滴。应当指出，气溶胶在离开气室之后，用超声雾化器得到的液滴大小对其体积分布比用气动雾化方式得到的更窄。

为了减轻大量溶剂进入等离子体后带来的影响，超声雾化体系常与去溶装置连接在一起使用。通过采用去溶单元可使气溶胶的分布朝着形成更小的颗粒的方向移动。然而，去溶的负面作用是存在分析物损失的危险性，这取决于试样中的待测物和基体在挥发性上的差异，而且受试样浓度的影响。有将该体系与膜去溶相结合的报道，用于 Se 的形态分析，与气动雾化相比，此法的灵敏度可提高 13～20 倍。

3. 高液压雾化体系

高液压雾化(HHPN)在工业技术界早有应用，但将它用于分析化学则始于 1988 年。HHPN 的工作原理是基于采用 HPLC 泵来传输液体试样，通过相应的毛细管流至某喷嘴；液体承受了非常高的压力，但在喷嘴处受阻，使液压突然降低，因排斥力作用形成气溶胶。由于 HHPN 有不同于气动雾化的特殊雾化原理，使之容许高黏度或高盐分的溶液试样引入。HHPN 结构示意如图 8-11 所示。与气动雾化体系不同，随着液体流速的增大，用 HHPN 形成的气溶胶液滴的直径将会减小。这是因为，当喷嘴的内径固定时，高的液体流速需要更高的压力，这将导致在瞬间有更细的分散。

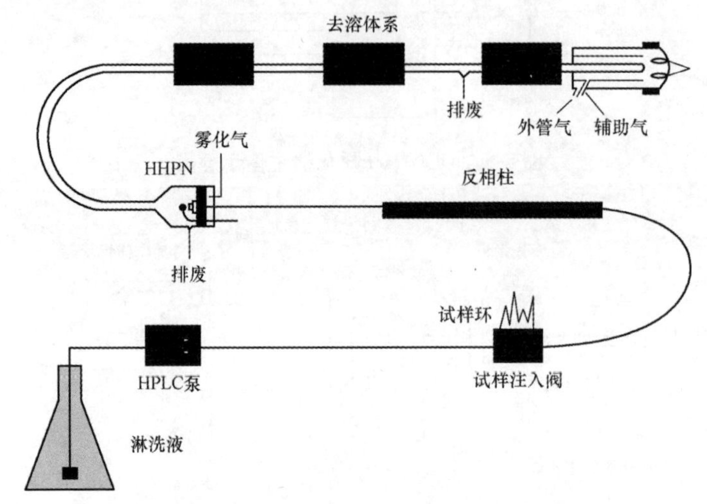

图 8-11　HPLC-HHPN-ICP-MS 仪器示意图

8.4.7　GC-FPD-PFPD 在环境及生物样品中元素形态分析的应用

GC-FPD-PFPD 在环境及生物样品中元素形态分析的应用见表 8-8。

表 8-8　GC-FPD-PFPD 在环境及生物样品中元素形态分析的应用

元素形态	试样	试样制备、富集	衍生方法	检出限
MBT DBT TBT	海水	海水酸化到 pH 值=2，氢化物衍生化后 SPMD 顶空制样 25 min	$NaBH_4$	14.9 ng/L 1.5 ng/L 0.5 ng/L
MBT DBT TBT	沉积物	0.5 g 样品中加入 50 mL pH 值为 3.3 的乙酸、乙酸钠，电磁搅拌下氢化物衍生化，SPMD 顶空制样 20 min	KBH_4	8.8 ng/g 0.16 ng/g 0.05 ng/g
MBT DBT TBT	酒	氢化物衍生化，SPMD 顶空制样 15 min	KBH_4	16 ng/L 2.2 ng/L 1.5 ng/L

第9章　现场应急监测技术

9.1　概　　述

近年来，我国经济和社会都取得了巨大的进步，但与此同时，生态环境也遭到了巨大的污染和破坏，环境污染越来越严重，这也制约着社会和经济的持续发展。环境突发事件日益增多，由于突发事件具有突发性、不可预测性，所以常规的实验室检测手段已经满足不了形势的需要，因此建立快速检测的新技术对现场应急检测有重要的意义。

环境污染事件可分为污染物长期超标排放事件和突发性环境污染事件两种。随着各种环境保护法律和污染控制技术的进步，污染物长期超标排放能够得到有效控制并正在逐步减少，而突发性环境污染事件却随着经济的发展、生产规模和流通领域的扩大呈现显著增长的态势，其危害的影响也越加明显。突发性环境污染事件是环境污染的一种特殊形式，它与一般环境污染的不同之处在于：突发性环境污染事件常常在瞬间或极短的时间内排放大量有害物质，对生态环境造成严重的污染和破坏，发生诸如水生生物大面积死亡、农作物绝收等一系列急性或者长期的环境危害，对人民的生命财产造成重大损失，为社会带来许多不安定因素。

根据《国家突发环境事件应急预案》，按照突发事件严重性和紧急程度，突发事件分为重大事件(Ⅰ级)、重大环境事件(Ⅱ级)、较大环境事件(Ⅲ级)和一般环境事件(Ⅳ级)。突发性环境污染事件具有突发性、迅速性、在瞬间或极短的时间内排放大量污染物、种类复杂、危害严重、影响广泛等特点。按照污染物的性质和污染通常发生的方式，突发性环境污染事件可以分为以下五大类：

(1)有毒化学品的泄漏、爆炸、扩散污染事件。

(2)非正常排放大量废水、废气造成的污染事件。

(3)溢油事件。

(4)核污染、核泄漏事件。

(5)突发性水污染灾害，病毒或病菌爆发性传播蔓延。

突发性环境污染事件应急监测一般被称为环境应急监测，是指因突发性环境污染事件造成环境危害时，检测人员在事故现场，用小型、便携式、简易、快速检测仪器或装置，在尽可能短的时间内对污染物种类、数量、浓度和污染范围及其可能产生的危害等情况，进行监测并判断的过程。实施应急监测是做好突发性环境污染事件处置、处理的前提和关键，只有对污染事件的类型及污染状况做出准确的判断，才能对污染事件及时、准确地进行处理、处置。

9.1.1 环境应急监测的基本任务

1. 定性监测

在最短的时间内准确查明造成环境污染的有毒有害物质的种类，并尽可能提供详细的化合物信息，包括化合物分子结构和存在形态、属性，在特定介质中可能发生的化学反应及其在相关危险品名录中的类别代码等。

2. 定量监测

准确测定有毒有害物质在不同环境介质中的浓度水平，确定不同程度污染区域的边界并进行标示，即通过定量分析确定应急监测的采样断面、对照断面、控制断面和削减断面，为跟踪监测和事件处置提供技术依据；另外，通过定量分析可以确定污染事件的“元凶”与导致污染事件发生的客观条件和污染途径。

9.1.2 环境应急监测的基本要求

(1)准确。确定主要污染物要准确、分析数据要准确。

(2)快速。能在最短的时间内上报监测结果，为及时处置污染事件提供科学依据，通常，对事故预警所选用的监测方法要求能快速显示分析结果，但在事故平息后为查明其原因，则常常采用多种手段取证，需要注重分析结果的准确性。

(3)灵敏。选用的监测方法灵敏度要高，能发现低浓度的有毒有害物质或能快速反映事故因素的变化。

(4)简便。采用的监测手段应简捷，可根据监测时机、监测地点和监测人员确定所用的监测手段及仪器的便捷程度，通常在现场的快速检测时，选用较轻便、操作简单的仪器。

9.2 便携式气相色谱

9.2.1 便携式气相色谱仪简述

气相色谱仪有着应用范围广、灵敏度高、分析速度快、选择性高等优点，在石油、化工、制药、化妆品生产部门等废水废气的排放监测；建筑装饰材料、家具释放的有毒有害气体现场检测；办公大楼、居室内空气监测；食品、农副产品、绿色蔬菜中农药残留等现场检测；环境、大气质量、水质监测、等定点连续检测；汽车尾气综合测试；公共安全：毒品、刑侦、药物现场检测，易燃物、爆炸物及其残留物现场分析；军事方面：对战地化学物质分析测试；疾病连续、疾病实时现场诊断；现场实时测试、突发事件的监测处理等有不可替代的作用。

在环境监测中，通常要对水、气、土壤等环境要素进行挥发性有机物和半挥发性有机物的定性和定量检测分析。有机物的检测手段通常是利用固体吸附管或者经特殊处理的不锈钢采集器来采集样品，然后经样品前处理系统进行样品的分析与富集，通过载气把被测物质送入气相色谱仪进行定性、定量分析。便携式气相色谱仪就是能快速采样，准确分析，便于携带，需要配备的工作条件简单，适用于环境应急监测现场快速测定的新型仪器。便携式气相色谱仪因其具备的机动、灵活性能满足不同分析环境的要求，得到越来越广泛的应用。

便携式气相色谱仪的检测能力主要是由其检测器决定的，往往配用一根中等极性的柱子就能分离出许多目标化合物。以下主要阐述各种常见的便携式气相色谱仪的特征。

1. 氢火焰检测器

氢火焰检测器(FID)是利用氢火焰作为电离源使被检测物质电离，产生微电流的检测器。它是破坏性的、典型的质量型检测器。它的突出优点是对几乎所有的有机物均有响应，特别是对烃类化合物灵敏度高，而且响应值与碳原子数成正比。它对 H_2O、CO_2 和 CS_2 等无机物不敏感，对气体流速、压力和温度变化不敏感。它的线性范围广，结构简单、操作方便。但是作为便携式气相色谱仪，它的缺点是很明显的：如果要使用 FID 就需要三种气源，这样就降低了便携的可能性，并且 FID 工作时需要点火，在应对突发性环境污染事件的分析与检测时增加了引燃、引爆的潜在危险性。

2. 热导检测器

热导检测器(TCD)是利用被测组分和载气热导系数不同而响应的浓度型检测器，它是整体性能检测器，属物理常数检测方法。热导检测器的基本理论、工作原理和响应特征，早在 20 世纪 60 年代就已成熟。由于它对所有的物质都有响应，结构简单，性能可靠，定量准确，价格低廉，经久耐用，又是非破坏型检测器，因此始终充满着旺盛的生命力。近十几年来，它应用于商品化气相色谱仪的产量仅次于 FID，应用范围较广泛。

3. 光离子化检测器

光离子化检测器(PID)使用一只紫外(UV)灯作为光源光子能量，被测物质进入离子化室后，经 UV 灯照射，原来稳定的分子结构被电离，产生带正电的离子与带负电的电子，在正负电场的作用下，形成微弱电流，检测该电流的大小即可得到该物质在空气中的浓度。PID 对几乎所有的含碳有机挥发性化合物和部分无机物有着很强的灵敏度。光离子化检测器近年来在我国有了很大的发展，市面上使用的 PID 主要是检测综合指标（TVOC）的便携式检测器，它没有色谱系统，所以不能检测具体的目标化合物。

4. 电子捕获检测器

电子捕获检测器（ECD）是一种对痕量电负性（亲电子）有机化合物的分析很有效的检测器。它只对电负性物质有信号，样品电负性越强，给出的信号越大，对不具电负性的物质则没有信号输出。它的内腔中有不锈钢棒阳极、阴极和贴在阴极壁上的β放射源，在两极间施加直流或脉冲电压。当载气（氩或氮）进入内腔时，受到放射源发射的β粒子轰击被离子化，形成次级电子和正离子。在电场作用下，正离子和电子分别向阴极和阳极移动形成基流（背景电流）。当电负性物质进入检测器时，立即捕获自由电子，从而使基流下降，在记录仪上得到倒峰。在一定浓度范围内，响应值与电负性物质浓度成比。电负性物质生成的负离子与载气电离产生的正离子复合生成中性分子，随载气流出检测器。

9.2.2 便携式气相色谱应用实例

便携式气相色谱仪主要用于水和空气中多种挥发性有机物的监测，可监测的有机物浓度水平在 10^{-9}～10^{-6}数量级之间。

1. 典型特征污染物应急监测方法的建立

（1）石化炼油行业。

主要污染物：甲基叔丁基醚、叔戊醚、甲醇、乙醇、苯、甲苯、乙苯、间一二甲苯、邻一二甲苯。

监测仪器：便携式气相色谱仪。

监测方法：色谱柱 20 m×0.32 mm×1.5 μm Supelcowa×10（PEG）；柱温：60 ℃；检测器：PID，检测器温度：60 ℃；压力：12 psi；分析时间：1 250 s，采样时间：20 s，反吹时间：311 s，进样时间：5 s。

（2）ABS 橡胶厂。

主要污染物：苯乙烯、丙烯腈、1，3-丁二烯。

监测仪器：便携式气相色谱仪。

监测方法：色谱柱 8 m×0.32 mm BLANK Fused Silica，柱温：60 ℃；检测器：PID，检测器温度：60 ℃；压力：12 psi；分析时间：685 s，采样时间：20 s，

反吹时间：325 s，进样时间：2 s。

(3)纸浆造纸厂。

主要污染物：α-蒎烯、甲基硫醇、乙基硫醇、二甲基硫、丙酮、甲醇、甲基乙基酮、二甲基二硫、硫化氢。

监测仪器：便携式气相色谱仪。

监测方法：色谱柱 8 m×0.32 mm BLANK Fused Silica，柱温：60 ℃；检测器：PID，检测器温度：60 ℃；压力：12 psi；分析时间：637 s，采样时间：20 s，反吹时间：303 s，进样时间：0.8 s。

(4)表面活性剂厂。

主要污染物：环氧乙烷、环氧丙烷。

监测仪器：便携式气相色谱仪。

监测方法：色谱柱 1.2 m×1.0 mm 1%SP1000 on 60/80 Carbopack B，柱温：45 ℃；检测器：PID，检测器温度：45 ℃；压力：7.5 psi；分析时间：700 s，采样时间：20 s，反吹时间：75 s，进样时间：4 s。

(5)高分子乳胶厂。

主要污染物：正丁基丙烯酯、异丁基丙烯酯、苯乙烯、乙烯、醋酸乙烯酯、甲基丙烯腈、乙基丙烯腈。

监测仪器：便携式气相色谱仪。

监测方法：色谱柱 8 m×0.32 mm BLANK Fused Silica，柱温：50 ℃；检测器：PID，检测器温度：50 ℃；压力：12 psi；分析时间：930 s，采样时间：20 s，反吹时间：440 s，进样时间：1.5 s。

2. 环境空气中应急监测的有机污染物

适用于便携式气相色谱法监测的主要有机污染物有三溴甲烷、1，2-二氯苯、1，3-二氯苯、苯乙烯、1，2，2，2-四氯乙烷、一溴二氯甲烷、苯、氯苯、二氯乙基乙烯醚、二溴二氯甲烷、1，2-二氯甲烷、1，2-二氯丙烷、1，3-二氯丙烯、乙苯、2-已酮、甲基异丁基酮、1，1，2-三氯乙烷、三氯乙烯、四氯乙烯、甲苯、间-二甲苯、对-二甲苯、丙酮、溴甲烷、二硫化碳、氯乙烷、四氯化碳、氯仿、一氯甲烷、二氯甲烷、1，2-二氯乙烷、1，1-二氯乙烯、顺式-1，2-二氯乙烯、反式-1，2-二氯乙烯、甲基乙基酮、1，1，1-三氯乙烷、醋酸乙烯酯、氯乙烯。

9.3 傅里叶变换红外光谱仪

9.3.1 傅里叶变换红外光谱仪简介

傅里叶变换红外光谱仪(FTIR)是20世纪70年代发展起来的第三代红外光谱仪的典型代表。它是根据光的相干性原理设计的，是一种干涉型光谱仪，具有优良的特性、完善的功能，并且应用范围极其广泛，同样也有着广泛的发展前景。

9.3.2 傅里叶变换红外光谱仪的工作原理

傅里叶变换红外光谱仪的工作原理是由光源发出的红外光经过固定平板反射镜以后，由分光器分成两束，其中50%的光透射到可调凹面镜，另外50%的光反射到固定平面镜，可调凹面镜移动至两束光的光程差半波长的偶数倍时，这两束光发生相长干涉，干涉图由红外检测器捕获，再经过计算机傅里叶变换处理后得到红外光谱图。

FTIR由红外光源、分束器、干涉仪、样品池、探测器、计算机数据处理系统、记录系统等组成，是干涉型红外光谱仪的典型代表，不同于色散型红外光谱仪的工作原理，它没有单色器和狭缝，而是利用迈克尔逊干涉仪获得入射光的干涉图，然后通过傅里叶数学变换，把时间域函数干涉图变换为频率域函数图(普通的红外光谱图)。

(1)光源：傅里叶变换红外光谱仪为测定不同范围的光谱而设有多个光源。通常用的是钨丝灯或碘钨灯(近红外)、硅碳棒(中红外)、高压汞灯及氧化钍灯(远红外)。

(2)分束器：分束器是迈克尔逊干涉仪的关键元件。其作用是将入射光束分成反射和透射两部分，然后再使之复合，如果可动镜使两束光造成一定的光程差，则复合光束即可造成相长或相消干涉。

对分束器的要求是：应在波数v处使入射光束透射和反射各半，此时被调制的光束振幅最大。根据使用波段范围不同，在不同介质材料上加相应的表面涂层，即构成分束器。

(3)探测器：傅里叶变换红外光谱仪所用的探测器与色散型红外分光光度仪所用的探测器无本质的区别。

(4)数据处理系统：傅里叶变换红外光谱仪数据处理系统的核心是计算机，功能是控制仪器的操作，收集数据和处理数据。

傅里叶变换红外光谱是将迈克尔逊干涉仪动镜扫描时采集的数据点进行傅里

叶变换得到的。动镜在移动过程中，在一定的长度范围内，在大小有限、距离相等的位置采集数据，由这些数据点组成干涉图，然后对它进行傅里叶变换，得到一定范围内的红外光谱图。每一个数据点由两个数组成，对应于 X 轴和 Y 轴。对应同一个数据点，X 值和 Y 值决定于光谱图的表示方式。因此，在采集数据之前，需要设定光谱的横、纵坐标单位。红外光谱图的横坐标单位有两种表示法：波数和波长，通常以波数为单位。而对于纵坐标，对于采用透射法测定样品的透射光谱，光谱图的纵坐标只有两种表示方法，即透射率 T 和吸光度 A。透射率 T 是红外光透过样品的光强 I 和红外光透过背景(通常是空光路)的光强 I_0 的比值，通常采用百分数(%)表示。吸光度 A 是透射率 T 倒数的对数。透射率光谱图虽然能直观地看出样品对红外光的吸收情况，但是透射率光谱的透射率与样品的质量不成正比关系，即透射率光谱不能用于红外光谱的定量分析。而吸光度光谱的吸光度 A 值在一定范围内与样品的厚度和样品的浓度成正比关系，所以大都以吸光度表示红外光谱图。

根据红外光谱的吸收峰位置、形状和强度可以进行定性分析，推断未知物的结构，适合于鉴定有机物、高聚物以及其他复杂结构的天然及人工合成产物。在生物化学中还可以用于快速鉴定细菌，甚至细胞和其他活组织的结构等的研究。根据吸收峰的强度可以进行定量分析。在半导体工业中，由红外光谱可以对半导体中的化学键和杂质等进行非破坏性的验证。可通过在空气和臭氧中制得的多孔硅样品傅里叶变换红外光谱的比较、计算，最后得出 SiO_x 氧化率等参数。

9.3.3　傅里叶变换红外光谱仪的特点

1. 信噪比高

傅里叶变换红外光谱仪所用的光学元件少，没有光栅或棱镜分光器，降低了光的损耗，而且通过干涉进一步增加了光的信号，因此到达检测器的辐射强度大，信噪比高。

2. 重现性好

傅里叶变换红外光谱仪采用傅里叶变换对光的信号进行处理，避免了电机驱动光栅分光时带来的误差，所以重现性比较好。

3. 扫描速度快

傅里叶变换红外光谱仪是按照全波段进行数据采集的，得到的光谱是对多次数据采集求平均后的结果，而且完成一次完整的数据采集只需要一秒至数秒，而色散型仪器则需要在任一瞬间只测试很窄的频率范围，一次完整的数据采集需要 10 min 至 20 min。

9.4 发光细菌毒性分析法

9.4.1 发光细菌简述

发光细菌是一类非致病的革兰氏阴性兼性厌氧细菌，在正常的生理条件下能够发射可见荧光，这种可见荧光波长在450～490 nm之间，在黑暗处肉眼可见。在一定条件下，发光细菌的发光强度是恒定的。发光细菌的发光强度是菌体健康状况的一种反映，在正常情况下，这类细菌在对数生长期的发光能力很强，然而在环境不良或存在有毒物质时，其发光能力减弱，衰减程度与毒物的毒性和浓度成一定的比例关系。通过灵敏的光电测定装置，检查发光细菌受毒物作用时的发光强度变化，可以评价待测物质的毒性大小。这种采用发光细菌检测污染物毒性的方法，称为发光细菌检测法。

9.4.2 发光细菌的分类

目前，全世界已命名的发光细菌有以下几种：①异短杆菌属；②发光杆菌属；③希瓦氏菌属；④弧菌属。霍乱弧菌和地中海弧菌中的某些菌株有发光现象，曾有报道易北河弧菌有发光现象后将其重新分类归入霍乱弧菌。另外，华东师范大学朱文杰教授分离得到一株淡水发光细菌青海弧菌，目前还没有纳入伯杰氏手册。在以上发光细菌中，发光异短杆菌、霍乱弧菌和青海弧菌属于淡水发光菌，其余都是海洋细菌。发光细菌主要分布在海洋环境中。

9.4.3 发光细菌在环境污染检测中的应用

在应用发光细菌进行生物毒性测定方面，美国的公司研制成一种生物毒性测定仪，其灵敏度可与鱼类急性毒性试验相媲美。其因快速、简便、费用低廉而独具特色，在全世界范围内得到了广泛应用。该方法应用于环境毒物的检测源于20世纪，由于检测速度快、灵敏度高、设备简单以及具有极好的可扩展性，得到了迅猛的发展。且研究表明，大部分有机污染物对发光细菌毒性与多种水生生物的毒性明显正相关。我国于1995年也将这一方法列为环境生物毒性检测的标准方法。

目前，国际通用的发光细菌是明亮发光杆菌，在检测淡水样品时必须添加NaCl至终浓度3%，以满足这一菌株对高盐度的生态需要。华东师范大学朱文杰等分离获得自主知识产权的淡水发光细菌，为国际上唯一非致病的淡水发光细菌菌株，在试验中无须加入高盐度的发光细菌培养液，使操作更为简便，对样品的影响也更小，目前已经运用于环境污染物的生物毒性评价中，研究表明，在灵敏度、可靠性方面与斑马鱼试验相似，在重金属污染的反应中更加灵敏。

9.4.4　发光细菌在农产品安全性检测中的应用

1. 在农药毒性检测中的应用

利用明亮发光杆菌冻干粉对广泛使用的13种杀虫剂、除草剂和14种溶剂，按照Biotox方法进行了测试，测试所得数据为5 min的EC_{50}值，结果发现毒性最大的杀虫剂是五氯苯酚，毒性最小的是百草枯，所得数据同Microtox方法、动物的半致死方法比较发现：Biotox方法与Microtox方法的农药与溶剂、农药、溶剂的相关性分别是0.78、0.37、0.95。同时，有些农药因为加有溶剂的关系会减弱毒性，所以部分物质的数据采用了5 min的EC_{50}值。袁东星等探讨了采用发光细菌对甲氨磷、水胺硫磷、氧化乐果、敌敌畏、辛硫磷、甲基异硫磷六种常用有机磷农药的检测。通过发光细菌对蔬菜中以上六种有机磷农药响应情况的分析表明，随着试样中有机磷农药浓度的增加，发光细菌的发光强度降低，发光强度与农药浓度呈负相关。发光细菌检测法的最小检出浓度为3 mg/L。尽管发光强度与农药浓度没有严格的线性关系，但已经足以满足现场快速检测中的半定量要求。该方法的优点是快速、简便、灵敏、价廉，适用于现场，是检测蔬菜中有机磷农药残留的一种快速有效、价廉的方法，且稍加改进后便可应用于蔬菜以外的农产品如水果、稻米中的毒物检测。

2. 利用发光细菌对重金属进行毒性检验

农用灌溉所用的江、河、湖泊水及其通过灌溉的土壤如果受到了重金属的污染，则极易造成蔬菜、水果、大米、水产品中重金属含量超标。而重金属极易在人体内积累，从而引发难以治疗的急、慢性疾病。因此，重金属污染也是农产品安全检测中的重要问题。对于重金属的检测研究有助于对其污染效应进行分析和评价，探讨铜、锌、镉和汞对青海弧菌菌株的单独和联合毒性作用。在单元素毒性试验中，对每一种金属元素分别设置5个浓度系列，根据损失发光强度与剩余发光强度的比值对结果进行数据处理，发现青海弧菌对这些金属菌产生了毒性反应。锌显示了最强毒性，镉和汞的毒性接近，铜的毒性最低。随后，在设置的11个组的混合金属元素毒性研究中发现，锌和镉对青海弧菌菌株有拮抗作用。锌和铜有加和作用，而铜和镉、铜和汞、锌和汞、镉和汞均为协同作用。

3. 利用发光细菌评价农产品加工用的食品添加剂的毒性效应

食用色素是最常用的农产品深加工的添加剂。19世纪80年代就开始使用合成色素作为食用色素。由于是合成色素，大部分含有偶氮双键结构，属于偶氮染料，国际上已全面禁止其作为食品色素使用。但由于偶氮染料染色效果好，牢度强，使食品色泽鲜亮，富有新鲜感，能激起人们的食欲和购买欲，被当作食品色素的现象依然时有发生。如“苏丹红事件”和“红心蛋事件”。为了给发光细菌检测色素的急性毒性测定提供建议，党亚爱等根据国家标准规定的发光细菌法测定化合物的急性毒性标准，测定了碱性紫、活性黑、还原蓝等几种色素对发光细菌的抑制影响。结果表明，常用的17种色素对发光细菌均有一定的急性毒性，而且色素的毒性与色素类型、分子大小、官能团性质有着一定的联系。碱性色素的毒性最大，还原性色素的毒性次之，酸性色素的毒性较小，活性色素和直接色素的毒性最小。

9.5 阳极溶出伏安法

阳极溶出伏安法(ASV)对于测量痕量金属是一种灵敏、准确和经济的电化学分析方法。它已经成为环境分析最受欢迎的方法。ASV的推广应该归因于它可以同时测定ppb级浓度水平的多种金属，而费用又比较低，分析时间只需要几分钟。与原子吸收法或者中子活化法相比，ASV的一个重要特点是能够区别溶液中的各种痕量金属的不同化学形态，而原子吸收法或者中子活化法测量的却是金属离子的总量。这种特点对于分析天然水中被溶解的痕量金属的各种形态和物理化学特征是很有用的，因为化学形态的信息，对于了解它们在天然水中的迁移转化、毒性和反应机理是很重要的。在这方面，由于它所起的作用，重点已经放在研究痕量金属的络合作用方面。

ASV也被用于分析许多其他材料，例如食品、血液、指甲中许多痕量金属的分析，并已证明灵敏度很高。ASV属于电化学分析技术伏安法的一个分支。伏安法是将被测定的电流作为电位波形幅度变化函数的方法。在ASV中，金属离子通过还原作用被浓缩在微电极上，然后用阳极再把金属离子氧化(溶出)，它们就产生一个电流作为电位函数的峰形图。近年来由于新的研究成果和仪器的引入，该方法解决问题的能力已经大为提高。

ASV的测定工作通常是在电化学池中进行的，电解池是一个简单的放置溶液和三电极系统的容器。三电极系统由工作电极、参考电极(如银-氯化银电极)及辅助电极(如铂箔电极)组成。为了除去溶液中的氧，电解池也可以包含一个带有玻璃砂芯的供通氮用的细头管子。溶出分析广泛采用微汞电极，通过减小汞电极的体积有可能增加被沉积金属的浓度。最流行的工作电极是悬汞电极和薄层汞膜电极。实质上ASV是一种两步方法，第一步或者称作沉积阶段，是将溶液中金属离子的很小一部分电解沉积在汞电极上，以便于富集金属离子；第二步，通过溶出阶段(测量阶段)使沉淀的金属溶解下来。通常，预浓缩是通过控制电位(比被测成分的还原电位更负)和时间来完成的。通过扩散和对流使金属离子到达电极表面，金属离子被还原，溶在汞中形成汞剂而被浓缩。沉积阶段所需要的时间，根据要测定的金属离子的浓度水平来确定，浓度越低，需要的时间越长。

在沉积阶段的预选时间过后，进行电位的阴极扫描(朝向更正的电位)，在这个扫描期间被汞齐化的金属按次序(与金属标准电位有关)从电极上溶出，氧化就产生被测量的阳极峰电流。每个金属的峰电位(Ep)是其特有的，与半波电位相近，用作定性鉴定。峰电流与试管中相应金属离子的浓度成正比。

9.6　水体污染快速测定仪

9.6.1　概述

目前，水质现场快速检测仪器主要有检测试纸、水质速测管、水质测试盒和水质分析仪等。水质应急检测仪器的特点是测试快捷简便、易携带、测试数据相对准确、测试结果有利于水质综合评价。

9.6.2　检测试纸

检测试纸测定水体污染的基本原理是根据某种污染物的特效反应，将试纸浸渍于该污染物具有选择性反应的分析试剂后制成该污染物的专用分析试纸。试纸的颜色变化可做定性分析，而将变化后的色度与标准色阶比较即可做定量分析。商品试纸有的本身已配有标准色阶，有的则另外配备了标准比色板。检测试纸是最简单、最经济的测试工具，可对大量的参数做半定量分析。在精度要求不高，而方便性最为重要的场合，试纸是用于粗测、过程控制或其他用途测试的绝佳手段。

检测试纸法一般具有的特点为可测项目较多、成本低、操作方便快捷，非常适合突发性水污染事件的现场快速定性和定量测定，但误差较大，干扰因素多，试纸本身易失效。例如，检测试纸法测定氰化物，是利用在酸性条件下，氧化剂直接将氰化物分解成氯化氢，与吡啶-吡唑啉酮试纸迅速反应生成一种玫瑰红色染料的原理，不用蒸馏，直接快速测定水中的痕量氰化物，该法作为水中氰化物的快速筛选及半定量分析，极为方便。目前常用的有检测氨气、有机磷农药、一氧化碳、光气、氢氰酸、硫化氢、甲醛、乙醛、二氧化碳、次氯酸、过氧化氢等的试纸。

9.6.3 水质速测管

基于比色分析和真空技术的结合，将实验室测试程序和操作方式以测试液的形式加入真空测试管中，把有关试剂做成细粒或粉状装入检测管内。测定时，将检测管刺一个孔，排出管内空气后插入待测水样吸入适量的水样，经一段时间的显色反应后，测定液的颜色发生变化，将其与标准比色卡对比，即可得知待测物在水样中的浓度；或者将测试管前段的毛细管在水中折断，管内负压即刻将水样吸入管中，水中待测物与测试液快速定量反应，生成有色化合物，其颜色深浅与水样中的待测物含量成正比，通过与色阶对照，直接得到水样中待测物的含量。目前已研制开发的水质速测管有 20 多个品种，可测定总铁、亚铁、硫化物、溶解氧、余氯、氨氮、亚硝酸盐氮、钙离子、磷酸盐、氰化物、氟化物、铜离子、六价铬等多种化合物。

9.6.4 水质测试盒

水质测试盒亦称试剂盒、水质检测盒或水质分析盒等，是用于快速分析水中某些物质含量的一种检测工具。一般采用化学分析，可将标准的分析方法简化，达到快速分析的目的。

水质测试盒的检测方法大致分为以下四类：

1. 直接显色法

使用时将相应试剂加入反应管中，使其充分溶解，反应一定时间后，溶液呈现特殊的颜色，和标准色阶对比得到待测浓度。

2. 试纸法

试纸法也是利用迅速产生明显颜色的化学反应定性或定量检测待测物质的一种方法。像 pH 试纸就是典型的一类产品。

3. 检测管法

水质检测管可分为塑料检测管、吸附检测管、比长式检测管和真空检测管。

塑料检测管法是将显色试剂做成粉状封装在毛细管中，再将其套封在聚乙烯软塑料管中。使用时先将塑管用手指捏扁，排出管中空气，插入水样中放开手指使水样吸入，再将试管中毛细管捏碎，数分钟内显色，与标准色阶比较测定。

吸附检测管法是将一支细玻璃管的前端放置吸附剂，后端放置用安瓿封装的试剂，中间用玻璃棉等惰性物质隔开，再将两端熔封。使用时将两端隔开，抽入水样使待测物吸附在吸附剂上，再将安瓿打碎让试剂与吸附剂上的待测物作用，观察吸附剂的颜色变化，与标准色阶对比读数。

4. 滴定法

一般为微型滴定，将标准滴定反应中使用到的试剂配好并封装，使用简单滴定工具代替传统的滴定管，并简化计算方法，操作方便快速。

常见的水质测试盒为余氯测试盒、臭氧测试盒、硬度测试盒(钙镁离子测试盒)、二氧化氯测试盒、pH 值测试盒、氨氮测试盒、金属离子测试盒(铜、铁、锰、铬、铅、镉等)、非金属元素测试盒(砷、氟、磷等)等。

9.6.5　水质分析仪

按测定项目分，水质分析仪有几十种，如 BOD 测定仪、氨氮测定仪、总磷测定仪、浊度仪、pH 计等。

1. 单参数水质分析仪

单参数水质分析仪指主要检测一个水质参数的分析仪。根据测定项目不同，有多种单参数水质分析仪，如便携式浊度仪、pH 计、溶解氧仪、单参数比色计等。以单参数比色计为例，其测定依据是朗伯-比尔定律，基于水样中被测物与显色剂反应生成有色化合物对电磁辐射有选择性吸收而建立的比色分析法。

2. 多参数水质分析仪

(1)基于电化学原理的多参数水质分析仪：一个分析仪可选择安装不同的检测模块，测定不同的水质指标。连接不同的电极，测量 pH 值、电导率、溶解氧、BOD 以及氨、氟、硝酸盐、氯等。

(2)基于光度计的便携式多参数比色计或分光光度计：比色计的工作波长是固定的，分光光度计的波长是可调的。不同型号的多参数比色计的固定波长有一个到数个波长不等，可测试多个参数，可内置储存多种离子或参数的标准曲线，波长可自动转换，自动显示吸光度值、浓度值和测量参数。

(3)基于阳极溶出伏安法的便携式重金属测定仪：使用三电极系统，包括对电极、参比电极和工作电极，检测模块为多模块设计，检测项目可根据需要定制。可同时测量水中铜、镉、铅、锌、汞、砷、铬、镍、铁等。

9.7　车载实验室

9.7.1　车载实验室简述

车载实验室相当于一个组合式流动实验室，其主要类型有大气环境应急监测车、水质环境应急监测车等，可通称为环境应急监测车，是由具有良好的越野性能、安全性能和对车体做出了专业改装的中型汽车，同时配备独立的实验室工作保障系统，具备现场快速样品分析能力及数据处理系统和双路通信传输系统，综合 GPS、GPRS 和 GIS 技术的快速、机动、灵活的流动实验室系统，其装备和配置应基本满足突发性环境事件应急监测的需求。

环境应急监测车是环境应急监测工作的重要组成部分，在不同时期，根据环境应急监测的内容和环保系统的经济状况，环境应急监测车经历了曲折的发展过程，从单一的交通运输工具，逐渐发展成为功能较齐全、仪器设备装置较完整、初步能够满足环境应急监测要求的现代化流动的现场指挥部、实验室和专家系统。

9.7.2 车载实验室的特点

在国家突发性环境事件应急预案中要求：建立环境安全预警系统，建立重点污染源排污状况实时监控信息系统、区域环境安全评价科学预警系统；建立环境应急资料库；建立突发性环境事件应急处置数据库系统、生态安全数据库系统、突发性事件专家决策支持系统、环境恢复周期监测反馈评估系统；建立应急指挥技术平台系统；要根据需要，结合实际情况，建立有关类别环境事件专业协调指挥中心及通信技术保障系统。因此，环境应急监测车必须向数字化发展，实现软、硬件的有机结合。

9.8 其他现场快速检测技术

9.8.1 目视比色法

目视比色法最常用的分析方法是标准系列法：在由相同材质制作的同一批次透明比色管中加入体积相同但浓度不同的标准溶液，再分别加入体积相同的显色试剂以及其他化学试剂(掩蔽剂等)，严格控制反应温度、反应时间、溶液值等试验条件，即制得该溶液的标准比色卡。移取与标准溶液体积相等的待测试样溶液，置于相同的比色管中，按照与标准溶液一样的条件进行反应显色；从比色管的管口垂直向下观察，对于有毒性的反应物，可以从比色管的侧面进行观察。如果样品试液的色度与标准比色中某色阶的色度相同，那么该色阶所代表的标准溶液浓度即为样品试液的浓度。如果样品试液的色度介于相邻的色阶之间，则待测试样的浓度也介于这两个标准色阶表示的浓度之间，通常以两色阶所代表浓度的平均值为准。

尽管目视比色法具有快速、使用简单等优点，但它的缺点也是显而易见的，由于目视比色法是依肉眼来进行测定，受试验操作者主观因素以及环境光线等客观条件的影响较大，因此准确度相对较差，相对误差可高达5%～20%。

为了目视比色法的定量分析更加精确，人们发现了可与金属离子发生显色反应生成有色络合物的无机显色试剂，例如Cu^{2+}溶于过量氨水中，可生成深蓝色的配离子；Fe^{3+}溶于硫氰化钾溶液中，产生血红色的铁硫氰络合物。但是多数无机显色试剂的灵敏度和选择性都较差，在实际应用中的价值相对较小。现在人们应用更多的是有机显色试剂，有机显色试剂种类繁多，选择性好，专属性强，大多数能与金属生成稳定的、颜色鲜明的络合物，例如NN型螯合显色试剂邻二氮菲在pH值为5.0～6.0的条件下与Fe^{2+}生成稳定的红色配合物，是目前测定微量Fe^{2+}较好的显色试剂。二硫腙也是一种优良的显色试剂，可直接测定包括Cu^{2+}、Pb^{2+}、Zn^{2+}、Cd^{2+}、Hg^{2+}在内的多种金属离子。

9.8.2　表面增强拉曼光谱及其应用

提起表面增强拉曼光谱，就必须先介绍拉曼光谱，拉曼光谱是在研究光子试验中首次发现的一种散射光谱。穿过透明介质的光，其中一部分波长发生变化，这种现象被称为拉曼散射。拉曼散射光谱是由分子振动模式的激发或松弛引起的，不同的官能团具有特定的振动能级，因此每个分子都有其特定的拉曼光谱。根据拉曼选择规则，当分子振动替代其原有的平衡位置时，分子的极化率发生变化，拉曼散射光谱的强度与分子极化度的大小成比例，因此芳香型化合物比脂肪族化合物具有更强的拉曼散射光谱。

黄林生等利用表面增强拉曼光谱技术结合化学计量学方法实现玉米中杀螟硫磷残留的准确检测。采用一种简单预处理方法提取玉米中杀螟硫磷残留，通过GC-MS检测结果可知，其处理回收率高于92.5%。不同浓度残留的提取液的光谱被测量，对玉米中杀螟硫磷检出限可达0.5 μg/g，远低于国家规定的农作物最大残留限，体现了该检测方法的高灵敏性。

参考文献

References

[1] 吴蔓莉，张崇淼．环境分析化学[M]．北京：清华大学出版社，2013.

[2] 孙福生．环境分析化学[M]．北京：化学工业出版社，2011.

[3] 但德忠．环境分析化学[M]．北京：高等教育出版社，2010.

[4] 韦进宝，钱沙华．环境分析化学[M]．北京：化学工业出版社，2002.

[5] 魏庆．环境分析化学[M]．吉林：吉林大学出版社，1993.

[6] 刘绮，潘伟斌．环境监测[M]．广州：华南理工大学出版社，2005.

[7] 汪葵，吴奇．环境监测[M]．上海：华东理工大学出版社，2013.

[8] 王英健，杨永红．环境监测[M]．2 版．北京：化学工业出版社，2009.

[9] 江桂斌，等．环境样品前处理技术[M]．2 版．北京：化学工业出版社，2016.

[10] 孔福生．谈大气中有机气体的采样[J]．环境监测管理与技术，1991(1)：38-39.

[11] 裘松．天然水的采样和样品保存[J]．环境科学，1980(2)：71-81.

[12] 阎秀兰，陈同斌，廖晓勇，等．土壤样品保存过程中无机砷的形态变化及其样品保存方法[J]．环境科学学报，2005，25(7)：976-981.

[13] 谭丽，吕怡兵，滕恩江．挥发性卤代烃地表水环境样品保存方法研究[J]．中国环境监测，2013，29(4)：79－84.

[14] 田芹，江林，王丽平．流动注射快速分析水体中挥发酚及样品保存的研究[J]．岩矿测试，2010，29(4)：359-362.

[15] 刘向，张干，李军，等．利用 PUF 大气被动采样技术监测中国城市大气中的多环芳烃[J]．环境科学，2007，28(1)：26-31.

[16] 刘文杰，陈大舟，刘咸德，等．被动采样技术在监测大气有机氯污染物中的应用[J]．环境科学研究，2007，20(4)：9-14.

[17] 范洪涛，孙挺，隋殿鹏，等．环境监测中两种原位被动采样技术——薄膜扩散平衡技术和薄膜扩散梯度技术[J]．化学通报，2009，72(5)：421-426.

[18] 徐建，钟霞，王平，等．利用半透膜被动采样技术监测黄河兰州段典型有机污染物[J]．生态环境，2006，15(3)：481-485.

[19] Saim N，Dean J R，Abdullah M P，et al. Extraction of Polycyclic Aromatic

Hydrocarbons from Contaminated Soil Using Soxhlet Extraction，Pressurised and Atmospheric Microwave-Assisted Extraction，Supercritical Fluid Extraction and Accelerated Solvent Extraction[J]. Journal of Chromatography A，1997，791(1-2)：361-366.

[20] 綦敬帅，宋吉英，史衍玺，等．用索氏提取-气相色谱法测定 PVC 管材中的邻苯二甲酸酯类增塑剂[J]. 塑料科技，2014(2)：100-105.

[21] 张永兵，杨文武，张钧．土壤中 6 种酚类化合物的索氏提取-气相色谱测定法[J]. 环境与健康杂志，2014(4)：334-336.

[22] 张永兵，丁金美，何娟．索氏提取-固相萃取-高效液相色谱法测定土壤中异丙隆[J]. 环境科学导刊，2014(2)：99-102.

[23] 洪佳．超声波萃取/气相色谱质联用仪分析电动牙刷中的多溴联苯及多溴联苯醚[J]. 广东化工，2016(6)：157-158.

[24] 胡祖国，曹攽，李紫艺．超声波萃取-气相色谱-质谱法测定土壤中 7 种酚类化合物[J]. 冶金分析，2016(2)：27-32.

[25] 闻环，徐玲，温佛钱，等．液液萃取-气相色谱法测定水基金属加工液中的乙醇胺类化合物[J]. 分析试验室，2017(8)：927-929.

[26] 易睿．液液萃取-气相色谱-质谱法同时测定饮用水中的酞酸酯、百菌清和联苯胺[J]. 环境监控与预警，2014(2)：21-24.

[27] 丁一刚，霍旭明．超临界流体的技术与应用[J]. 医药工程设计，2002(4)：3-6.

[28] 赵丹，尹洁．超临界流体萃取技术及其应用简介[J]. 安徽农业科学，2014(15)：4772-4780.

[29] 郝常明，黄雪菊．浅谈超临界流体萃取技术及其应用[J]. 医药工程设计，2003(2)：1-4.

[30] 陶清，吕鉴泉．CO_2 超临界流体萃取法提取竹叶黄酮的研究[J]. 湖北师范学院学报(自然科学版)，2010(1)：96-99.

[31] 王晶晶，孙海娟，冯叙桥．超临界流体萃取技术在农产品加工业中的应用进展[J]. 食品安全质量检测学报，2014(2)：560-566.

[32] David F，Verschuere M，Sandra P. Off-Line Supercritical Fluid Extraction-Capillary GC Applications in Environmental Analysis[J]. Fresenius Journal of Analytical Chemistry，1992，344(10-11)：479-485.

[33] 江桂斌，等．环境样品前处理技术[M]. 北京：化学工业出版社，2004.

[34] Ouyang G，Pawliszyn J. Spme in Environmental Analysis[J]. Analytical & Bioanalytical Chemistry，2006 386(4)：1059-1073.

[35] 傅若农．固相微萃取(Spme)近几年的发展[J]．分析试验室，2015(5)：602-620.

[36] 张兰英，饶竹，刘娜，等．环境样品前处理技术[M]．北京：清华大学出版社，2008.

[37] Shi G R，Rao L Q. Research Progress of Microwave Aided Extraction Technique on the Extraction of Natural Active Constituents[J]．化学与生物工程，2003，20(6).

[38] 孔娜，邹小兵，黄锐，等．微波辅助萃取/样品前处理联用技术的研究进展[J]．分析测试学报，2010(10)：1102-1108.

[39] 徐敦明，卢声宇，陈达捷，等．加速溶剂萃取-气相色谱-串联质谱法测定茶叶中10种吡唑和吡咯类农药的残留量[J]．色谱，2013(3)：218-222.

[40] Richter B E，Jones B A，Ezzell J L，et al. Accelerated Solvent Extraction：A Technique for Sample Preparation[J]. Analytical Chemistry，1996，68(6)：1033-1039.

[41] Saito K，Sjdin A，Sandau C D，et al. Development of a Accelerated Solvent Extraction and Gel Permeation Chromatography Analytical Method for Measuring Persistent Organohalogen Compounds in Adipose and Organ Tissue Analysis[J]. Chemosphere，2004，57(5)：373-381.

[42] Hubert A，Wenzel K D，Manz M，et al. High Extraction Efficiency for Pops in Real Contaminated Soil Samples Using Accelerated Solvent Extraction[J]. Analytical Chemistry，2000，72(6)：1294-1300.

[43] Xie J，Chen Y，Tang S. Determination of Taurine by The Method of Pre-Column Derivatization on High Performance Liquid Chromatography(HPLC)[J]. Chinese Journal of Chromatography，1994.

[44] Wang K，Glaze W H. High-Performance Liquid Chromatography with Postcolumn Derivatization For[J]. Journal of Chromatography A，1998，822(2)：207-213.

[45] Cao G，Li Q，Zhang J，et al. A Purge and Trap Technique to Capture Volatile Compounds Combined with Comprehensive Two-Dimensional Gas Chromatography/Time-of-Light Mass Spectrometry to Investigate the Effect of Sulfur-Fumigation on Radix Angelicae Dahuricae[J]. Biomedical Chromatography Bmc，2014，28(9)：1167-1172.

[46] Martin A J，Synge R L. Separation of the Higher Monoamino-Acids by Counter-Current Liquid-Liquid Extraction：The Amino-Acid Composition of

Wool[J]. Biochemical Journal，1941，35(1-2)：91-121.

[47] James A T，Martin A J. Gas-Liquid Partition Chromatography：The Separation and Micro-Estimation of Volatile Fatty Acids from Formic Acid to Dodecanoic Acid[J]. Biochemical Journal，1952，50(5)：679-679.

[48] Martin A J，Synge R L. A New Form of Chromatogram Employing Two Liquid Phases[J]. Biochemical Journal，1977，2(11)：1358-1368.

[49] 许国旺. 现代实用气相色谱法[M]. 北京：化学工业出版社，2004.

[50] Armstrong D W，He L，Liu Y S. Examination of Ionic Liquids and Their Interaction with Molecules，When Used as Stationary Phases in Gas Chromatography[J]. Analytical Chemistry，1999，71(17)：3873-3876.

[51] Fischer E，Sauer U. Metabolic Flux Profiling of Escherichia Coli Mutants in Central Carbon Metabolism Using GC-MS[J]. European Journal of Biochemistry，2003，270(5)：880-891.

[52] 齐美玲. 气相色谱分析及应用[M]. 北京：科学出版社，2012.

[53] Daferera D J，Ziogas B N，Polissiou M G. GC-MS Analysis of Essential Oils from Some Greek Aromatic Plants and Their Fungitoxicity on Penicillium Digitatum[J]. Journal of Agricultural & Food Chemistry，2000，48(6)：276-2581.

[54] 王芹，杭学宇，宋鑫，等. 气相色谱-质谱法测定生活饮用水中23种有机磷农药的含量[J]. 理化检验：化学分册，2017，53(10)：1182-1187.

[55] 李想，朱昱，宋辉. 气相色谱-串联质谱法测定尿样中氰离子的含量[J]. 理化检验：化学分册，2017，53(10)：1192-1194.

[56] 卢业举，舒勇，赵成仕. 气相色谱-串联质谱法测定食品中的三聚氰胺[J]. 色谱，2008，26(6)：749-751.

[57] 徐新元. 气相色谱(GC)、红外光谱(FTIR)联用技术及其在药物分析中的应用[J]. 中成药，2001，23(6)：439-441.

[58] 刘文莉，赵乐，史可扬，等. 红外光谱和热裂解气相色谱质谱联用技术鉴别芳香族聚酯纤维[J]. 中国纤检，2010(5)：59-61.

[59] 杨海鹰，等. 气相色谱在石油化工中的应用[M]. 北京：化学工业出版社，2005.

[60] 杨华，叶虎年，童敏，等. 色谱/红外光谱法联用鉴定厌氧菌[J]. 华中理工大学学报，1992(5)：35-38.

[61] Wang L F，Lee J Y，Chung J O，et al. Discrimination of Teas with Different Degrees of Fermentation by SPME-GC Analysis of the Characteristic Volatile

Flavour Compounds[J]. Food Chemistry，2008，109(1)：196-206.

[62] 李贝，张杰，王琪，等. 固相萃取-气相色谱法测定水中酞酸酯类化合物[J]. 环境监测管理与技术，2017(6)：46-49.

[63] 秦波. 固相微萃取-气相色谱法测定水中苯系物[J]. 建材与装饰，2017(7)：139-140.

[64] 马玉琴，宋晓娟，尹明明，等. 固相微萃取-气相色谱法测定水中痕量甲萘威[J]. 环境监控与预警，2017(3)：27-30.

[65] 袁倬斌，朱敏，韩树波. 汞的形态分析研究进展[J]. 岩矿测试，1999，20(2)：150-156.

[66] Lambertsson L，Lundberg E，Nilsson M，et al. Applications of Enriched Stable Isotope Tracers in Combination with Isotope Dilution GC-ICP-MS to Study Mercury Species Transformation in Sea Sediments During in Situ Ethylation and Determination[J]. Journal of Analytical Atomic Spectrometry，2001，16(11)：1296-1301.

[67] Kotrebai M，Birringer M，Tyson J F，et al. Selenium Speciation in Enriched and Natural Samples by HPLC-ICP-MS and HPLC-ESI-MS with Perfluorinated Carboxylic Acid Ion-Pairing Agents[J]. Analyst，2000，125(1)：71-78.

[68] Bendahl L，Gammelgaard B. Separation of Selenium Compounds by CE-ICP-MS in Dynamically Coated Capillaries Applied to Selenized Yeast Samples[J]. Journal of Analytical Atomic Spectrometry，2004，19(1)：143-148.

[69] Dirkx W M R，Lobiński R，Adams F C. Speciation Analysis of Organotin by GC-AAS and GC-AES After Extraction and Derivatization[J]. Techniques & Instrumentation in Analytical Chemistry，1995，17(6)：357-409.

[70] Mccormack A J，Tong S C，Cooke W D. Sensitive Selective Gas Chromatography Detector Based on Emission Spectrometry of Organic Compounds. [J]. Occupation & Health，1965，37(12)：1470-1476.

[71] Sullivan J J，Quimby B D. Characterization of a Computerized Photodiode Array Spectrometer for Gas Chromatography-Atomic Emission Spectrometry[J]. Analytical Chemistry，1990，62(10)：1034-1043.

[72] Ritsema R，De S T，Moens L，et al. Determination of Butyltins in Harbour Sediment and Water by Aqueous Phase Ethylation GC-ICP-MS and Hydride Generation GC-AAS[J]. Environmental Pollution，1998，99(2)：271-277.

[73] Cleuvenbergen R J A V，Marshall W D，Adams F C. Speciation of Organolead Compounds by GC-AAS [M]. Berlin：Springer Berlin

Hcidelberg，1990.

［74］Houalla M，Nag N K，Sapre A V，et al. Hydrodesulfurization of Dibenzothiophene Catalyzed by Sulfided Coo - Moo3γ - Al2o3：The Reaction Network[J]. Aiche Journal，1978，24(6)：1015-1021.

［75］刘晓杰，黄新宇，王艳秋．三氯新的研究进展[J]. 中国卫生工程学，2005，4(6)：390-391.

［76］郑明辉，刘鹏岩，包志成，等．二噁英的生成及降解研究进展[J]. 科学通报，1999，44(5)：455-464.

［77］杨志军，倪余文，张智平，等．三氯新中二噁英同类物的指纹特征[J]. 精细化工，2005，22(1)：36-38.

［78］Wang F，Fan X，Xia J，et al. Insight Into the Structural Features of Low-Rank Coals Using Comprehensive Two Dimensional Gas Chromatography/Time-of-Flight Mass Spectrometry[J]. Fuel，2018，212：293-301.

［79］Klee M S，Cochran J，Merrick M，et al. Evaluation of Conditions of Comprehensive Two-Dimensional Gas Chromatography that Yield a Near-Theoretical Maximum in Peak Capacity Gain[J]. Journal of Chromatography A，2015，1383：151-159.

［80］Snyder L R，Hoggard J C，Montine T J，et al. Development and Application of a Comprehensive Two-Dimensional Gas Chromatography with Time-of-Flight Mass Spectrometry Method for the Analysis of L-B-Methylamino-Alanine in Human Tissue[J]. Journal of Chromatography A，2010，1217(27)：4639-4647.

［81］Liu X，Li D，Li J，et al. Organophosphorus Pesticide and Ester Analysis by Using Comprehensive Two-Dimensional Gas Chromatography with Flame Photometric Detection[J]. Journal of Hazardous Materials，2013，263：761-767.

［82］李雪辉，段红丽，潘锦添，等．离子交换色谱法检测离子液体中阴离子[J]. 分析化学，2006，34(S1)：192-194.

［83］郭德华，夏琳．离子排斥色谱法同时测定果汁中 11 种有机酸[J]. 色谱，2001，19(3)：276-278.

［84］郜志峰，刘鹏岩，傅承光．离子排斥色谱法测定马齿苋中低分子羧酸[J]. 色谱，1996(1)：50-52.

［85］谢光华．离子对色谱[J]. 化学试剂，1979(2)：1-7＋10.

［86］王华建，黎艳红，丰伟悦，等．反相离子对色谱-电感耦合等离子体质谱联用

技术测定水中痕量Cr(Ⅲ)与Cr(Ⅵ)[J]. 分析化学，2009，37(3)：433-436.
[87] 卢佩章，戴朝政，张祥民 . 色谱理论基础[M].2 版 . 北京：科学出版社，1997.
[88] Jennings W，Mittlefehldt E，Stremple P. Analytical Gas Chromatography [M]. Pittsburgh：Academic Press，1997.
[89] 华中师范大学，等 . 分析化学实验[M].2 版 . 北京：高等教育出版社，1987.
[90] 于世林 . 高效液相色谱方法及应用[M].2 版 . 北京：化学工业出版社，化学与应用化学出版中心，2005.
[91] Karger B L，Snyder L S，Horvath C C. An Introduction to Separation Science [M]. New Jersey：John Wiley & Sons Inc.，1973.
[92] Giddings J C. Unified Separation Science[M]. New Jersey：John Wiley & Sons Inc.，1991.
[93] 张祥民 . 现代色谱分析[M]. 上海：复旦大学出版社，2004.
[94] Snyder L R，Kirkland J J，Glajch J L. Practical HPLC Method Development [M]. New Jersey：John Wiley & Sons Inc.，1997.
[95] 谷学新，邹洪，朱若华 . 分析化学中的分离技术[M]. 北京：科学出版社，1988.
[96] 达世禄 . 色谱学导论[M].2 版 . 武汉：武汉大学出版社，1999.
[97] 李晶，朱岩 . 两性离子流动相离子色谱法测定硼酸根[J]. 分析化学，2006，34(8)：1205-1205.
[98] 金米聪，颜勇卿，陈晓红，等 . 离子色谱-质谱联用法同时测定饮用水中 3 种痕量氯酚[J]. 分析化学，2006，34(9)：1223-1226.
[99] 刘成霞，陈中兰，王耀，等 . 土壤中亚硝酸根离子含量的测定[J]. 四川师范学院学报(自然科学版)，2002，23(1)：52-55.
[100] 李亚男，王宇新 . 离子色谱技术在环境监测中的应用及预处理技术[J]. 环境科学与管理，2005，30(4)：105-106.
[101] 陈青川 . 离子色谱法在食品分析中的应用[J]. 中国食品卫生杂志，1997，9(2)：38-42.
[102] 李苗，冯光 . 离子色谱技术在药物分析领域的研究进展[J]. 中国药品标准，2011，12(5)：342-345.
[103] 熊启勇，王亚静，吕振华，等 . 离子色谱在油田开发中的应用[J]. 现代科学仪器，2003(5)：60-63.
[104] 高超，王莹，杜涛，等 . 离子色谱测定土壤中 Cl^- 和 SO_4^{2-}[J]. 光谱实验室，2010，27(5)：1840-1843.

[105] 李张伟，李晓斌．离子色谱法测定粤东茶园土壤中3种无机阴离子[J]. 汕头大学学报(自然科学版)，2009，24(2)：43-47.
[106] 张俊秀，张青，吴志新，等．离子色谱分离-电导/紫外检测测定土壤中常见可溶性无机阴离子[J]. 天津职业大学学报，1999(1)：38-42.
[107] Burns N K，Andrighetto L M，Conlan X A，et al. Blind Column Selection Protocol for Two-Dimensional High Performance Liquid Chromatography[J]. Talanta，2016，154：85-91.
[108] Liu Y，Zhang F，Jiao B，et al. Automated Dispersive Liquid-Liquid Microextraction Coupled to High Performance Liquid Chromatography-Cold Vapour Atomic Fluorescence Spectroscopy for the Determination of Mercury Species in Natural Water Samples[J]. Journal of Chromatography A，2017，1493：1-9.
[109] Motono T，Kitagawa S，Ohtani H. High Performance Liquid Chromatography at 196 ℃[J]. Analytical Chemistry，2016，88(13)：6852-6858.
[110] 墨淑敏，梁立娜，蔡亚岐，等．高效液相色谱与原子荧光光谱联用分析汞化合物形态的研究[J]. 分析化学，2006(4)：493-496.
[111] 曾艳，徐开来，侯贤灯．色谱与原子荧光光谱联用技术在元素形态分析中的应用[J]. 分析科学学报，2014(3)：428-432.
[112] 林燕奎，李勇，王丙涛，等．液相色谱-原子荧光光谱联用检测海产品中不同形态砷的研究[J]. 中国卫生检验杂志，2009，19(9)：1955-1959.
[113] Hiller W，Sinha P，Hehn M，et al. Online LC-NMR - from an Expensive Toy to a Powerful Tool in Polymer Analysis[J]. Progress in Polymer Science，2014，39(5)：979-1016.
[114] Wasim M，Brereton R G. Application of Multivariate Curve Resolution Methods to On-Flow LC-NMR[J]. Journal of Chromatography A，2005，1096：2-15.
[115] 曲峻，罗国安，吴筑平．高效液相色谱-核磁共振联用技术最新进展[J]. 分析化学，1999(8)：976-981.
[116] Clarkson C，Sibum M，Mensen R，et al. Evaluation of On-Line Solid-Phase Extraction Parameters for Hyphenated，High-Performance Liquid Chromatography-Solid-Phase Extraction-Nuclear Magnetic Resonance Applications [J]. Journal of Chromatography A，2007，1165(1-2)：1-9.
[117] Miliauskas G，Beek T A V，Waard P D，et al. Comparison of Analytical and Semi-Preparative Columns for High-Performance Liquid Chromatography-Solid-Phase Extraction-Nuclear Magnetic Resonance[J]. Journal of Chroma-

tography A，2006，1112(1-2)：276-284.

[118] 刘西哲，生宁，李飞高，等．液相色谱-质谱-核磁共振联用技术及其在药物代谢与结构鉴定中的应用[J]. 中国医院药学杂志，2012(12)：972-974.

[119] 王巧娥，丁明玉．蒸发光散射检测技术研究进展[J]. 分析测试学报，2006(6)：126-132.

[120] 苏本正，都波，石典花．蒸发光散射检测器与紫外检测器用于人参中皂苷类成分检测的比较研究[J]. 药学研究，2013(6)：333-335.

[121] Ge H X，Zhang J，Lu L L，et al. Biotransformation of Tetrahydroprotoberberines by Panax Ginseng Hairy Root Culture[J]. Journal of Molecular Catalysis B Enzymatic，2014，110(5)：133-139.

[122] Singh S，Handa T，Narayanam M，et al. A Critical Review on the Use of Modern Sophisticated Hyphenated Tools in the Characterization of Impurities and Degradation Products[J]. Journal of Pharmaceutical and Biomedical Analysis，2012，69：148-173.

[123] Sitaram C，Rupakula R，Reddy B N. Determination and Characterization of Degradation Products of Anastrozole by LC-MS/MS and Nmr Spectroscopy [J]. Journal of Pharmaceutical & Biomedical Analysis，2011，56(5)：962-968.

[124] Forcisi S，Moritz F，Kanawati B，et al. Liquid Chromatography-Mass Spectrometry in Metabolomics Research：Mass Analyzers in Ultra High Pressure Liquid Chromatography Coupling[J]. Journal of Chromatography A，2013，1292：51-65.

[125] Sturm S，Seger C. Liquid Chromatography-Nuclear Magnetic Resonance Coupling as Alternative to Liquid Chromatography-Mass Spectrometry Hyphenations：Curious Option or Powerful and Complementary Routine Tool?[J]. Journal of Chromatography A，2012，1259：50-61.

[126] Raman B，Sharma B A，Ghugare P D，et al. Structural Elucidation of Process-Related Impurities in Escitalopram by LC/ESI-MS and Nmr[J]. Journal of Pharmaceutical and Biomedical Analysis，2010，53(4)：895-901.

[127] Sommers C D，Pang E S，Ghasriani H，et al. Analyses of Marketplace Tacrolimus Drug Product Quality：Bioactivity，Nmr and LC-MS[J]. Journal of Pharmaceutical and Biomedical Analysis，2013，85：108-117.

[128] Narayanam M，Sahu A，Singh S. Use of LC-MS/TOF，LC-MSN，Nmr and LC-NMR in Characterization of Stress Degradation Products：Applica-

tion to Cilazapril[J]. Journal of Pharmaceutical and Biomedical Analysis, 2015, 111: 190-203.

[129] Berset J D, Mermer S, Robel A E, et al. Direct Residue Analysis of Systemic Insecticides and Some of Their Relevant Metabolites in Wines by Liquid Chromatography-Mass Spectrometry[J]. Journal of Chromatography A, 2017, 1506: 45-54.

[130] Fournial A, Molinier V, Vermeersch G, et al. High Resolution Nmr for the Direct Characterisation of Complex Polyoxyethylated Alcohols(Ciej)Mixtures[J]. Colloids and Surfaces A: Physicochemical and Engineering Aspects, 2008, 331(1-2): 16-24.

[131] Gilar M, Mcdonald T S, Gritti F. Impact of Instrument and Column Parameters on High-Throughput Liquid Chromatography Performance[J]. Journal of Chromatography A, 2017, 10: 215-223.

[132] Mirzapour A, Alam A N, Bostanabadi S Z, et al. Identification of Nontuberculous Mycobacteria by High-Performance Liquid Chromatography from Patients in Tehran[J]. International Journal of Mycobacteriology, 2016, 5: S214.

[133] Gritti F, Cormier S. Performance Optimization of Ultra High-Resolution Recycling Liquid Chromatography[J]. Journal of Chromatography A, 2017, 12: 74-88.

[134] Li Y, Wang J, Zhan L, et al. The Bridge Between Thin Layer Chromatography-Mass Spectrometry and High-Performance Liquid Chromatography-Mass Spectrometry: The Realization of Liquid Thin Layer Chromatography-Mass Spectrometry [J]. Journal of Chromatography A, 2016, 1460: 181-189.

[135] Cuykx M, Negreira N, Beirnaert C, et al. Tailored Liquid Chromatography-Mass Spectrometry Analysis Improves the Coverage of the Intracellular Metabolome of Heparg Cells[J]. Journal of Chromatography A, 2017, 1487: 168-178.

[136] Malec P A, Oteri M, Inferrera V, et al. Determination of Amines and Phenolic Acids in Wine with Benzoyl Chloride Derivatization and Liquid Chromatography-Mass Spectrometry [J]. Journal of Chromatography A, 2017, 1523: 248-256.

[137] Moreno-González D, Alcántara-Durán J, Gilbert-López B, et al. Matrix-

Effect Free Quantitative Liquid Chromatography Mass Spectrometry Analysis in Complex Matrices Using Nanoflow Liquid Chromatography with Integrated Emitter Tip and High Dilution Factors[J]. Journal of Chromatography A，2017，1519：110-120.

[138] Wang L，Yamashita Y，Saito A，et al. An Analysis Method for Flavan-3-Ols Using High Performance Liquid Chromatography Coupled with a Fluorescence Detector[J]. Journal of Food & Drug Analysis，2017，25(3)：478-487.

[139] Li H，Jiang Z，Cao X，et al. Simultaneous Determination of Three Pesticide Adjuvant Residues in Plant-Derived Agro-Products Using Liquid Chromatography-Tandem Mass Spectrometry[J]. Journal of Chromatography A，2017，1528：53-60.

[140] Ramiole C，D'Hayer，Benoit，Boudy V，et al. Determination of Ketamine and Its Main Metabolites by Liquid Chromatography Coupled to Tandem Mass Spectrometry in Pig Plasma：Comparison of Extraction Methods[J]. Journal of Pharmaceutical and Biomedical Analysis，2017，146：369-377.

[141] Baglai A，Gargano A F G，Jordens J，et al. Comprehensive Lipidomic Analysis of Human Plasma Using Multidimensional Liquid- And Gas-Phase Separations：Two-Dimensional Liquid Chromatography-Mass Spectrometry Vs. Liquid Chromatography-Trapped-Ion-Mobility-Mass Spectrometry[J]. Journal of Chromatography A，2017，1530：90-103.

[142] Hird S J，Lau P Y，Schuhmacher R，et al. Liquid Chromatography-Mass Spectrometry for The Determination of Chemical Contaminants in Food[J]. Trac Trends in Analytical Chemistry，2014，59：59-72.

[143] 赵贵平，蒋宏键．环境水样中酞酸酯的提取与分析(二)HPLC/PDA/MS分析化妆品中的添加剂——酞酸酯[J]. 环境化学，2003(5)：520-521.

[144] 任晋，蒋可，徐晓白．土壤中莠去津及其降解产物的提取及高效液相色谱-质谱分析[J]. 色谱，2004(2)：147-150.

[145] 孟菁华，史学峰，向怡，等．大气中重金属污染现状及来源研究[J]. 环境科学与管理，2017，42(8)：51-53.

[146] 陈家栋，程浚峰，赵静怡，等．城市大气降尘中重金属的研究方法综述[J]. 能源环境保护，2017，31(4)：1-4+14.

[147] 唐孝炎，张远航，邵敏．大气环境化学[M]. 2版．北京：高等教育出版社，2006.

[148] 郑顺安．我国典型农田土壤中重金属的转化与迁移特征研究[D]．浙江大学，2010．
[149] 苑静．土壤中主要重金属污染物的迁移转化及修复[J]．辽宁师专学报(自然科学版)，2010，12(2)：19-20+38．
[150] 李莉，张卫，白娟，等．重金属在水体中迁移转化过程分析[J]．山东水利，2010(Z1)：31-33+36．
[151] 王霞，仇启善．水环境中重金属的存在形态和迁移转化规律综述[J]．内蒙古环境保护，1998(2)：22-24．
[152] 郑星泉．化妆品卫生检验[M]．天津：天津大学出版社，1994．
[153] 王小燕，丁晓梅，施汉新．火焰原子吸收光谱法直接测定化妆品中的铅[J]．日用化学工业，1999(3)：42-44．
[154] 潘锦武．萃取火焰原子吸收光谱法同时测定食品中痕量铅和镉[J]．中国卫生检验杂志，2005，15(8)：940-941．
[155] 马戈，谢文兵，于桂红，等．石墨炉原子吸收光谱法测定蘑菇中的镉、铅[J]．分析化学，2003，31(9)：1109-1111．
[156] 杨振宇．钯盐作为改进剂在微波消化-石墨炉原子吸收法测量食品中微量元素的应用[J]．光谱实验室，2005，22(3)：607-617．
[157] 纪明艳，李桂春，盖赫莉，等．天然水中铜(Ⅱ)、铅(Ⅱ)和镉(Ⅱ)与碘络合吸附波的示波极谱测定的研究[J]．哈尔滨师范大学自然科学学报，1997，13(1)：77-81．
[158] 王锋．示波极谱法测定饮料中铅和镉[J]．理化检验：化学分册，2005，41(3)：204-205．
[159] Elhadri F，Moralesrubio A，Mdela G. Determination of Total Arsenic in Soft Drinks by Hydride Generation Atomic Fluorescence Spectrometry[J]. Food Chemistry，2007，105(3)：1195-1200．
[160] 袁爱萍．原子荧光光谱法测定食品中的镉[J]．分析化学，1997，25(10)：1199-1201．
[161] 王娜．电感耦合等离子体质谱法测定土壤中砷的含量[J]．当代化工，2010，39(1)：100-104．
[162] Huang Z Y，Chen F R，Zhuang Z X，et al. Trace Lead Measurement and On-Line Removal of Matrix Interference in Seawater by Isotope Dilution Coupled with Flow Injection and ICP-MS[J]. Analytica Chimica Acta，2004，508(2)：239-245．
[163] 台希，李海涛，李德良，等．固相萃取富集高效液相色谱法测定环境水样中

的重金属元素[J]. 干旱环境监测，2004，18(2)：67-70.

[164] Salar A H，Porgam A，Bashiri S Z，et al. Analysis of Metal Ions in Crude Oil by Reversed-Phase High Performance Liquid Chromatography Using Short Column. [J]. Journal of Chromatography A，2006，1118(1)：82.

[165] 杨亚玲，杨国荣，胡秋芬，等. 固相萃取富集-高效液相色谱法测定 4 种中草药中的重金属元素[J]. 药物分析杂志，2004(4)：441-443.

[166] Templeton D M，Ariese F，Cornelis R，et al. Guidelines for Terms Related to Chemical Speciation and Fractionation of Elements. Definitions，Structural Aspects，and Methodological Approaches(Iupac Recommendations 2000)[J]. Pure & Applied Chemistry，2000，72(8)：1453-1470.

[167] ŁLobiński R，Pereiro I R，Chassaigne H，et al. Elemental Speciation and Coupled Techniques-Towards Faster and Reliable Analyses[J]. Journal of Analytical Atomic Spectrometry，1998，13(9)：859-867.

[168] 卢邦俊，范必威. 联用技术在砷形态分析中应用的研究进展[J]. 广东微量元素科学，2004，11(9)：6-12.

[169] Cai Y. Speciation and Analysis of Mercury，Arsenic，and Selenium by Atomic Fluorescence Spectrometry[J]. Trends in Analytical Chemistry，2000，19(1)：62-66.

[170] Stoichev T，Rodriguez Martindoimeadios R C，Tessier E，et al. Improvement of Analytical Performances for Mercury Speciation by On-Line Derivatization，Cryofocussing and Atomic Fluorescence Spectrometry[J]. Talanta，2004，62(2)：433-438.

[171] Hill S J，Bloxham M J，Worsfold P J. Chromatography Coupled with Inductively Coupled Plasma Atomic Emission Spectrometry and Inductively Coupled Plasma Mass Spectrometry. A Review[J]. Journal of Analytical Atomic Spectrometry，1993，8(4)：499-515.

[172] 江祖成，田笠卿，陈新坤，等. 现代原子发射光谱分析[M]. 北京：科学出版社，1999.

[173] Baude S，Broekaert J A C，Delfosse D，et al. Glow Discharge Atomic Spectrometry for the Analysis of Environmental Samples- A Review[J]. Journal of Analytical Atomic Spectrometry，2000，15(11)：1516-1525.

[174] Orellana-Velado N G，Pereiro R I，Sanz-Medel A. Glow Discharge Atomic Emission Spectrometry as a Detector in Gas Chromatography for Mercury Speciation[J]. Journal of Analytical Atomic Spectrometry，1998，13(13)：

905-909.

[175] Orellana-Velado N G，Pereiro R I，Sanz-Medel A. Solid Phase Microextraction Gas Chromatography-Glowdischarge-Optical Emission Detection for Tin and Lead Speciation[J]. J. Anal. At. Spectrom，2001，16(4)：376-381.

[176] Pereiro R I，Diaz C A. Speciation of Mercury，Tin，and Lead Compounds by Gas Chromatography with Microwave-Induced Plasma and Atomic-Emission Detection (GC-MIP-AED) [J]. Analytical & Bioanalytical Chemistry，2002，372(1)：74-90.

[177] Atar E，Cheskis S，Amirav A. Pulsed Flame-A Novel Concept for Molecular Detection[J]. Analytical Chemistry，2002，63(18)：2061-2064.

[178] Loon J V，Alcock L，Pinchin W，et al. Inductively Coupled，Plasma Source Mass Spectrometry-A New Element/Isotope Specific Mass Spectrometry Detector for Chromatography[J]. Spectroscopy Letters，1986，19(10)：1125-1135.

[179] Chong N S，Houk R S. Inductively Coupled Plasma-Mass Spectrometry for Elemental Analysis Andisotope Ratio Determinations in Individual Organic Compounds Separated by Gas Chromatography [J]. Soc. Appl. Spectrosc，1987，41(1)：66-73.

[180] Bings N H，Costa-Fernández J M，Jr J P G，et al. Time-of-Flight Mass Spectrometry as a Tool for Speciation Analysis[J]. Spectrochimica Acta Part B Atomic Spectroscopy，2000，55(7)：767-778.

[181] Rodriguez I，Mounicou S，Lobiński R，et al. Species-Selective Analysis by Microcolumn Multicapillary Gas Chromatography with Inductively Coupled Plasma Mass Spectrometric Detection[J]. Analytical Chemistry，1999，71(20)：4534-4543.

[182] Bouyssiere B，Szpunar J，Lobiński R. Gas Chromatography with Inductively Coupled Plasma Mass Spectrometric Detection in Speciation Analysis[J]. Spectrochimica Acta Part B Atomic Spectroscopy，2008，57(5)：805-828.

[183] Segovia García E，García Alonso J I，Sanz - Medel A. Determination of Butyltin Compounds in Sediments by Means of Hydride Generation/Cold Trapping Gas Chromatography Coupled to Inductively Coupled Plasma Mass Spectrometric Detection[J]. Journal of Mass Spectrometry，2015，32(5)：542-549.

[184] Wasik A，Pereiro I R，ŁLobiński R. Interface for Time-Resolved Introduc-

tion of Gaseous Analytes for Atomic Spectrometry by Purge-and-Trap Multicapillary Gas Chromatography(Ptmgc)1[J]. Spectrochimica Acta Part B Atomic Spectroscopy, 1998, 53(6-8): 867-879.

[185] Smaele T D, Verrept P, Moens L, et al. A Flexible Interface for the Coupling of Capillary Gas Chromatography with Inductively Coupled Plasma Mass Spectrometry[J]. Spectrochimica Acta, 1995, 50(11): 1409-1416.

[186] Prohaska T, Pfeffer M, Tulipan M, et al. Speciation of Arsenic of Liquid and Gaseous Emissions from Soil in a Microcosmos Experiment by Liquid and Gas Chromatography with Inductively Coupled Plasma Mass Spectrometer(ICP-MS)Detection[J]. Fresenius Journal of Analytical Chemistry, 1999 364(5): 467-470.

[187] 武开业．便携式气相色谱法测定废水中苯和甲苯[C]. 2013 年水资源生态保护与水污染控制研讨会，2013.

[188] 朱文杰，汪杰，陈晓耘，等．发光细菌一新种——青海弧菌[J]. 海洋与湖沼，1994，25(3)：273-279.

[189] 宋奇侠．应用于现场快速检测水中污染物的新材料研究[D]. 华东理工大学，2013.

[190] 黄林生，王芳，翁士状，等．表面增强拉曼光谱准确检测玉米中杀螟硫磷农药残留[J]. 光谱学与光谱分析，2018，38(9)：2782-2787.